LA TYRANNIE DU PLAISIR

Jean - Claude Guillebaud

爱欲的统治

［法］让-克洛德·基尔伯 著

苣 蓓 译

2014年·北京

Jean-Claude GUILLEBAUD
LA TYRANNIE DU PLAISIR
ⓒ Éditions du Seuil 1998.
Chinese (Simplified Characters) Trade paperback copyright
ⓒ 2014 by The Commercial Press
All Rights Reserved
本书根据法国色伊出版社 1998 年法文版译出

献给阿丽亚娜和雷阿

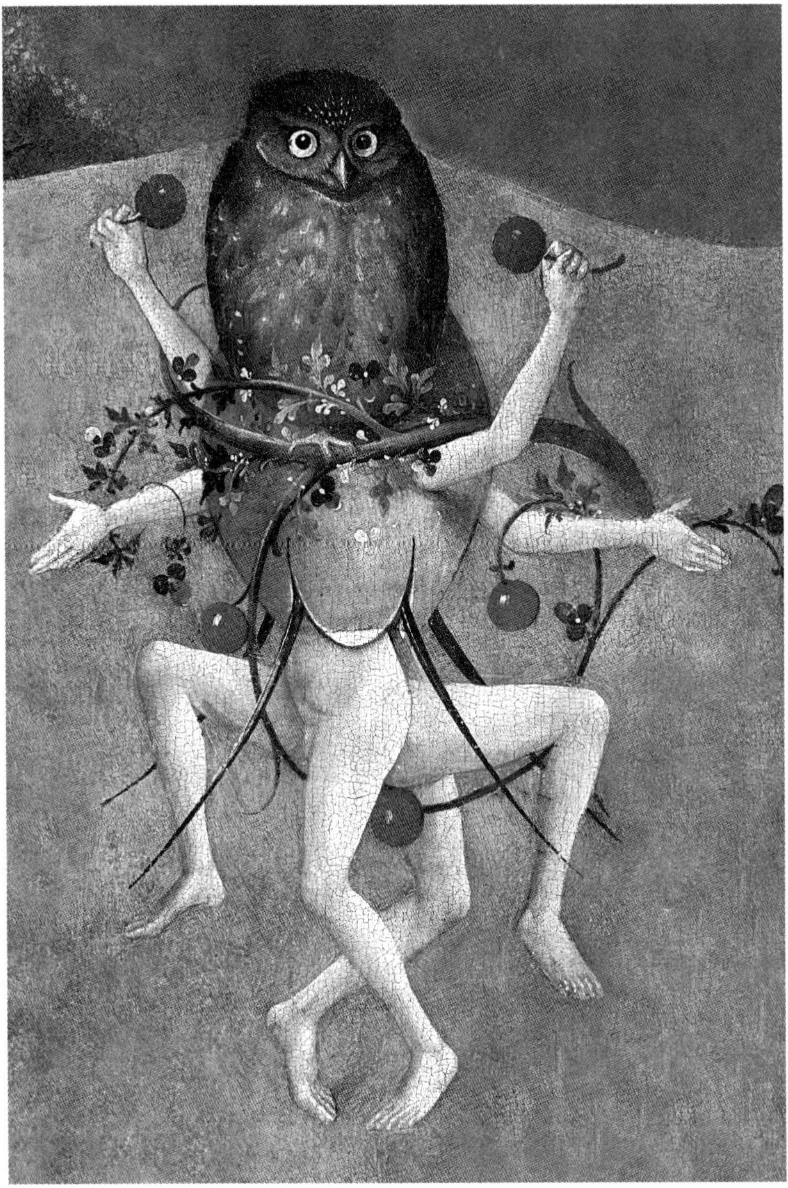

前　言

　　本书的一个重要目的，就是清晰而毫不推托地提出现代社会中的性道德问题，即禁忌的地位问题。大约一代人的光景，我们一直生活在幻象中，仿佛这已经不是问题。今天，幻象虽然消失，取而代之的却是一种奇怪而喧闹的不安。我们的社会搞不清自己的位置，正在痛苦地寻找一个参照点，本人想为此尽绵薄之力。

　　撰写本书的目的非常简单，原则上有两个意图。首先，我想尽可能避免强烈的主观性以及善恶二元论的窠臼，后者在今天一旦涉及性，或者更糟，一涉及性道德，便不由分说占尽上风。关于这个主题，我们的论争总是不可避免地在两者间转换：一是吵嚷的宽容，一是怀旧的道德，这两者我都拒绝。除此之外，我们别无选择。至于欲望及其"调整"，我们的选择非黑即白，或者是僵硬的道德主义，或者是不负责任的极端自由主义。几乎无一例外，所有论及性的书籍，无论承认与否，都存在某种"意图"，因而使作品的影响受到局限。这些书籍，不是极力为某种特殊的性"获得"摇旗呐喊，就是夸张地抨击不同时期的所谓伤风败俗。这种宿命般的争吵解释了为什么一旦涉及类似主题，人们便会产生无从言表、甚至令人灰心的重复累赘之感。

然而，这种思维的贫乏、行为的短视远比人们想象的要危险。三十年不假思索的宽容，极为反常地促成了大规模向保守的回归，这恰好就是美国社会的情况。人们尽力用谬误颠倒的影像来反对谬误本身。因为缺乏判断力和空间距离，我们的社会像是被突然抓住，没有能力反抗攫住他们的惩罚性的恐惧，试图毫无过度地从一个极端逆转到另一个极端，从放荡不羁走向驱逐巫师、再到诉诸刑法。我本人希望**直面这个问题**，心平气和地展开最主要的论据，同时纠正无数的谎言，那是些一旦涉及性便会得到极大传播的谎言。

第二个意图更为大胆，或许可以说鲁莽至极，涉及认知本身。无论谁对上述问题稍加留意，都会被这个领域涉及如此多的学科深深触动，不仅数量多而且迥异，如历史学、精神分析学、人类学、神学、政治哲学、人口统计学、经济学、犯罪学——这里只列举最主要的领域——都对性问题感兴趣，但彼此之间很少沟通。同代人的大部分论战所表现出的极度无知和常识的支离破碎之间，并不存在任何真正的空间、视角和容得下思考的余地。我于是孤注一掷，冒险以极大的专注重新检视所有这些学科，同时，就像人们说的那样，"提出自己的论据"。我将要论及的这些领域的专家们可能会认为，这样或那样的问题属于他们的范畴，应该得到更深入更充分的探讨。

唯一能拼出我们关于欲望和性问题的知识图形的方法，是每次只限于主要问题，并满足于这种"全景式的"方法，这样才能最终回答这个基本问题：我们究竟到了什么地步？至于书的标题，灵感来自柏拉图。在《法律篇》中，柏拉图作过对快乐的赞词，但他仍然认为，让自己的灵魂听凭爱欲这位暴君掌控的人，由其主宰自己的日常活动，就是软弱而当被批评的。

让-克洛德·基尔伯

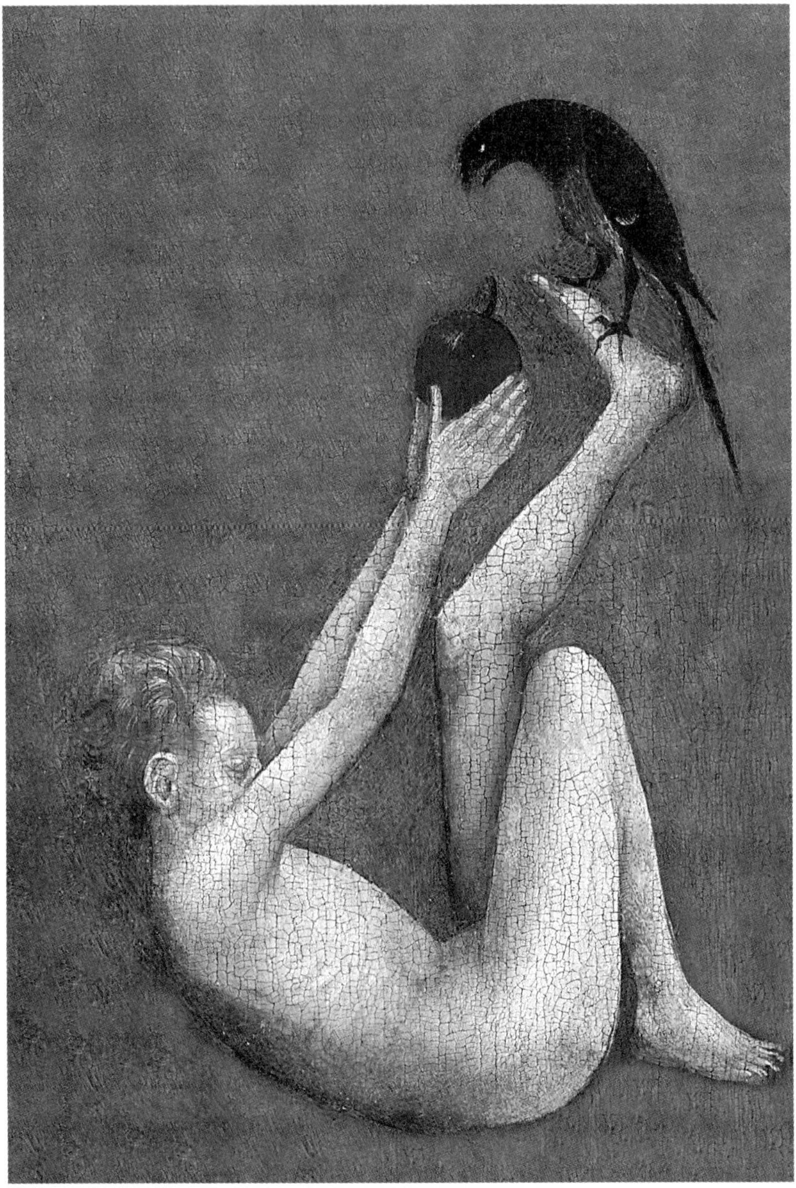

目 录

第一部分
变革中的变革

003　第一章　不只是闲话……
025　第二章　三十年后……
049　第三章　橡胶套
071　第四章　资本的真正幸运
093　第五章　快感成了活受罪

第二部分
失落的记忆

121	第六章　想象中的古代
145	第七章　犹太人和基督徒的肉欲观
175	第八章　清教的真正发明
203	第九章　自创世以来……
229	第十章　乌托邦与违犯
253	第十一章　从"永存计划"到人口恐惧

第三部分
孤独的逻辑

279	第十二章　在法官与医生之间
301	第十三章　探索新途径的同性恋者和女权主义者……
323	第十四章　重建家庭……
347	第十五章　一种时间的观念……

PREMIÈRE PARTIE

RÉVOLUTION DANS LA RÉVOLUTION

第一部分
变革中的变革

雅典人：勇气，我们如何来定义它呢？究竟我们满足于说它仅是引领一场对抗恐惧与痛苦的鏖战，还是说也是对抗欲望、肉体享乐以及某些如此诱人的阿谀奉承的战斗？甚至一些自以为铁石心肠的人在这些诱惑面前也会变成易熔的蜡。

梅吉卢斯：我认为这是一场应对所有这一切的战斗。

柏拉图《法律篇》

第一章 不只是闲话……

人类社会很少能理解自己生活于其间的历史。莫名的运动推动着社会前进，而决定性的裂痕有时会在最深层产生，但在当时，人类社会尚无法采取任何真正的措施。此类实例不算少。1964年，没有人意识到所有工业化国家刚刚发生了决定性的文化断裂。也没有人估计到，1971年布雷顿森林货币体系终结后这几十年所具有的根本的重要性。同样，当时没有人能够理解，1740年左右，一个带来重大后果的人口循环席卷了整个西方。[1]对历史的真正解析是追溯式的，需要时间、空间，有时甚至需要几代人来确认一个特定时代到底发生了什么。就这样，我们经常是日复一日地陷入没完没了的饶舌之中，甚而淹没了——完全是无意识地——事情的本质。

---

[1] 参见第十一章。

我们与欲望和性的关系大抵也是如此。按照柏拉图的说法，这个无所不能的"爱欲的暴君占据着我们的灵魂，控制着我们的一切行动"。然而真没少讨论啊！米歇尔·福柯（Michel Foucault）二十年前就对我们过分的空谈、倾诉、叙述和浮夸的辞藻表示惊异，指出至少在性的问题上，十九世纪是一个"特别喜欢坦白的社会"。他补充说："西方人成了坦白的动物。"福柯提请大家"思索社会的状况，这个社会自一个多世纪以来一直在高声斥责自己的虚伪，没完没了地谈论自己的沉默，热衷于细数自己没说过的话，列举自己行使的权利，并信誓旦旦地要摆脱节制它的律条"。[1]

一旦这些黑字落在白纸上，仅仅认为这是话语的膨胀是不够的。它们远远超出了米歇尔·福柯所谓的"普遍的话语兴奋"。今天，一场奇特的**性喧闹**甚至侵入了现代民主社会每个隐秘的角落。允诺的或是被炫耀的欲望、招摇的自由、描绘的偏好、审慎的语言行为或被传授的万能程序：之前没有任何社会像我们一样如此热衷于东拉西扯的所谓雄辩，没有任何社会在它的谈话、比喻和创作中为性保留了如此优越的地位。人们无论是乐在其中还是深表惊诧，都存在一个明显的事实：从此以后，无数刺激感官的召唤会包围我们，无处不在，不会停息，也没有限度。对此感到不满没有任何意义和作用。性现在成为我们日常生活的"背景声音"。用历史的眼光来看，无论是古希腊还是古罗马，我们唯一谈论的就是"这个"。说什么好呢？

这是唯一真正的问题。所谓反常，实际上起因于巨大的对比，并在话语的意义和喋喋不休之中得到延续；同时也存在于话语的基本意义和持续的、狂热的反差之中。一旦话语的过剩显示出混乱的迹象，意义即宣告自由；虽然传达的信息是在庆祝胜利，但过剩的话语却流露出深深的焦虑。

---

[1] 米歇尔·福柯（Michel Foucault），《性史》，第一卷，"认知的意愿"，伽利玛出版社，1977年。

自由？焦虑？三十年来，在性的问题上，普遍认为我们生活在一种"历史终结时期"。然而，近代的 doxa（公众观点）还算是乐观的。它用所有声音强调蒙昧主义和压制的时代终于成为过去。我们的后工业时代本该让位于一种肉体享乐的全新智慧和单纯的权威力量。我们坚持认为，之前的男人和女人千百年来生活在奴役的桎梏之下，而我们，唯有我们胜利了。我们认为，这被战胜的暴政是原始人类学无知和宗教"迷信"的可悲产物，甚至是某些权势为了将民众控制在禁忌的牢笼中，在所有地区和所有文化中犯下的无限期阴谋。我们的现代性没有意识到自身巨大的自由，没有想到这是史无前例的崭新的自由。从一切逻辑角度来说，将这个快乐计划付诸实现的任务，难道不正落在我们身上了吗……

为什么不是这么简单？

丰富的话语引入了一种怀疑，这些话语的坚决看起来与其宣称的一切格格不入。如果被束缚和禁忌的历史已经结束，如果我们真的获得了这无限的快乐，为什么还要继续在这上面**如此**费口舌，甚至进行煽动？如果早已不成问题，为什么我们还会为此担忧不已？为什么摆出这样的姿态？这个胜利会重新受到十六世纪加尔文派清教徒称之为 the cold clatter of morality（道德的寒战）的威胁？所谓"道德秩序的回归"会不会成为现实？我们在内心深处是否对享受的自由暗自怀着忧虑？是否应该毫不心软地祈求？我们是否像晚年的乔治·巴塔耶（Georges Bataille）和安德烈·布勒东（André Breton）一样，担心某种说不上来的欲望衰竭；担心欲望会因醒悟而衰弱，直至束缚我们；担心日复一日、滔滔不绝的话语会再度唤起欲望的热情以及意象？如果是这样，那么，我们不过是用一种专制代替了另一种专制。

没有真正的答案。不是因为这些问题不恰当，而是因为我们在极力避开这些问题。如果我们的时代没完没了地谈论性，那是为了什么都不说。一切就好像我们惧怕平静地思考美国历史学家彼得·布朗（Peter Brown）[1]称之为"我们主观意识的地震仪"的东西，也就是说性。这样，我们挺着胸膛，描绘我们颇具象征意义的征服，却拒绝怀疑这种征服的真正意义、实现的条件和可能的局限。征服是个"地震仪"，确实如此，因为在我们看来，与它最匹配的就是当代的个人主义。正是在这个领域，我们认为，个人在西方获得了史无前例的解放。首先因了这个获得准许的欲望，因了这个自社会束缚、宗教禁忌和人类繁衍的奴役下解放出来的快乐，我们在历史的目光中成为突变体。西方人确实——当然不无鲁莽地——与马克斯·韦伯（Max Weber）称为"昨天永恒的威权"决裂，这一威权因自古以来的有效性和人们根深蒂固的遵从习惯而成为习俗。[2]

那么不是怀疑的问题。三十年来，我们以暧昧的固执张牙舞爪地捍卫着这个了不起的**瓷娃娃**——性自由。因为我们不愿再关心它的内容，我们最终将这件事变成了一个禁忌的问题。这太过分了！

未曾预料的恐惧

不，社会明显不了解它赖以存在的历史！那么它是否更清楚那种有时会攫住我们的反应——或超反应？值得怀疑。

我们身上令人担忧的麻木证明，社会力图遗忘的东西有时会出乎意料再度浮出水面。比如，谁曾察觉九十年代初关于性的无法言说的震荡？[3]——

---

1 彼得·布朗（Peter Brown），《拒绝肉体。基督教初期的童贞、独身与禁欲》，伽利玛出版社，1995年。
2 马克斯·韦伯（Max Weber），《学术与政治》，UGE出版社，10/18丛书，1979年。
3 确切说是早些时候在加拿大和美国这样的国家。

种未曾预料的恐惧在那个年代还是爆发了,很快就升级为恐慌。一个"细节"成为预兆。乱伦和恋童癖——既然我们谈论的是这个问题——似乎突然间开始威胁到社会整体。人们觉察出一种弥漫的威胁。无论在家庭、学校,还是别处,儿童都无法躲避这种无耻的癖好,但人们重新学会了批判。几件黏糊糊的社会杂闻——1996年夏天比利时恋童癖杀人犯马克·杜图(Marc Dutroux)事件——加重了这一集体眩晕。

总之,我们的社会在内部重新发现了无法想象的性暴力,于是仓促上阵——从警事方面,欲彻底铲除这个威胁。乱伦的父亲、有邪念的教师和神甫、只受冲动支配的凶手、可疑的夫妻、压制员工的放荡老板:同样的焦虑、同样的镇压要求充斥着媒体,很能说明问题。很快,隐藏的痛苦,在宁静中包裹太久的悲剧没有一天不占据某地区首府报纸的头版头条。悲伤的故事,没完没了的唠叨……在公众场合,每个人都有痛苦的语言要释放,急着对应该打破的秘密发表见解,从有罪变成毫无妨害。简直好极了。

新的时代,新的**观点**,实际上:通过媒体、无数电视辩论和对遥远过去的追忆,人们开始重新审视成年人、夫妻、游客或者体育教练。人们用一种审视的语调来描述那些可疑的窸窣声、暧昧的抚摸和丑恶的交易,这中间关乎的是儿童的身体。人们求助于所有个人的记忆,以回顾的方式检视那些似乎已被掩埋的痛苦。阴险的侵犯、完美的暴力、性旅游以及异国色情都把儿童当作猎物,还有意图暧昧的婴儿临时保姆,付诸行动的五十岁上下的人:恐惧开始蔓延。

应该深思这股感情激流的真正意义。这只是一时的疯狂,还是媒体继令人反感的社会杂闻之后的再度滥用?来看看吧!司法界枯燥的统计证明了相当值得注意和具体的回归,一种用了几年时间完成的、几乎是静悄悄的回归。在9年(1984—1993年)内,因强暴(尤其是对未成年人)被判刑的人增加了82%,有权势的人犯下的猥亵行为从1990年至1993年增加了两倍,家庭性侵犯增长了70%。至于对未成年人的猥亵行为,则增加了65%[1]。1997年初,所谓"风化案"占了某些司法庭期表的几乎60%,甚至80%。这种刑事案件的增加在法国更具戏剧性:我们国家对性暴力的量刑是欧洲最高的(81%超过5年监禁[2])。但是,民事案件并没有落后:配偶的乱伦行为成为离婚司空见惯的理由。这些都成为史无前例的烦扰。

至于主流舆论,在这方面自发地变得很克制。极为反常的是,现在,反倒是法官们发出警告,揭示了人们因过于强迫自己追求理智而过度驱除妖孽的行为。其中一位写道:"发生了奇怪的时代倒退。一成不变的、静悄悄的乱伦时代,被另一个超速运行的刑事装置代替。不恰当地安置儿童和对父亲的监禁折射出面对冷漠的暴力时国家的暴力。也许这一切都是不可避免的,但是为什么会如此迅速呢?"[3]"直至日前仍被认为无足轻重的大量行为领域曾被视同魔鬼,尤其在已成为罪恶暴力真正温床的中产阶级中,例如约会时的侵犯行为(date rape)。"[4]

任何人都不会明确否认侵犯儿童行为的无法根治的严重性以及与该现象做斗争的必要性。没有人会冒险掩饰某些罪行,尤其是掩饰被带入坟墓中的罪行。不要紧!没有法官会不经讨论便接受性犯罪**实际**和部分增长的假设。无论是法国、欧洲,还是美国,都不会突然变成充满乱伦、恋童癖的罪恶社会。人们打破沉寂,要求惩罚罪行,这一切首先表明**我们观点的深刻变化**。司法部的两位统计学家在分析前面发布于1996年7月的数字时明确指出:"这一迅速的增长,并不一定意味着犯罪事实成倍增长。这种增长至少部分说明,知觉和行为的普遍发展带来了镇压强度的提高。"

---

1 《司法统计信息》,第44期,1996年3月。
2 P. 图尼埃(P. Tournier),"性侵犯",《刑事问题》,CESDIP,1996年3月。
3 丹尼斯·萨拉斯(Denis Salas),《思想》,1996年12月。
4 安托瓦·加拉蓬(Antoine Garapon),《思想》,1996年12月。

8

实际上，发生变化的不是事实而是对事实的评论。突然，一个隐藏的事实迅速被暴露出来；被包藏的、曾被含混地宽容着的秘密开始令人害怕，过去无足轻重的事现在开始引起丑闻。在我们社会最深层的地方，有些东西回来了。这个"有些东西"需要加以确认。

恶的某种概念？

让我们试着从简单的回忆开始。要知道：我们本来可以借助论战来邀请每个人再度回忆。只需要将今天对乱伦和恋童癖的指责与人们过去对同一个问题的看法——在同样居高临下的传媒论坛，有时以同样的署名——加以比较。列举姓名、重提被忽略的蠢话、唤醒大众的遗忘症，指出这里明显的违法行为或那里平庸宽容下沉重的笑话。但这又有什么用呢？论战对此毫无意义。一方的泛滥迅速引起另一方的变本加厉，如同七十年代左派"宽容的"讨好是对右派学究气说教的回声一样。

澄清事实而不是以论战为目的，这或多或少更加复杂。近几年发生的事，实际上应了艾弥尔·涂尔干（Émile Durkheim）称之为我们群体表现的未明言的提法。就是说，一个社会给予自己的以及置身于"舆论"卖弄式论战之外的象征性本质的标志。

事实是，自七〇年至七五年，直至八十年代的后三分之一时间，在我们西方社会，关于乱伦和恋童癖，相对中性或者至少是善意的观点占据了上风，然而乱伦和恋童癖甚至曾经归在"禁止"行列，并建议在将来进行清算。很明显，在这一点上，乱伦和恋童癖绝非已经普遍化，在公众里既不会引起辩论，也不会引起笔战。事物朝着微妙和进步的方向发展。至1971年，除了对这两个主题习惯性的愤怒和明确的反对外，毋宁说是漫不经心的进步，一种好心的忽视（benign neglect）。

从无数事件中，我们选取路易·马勒（Louis Malle）的电影《好奇心》为例，就很能说明问题。这部电影以丰富的柔情和明显的非戏剧意图表现了母亲与儿子之间的乱伦，在1971年5月被戛纳电影节选中，受到评论界的欢迎。路易·马勒遭到一些读者的抗议后，应邀在《世界报》的专栏里为自己辩护。他的辩护中不无当时自由思想者的幽默和顽皮。"我认为，（在我的电影中）一切都是自然、明确、真实发生的。如果说传统道德在其中没有找到自己的部分，活该了！"[1] 在报刊中，路易·马勒受到广泛赞誉和感谢，说他制造了这部"反资产阶级意识形态和文化的战争机器"（《巴黎镜报》），敢于"撕破面纱，与虚伪的秘密和可耻的沉默决裂"（《法兰西新闻》）。一位评论者又说："一下子，恶的概念中最为压抑的部分，作为'超验的'东西受到指控"（《法兰西文艺》）。[2]

更深层的东西是——这与电影质量无关（这一点很明显），事件的阐释非常明确：禁忌碰巧被触犯了，并因其微妙而普通化。

1971年5月11日，这部电影只是以很间接的方式引起了轰动，法国广播电视组织（ORTF）的负责人决定不播放米歇尔·波拉克（Michel Polac）的电视辩论节目《附言》，因为这期节目对乱伦问题和路易·马勒的电影进行评论。这一粗暴的新闻审查行为以言论自由的名义被捅到《费加罗报》的专栏上。虽然合法，但实际上什么都没说。我们看到，在不到二十年之后，电影《好奇心》在同一家电视台被毫不在意地播出了，没有什么人对此表示关注，只是在回顾时，由它承担了所谓颠覆性的后果。确实，八十年代末某些法官提出减轻乱伦的惩罚，他们的提案没有卷起什么风暴。

---

1 《世界报》，1971年4月29日。
2 一部分右派和教会的报刊还是指控路易·马勒，引用《天主教生活》的专栏作者安德列·波塞日（André Bessèges）的话，就是想不费力地"在资产阶级的汤里吐痰"。

一种普遍的感受先是通过这些最初的反应、随后又通过广泛的无所谓态度表现出来；与在九十年代将乱伦视为洪水猛兽的看法截然不同。一下子，这不再是令人怜悯的弱点，而是被视为罪恶；人们不再提及"资产阶级道德的堕落"，而是更多地谈论所谓病态的恐惧。说得更通俗一些，因为或多或少与电影《好奇心》的女主人公行为相同，几百名父亲被司法和警察追捕，同时被公开地、也是未经同意一致被指认为反常。没有丝毫铺垫，代替普遍的不经意的是突然且一致的施暴。今天，不会再有人因为像1971年《世界报》优秀的电影专栏作家让·德·巴龙切利（Jean de Baroncelli）那样评论乱伦而冒任何风险，他这样写道："在这种臆想的压抑中，没有什么肮脏、模棱或者罪恶的东西，也没有什么悲剧的东西。这不过是一种迷乱，大自然迈错的一步而已。这是一种消忧解愁的方式。"[1]

公众舆论很少会如此转变，而且如此之快！对由这种转变带来的问题只能耸耸肩不了了之。尤其是，与恋童癖的问题相比，关于乱伦的认知的转变更具戏剧性。

在"恋童癖"时代

1968年前后，正如人们所知，在风俗自由化的进程中，某种宽容的请愿文学在欧洲以及美国迅速扩展开来。这一战斗的文学参与了自由化不可逆转的运动，尤其使得对同性恋的谴责和对反女权主义的排斥归于失败。这两场典型的斗争将成为以后的问题，[2] 即使现在回顾起来，其合理性也毋庸置疑。但是，恋童癖却不可能只消一次运动便消除罪恶感、受到颂扬进而理

1　让·德·巴龙切利（Jean de Baroncelli），《世界报》，1971年4月29日。
2　参见第十三章。

论化。恋童癖一直处在今天依旧到处招致令人瞠目的谴责的境地。正是这种差异——在如此短暂的年头里——才引人深思。

同性恋的一些激进分子今天开始反思往日对恋童癖公开声明的暧昧纵容。这种持续了大约十五年的纵容，令人恼火地转而反对同性恋的自由，进而"连累"了同性恋。弗雷德里克·马特尔（Frédéric Martel）写道："如果说同性恋保卫欲望的自由，恋童癖则想在未成年者的年龄界限上作文章，进而拒绝任何标准。快走到死胡同了：很快，他们就会站在致力于将强暴犯罪化的女权运动的完全对立面。由此，对恋童癖合理的恐惧会滋生出对同性恋不合理的批评。[……]自八十年代中期始，恋童癖和同性恋将会停止'共同的请愿'。"[1]

如果深入思考就会发现，最初同性恋运动的这种所谓的愚蠢行为并不是一种请愿。它同样停留在近年来的普遍感觉阶段；这种感觉倾向于宽容一切，也包括恋童癖。就舆论而言，人们不怎么担心某位名叫加布里埃尔·马兹奈夫（Gabriel Matzneff）的著名作家在电视文学栏目中介绍他的一本赞扬与"不足十五岁者"的肉体之爱。没有人胆敢逆潮流而动，反对纳博科夫（Nabokov），他的著名小说《洛丽塔》中不到十二岁的诱人少女，屈从于一个五十岁男人的欲火。更有甚者：没有人对众多报刊上恋童癖激进分子的说教长久地表示不快。

在众多为恋童癖辩护的人中，哲学家勒内·谢雷（René Schérer）于1978年写道："人们自问成年男人和孩童之间是否有相爱的可能性。这是因为人们想在这种奇特的组合中，在被分隔的人群之间强加成人色情的藩篱。谎言、谜语、不可能或者罪恶，恋童癖之爱在人们将其归入针对儿童的色情时，却相反地成为一个众所周知的事实。"在同一篇文章中，不可避免地充

1　弗雷德里克·马特尔（Frédéric Martel），《玫红与黑》，色伊出版社，1996年。

斥着对资产阶级"镇压"的批评，这种镇压就足以为一个时代刻上烙印。谢雷又写道："恋童癖现象揭示了，从实践的意义上，被束缚的角色和密谋的力量无情地吞噬着儿童的存在和感受。"[1]

自1970年至八十年代中期的十五年间，仅仅说舆论对恋童癖是宽容的还不够；今天人们在众多报刊上揭露这些成年人的罪行，并庆幸他们在英明的"一网打尽"行动中被逮捕。十五年前就应该表现出对这个问题的同样理解，除非想无可挽回地成为"反动者"。一个在七十年代为解放风俗而斗争的性学家就有着类似的经验。他讲述了同性恋革命行动阵线（FHAR）的某些激进分子对他日益增长的仇恨，对他个人的敌意，同时也折射到恋童癖身上。[2] 至于各种协会——尤其是瑞士的协会——当时就反对超越边界的恋童癖旅游，他们并没有得到众多报刊的有力支持。

说不清的性

通过另一个例子，即文学流派，我们可以更好地衡量舆论一百八十度的大转弯——甚至可以粗略地描绘一个时间表，这就是托尼·杜维尔（Tony Duvert）的例子。作为七十年代优秀的作家，他不仅身体力行，极力鼓吹，而且将之作为他文学创作的素材。隔开一段距离，人们便可以重建针对杜维尔的文学批评的演变，这种演变可以"模拟一般舆论变化的轨迹"。

托尼·杜维尔因1973年在子夜出版社出版了小说《奇幻的景致》而名

---

[1] 参见1978年6月9日《解放报》。今天，勒内·谢雷在明显修正了自己的观点后，仍然不失为一位重要的和值得尊重的哲学家。

[2] 杰拉尔·兹望（Gérard Zwang），《致不轨者的公开信》，阿尔班·米歇尔出版社，1975年。作者讲述了1975年在万塞讷，一群同性恋革命行动阵线的激进分子阻止他创立的法国临床性学家协会在该地的活动。

噪一时。这是他的第五部作品——前四部几乎都是少量印行的。一个成年人和若干孩童之间的性游戏，是幻想的刽子手与受害者的图像（作者这样说："类似小孩儿充当印第安人，我扮刽子手"）。这篇近乎透明的文字受到相当广泛的赞誉和重视，尽管有所保留，那也不过是一种加强性的颠覆，是"一本满足感官享受的书"。他竟然获得了美第奇文学奖！

转年，托尼·杜维尔发表了为放纵者辩护的文章《说不清的性》，直接拒绝了"家庭观念"，直言不讳地抨击"西方般甜言蜜语的或中国式火药味的"教条灌输，反对"压制的旧道德"，强烈要求针对儿童的全面的性自由。这本推翻了"罪恶与道德压抑"的"勇敢的论战手册"到处赢得欢呼。[1] 在接受对他最新的两部小说《大西洋岛》和《一个无辜者的日记》的采访时，作家明确了自己的立场，表示（对于他而言）"恋童癖是一种文化"。他特别承认自己对女性的仇恨，尤其是仇恨那些对孩子专制和蛮横的有罪的母亲们。"如果纽伦堡有一个审判和平时期罪恶的专门法庭，那么十个母亲里有九个都应该送到那里。"杜维尔还直言不讳地指出，照看孩子的母亲在恋童癖的眼里着实是个障碍。他还表达了这样的愿望：儿童会是他们这种人的归宿。[2]

1978年，一本署名为托尼·杜维尔、带着乡土气息的小说《约拿旦死了》出版了，小说讲述了一个成年画家和一个8岁孩童之间完美的爱。就其形式而言，小说并没有挑战的意味，但其说教的热忱丝毫不减。该书同样获得文学界的一致好评，不仅仅是对它的文学手法，甚至是对文字的内涵。"人们（从这部小说）明白了，爱因社会的意愿而消亡，却因兽性得到留存。"[3] "伟大的激情，是那些被禁止的激情""托尼·杜维尔正在接近完美"等。

---

1 《新观察家》，1974年2月25日。
2 《解放报》，1978年4月10日。
3 《世界报》，1978年4月14日。

1979年，即《大西洋岛》出版的那年，"地下作者"充满火药味但英雄的人格仍然受到评论界的欢迎。玛德莱娜·夏萨尔（Madelaine Chapsal）的欢呼就是一例："这是托尼·杜维尔这位顽强而孤独的作家建造的奇妙群岛，他以十部书迅速地捅破了我们文学最具生命力的羊水：那些触及儿童身体和心灵的水。"[1] 同样还有阿尼克·热耶（Annick Geille）热情的评论："一曲背叛的颂歌，对我们内心所有禁区的否定，《大西洋岛》打破了一个禁忌：母亲，这头剥削者**神圣的母牛**。"[2] 1980年，杜维尔在《男人的孩子》一书中又向周围"虚假的宽容"发难，在他眼里，所谓的宽容仅仅虚伪地停留在刑法容忍的界限之内。他写道："想发现无论大人还是小孩的性取向，只有一种方法，就是和他做爱。"一切都再明白不过。

　　然而，1986年之后，作家的形象似乎突然变化了。1989年，他发表了充满挑战意味的格言警句集《邪恶入门》。这次只为他招来了惊愕的评论，热罗姆·加尔森（Jérôme Garcin）就从作品中看到："一个最后的恶意速写。一个68岁老家伙以土耳其人的方式在万塞纳大学的厕所里流连，厕所破旧的墙上还留有淫秽的涂绘和已经过时的怒气冲冲的句子。"[3]

　　其他评论也是同样的愤怒，时代变了。不仅仅是文学领域，实际上，人们不应该将上述事件理解成文学王国的种种波折、一时迷恋和传统的争论。这里提及杜维尔事件只是作为资料，不是为了回过头来将这位作家不公正地当作替罪羊。这个事件说明了易变的情绪，不是评论界，而是一个时代。事实是，远远超越了浪漫的倒错和"大胆的侵犯"，在1974年"行得通的"，1989年就"行不通"了。

　　到底发生了什么？

1　《巴黎晨报》，1979年3月27日。
2　《花花公子》，1979年7月。
3　《周四事件报》，1989年12月7—13日。

禁忌的回归？

人们总是（过于）愿意给出简单的解释。八十年代中期，若干耸人听闻的事件确实动摇了法国舆论，将恋童癖送上了被告席。1986年所谓高拉尔（Corral）事件将残障儿童和毫无廉耻的"教育家"决定性地推上了舞台。这个丑闻事件是极不公正力量（有恋童癖的成年人/残障儿童）的标志，受到媒体广泛报导，从而引发了一场抗议和长期论战的潮流。[1] 这些事件在杜图事件之后，先于比利时著名的"道德的造反"运动十年。当时主流媒体更加关注南部国家尤其是亚洲的儿童卖淫问题，而且不是出于简单的好奇。

此前，来自大西洋海外领土的某些传闻同样在欧洲造成巨大声浪：在色情市场上（自七十年代放开），电影将性谋杀变成了窥淫癖付费就可观看的东西：snufs movies（美俚语，谋杀电影）。这些电影表现伴随谋杀真实或不真实的色情场面。同年法国出版的一本书的后记中表明，在最开明的公众舆论中，可以称之为眩晕或疑虑的东西正在成形。这本调查报告《女性，淫秽与色情》相当轻松地去除一些禁忌的戏剧成分，打破女性关于淫秽问题的沉寂。在后记中，另一位作者玛丽-弗朗索瓦兹·汉斯（Marie-Françoise Hans）或多或少最后（in fine）承认了色情**谋杀**电影对她造成的困扰："（这一现实）为我们提出了一个根本问题：这类电影的公映应该被看成过路事件、性表演的变形？难道它不是表明所有淫秽产品最初的任务吗？通往死亡之路……因为谋杀是一些有钱人出于对另一些有钱人的可耻

---

[1] 除了高拉尔事件，还有若干受到广泛报道的事件，如1988年的戛纳舞蹈课丑闻、1989年杜塞（Doucé）牧师谋杀案，还有1990年的欧塞尔（Auxerre）失踪案。

欲望安排的。"[1]

在同一本书中，作者声音不大（mezza voce），但还是表达了同样的焦虑。例如精神分析学家露丝·伊利格瑞（Luce Irigaray）相当先兆性的担忧，"显然，人们发现了话语的能力，以及'驱策着我们的'性能力消耗殆尽的信号。退化的症状越加明显。问题是，需要知道我们是在向一个新的早晨前进，还是走向一种集体自杀"。细微但毋庸置疑的信号。如同时代已经难以觉察地远离了七十年代"解放者"的乐观主义，上述事件无疑在这一距离产生的过程中发生了作用。

不过，社会新闻的发动作用是社会历史的恒定现象。例如，关于十七世纪末和十八世纪初对同性恋的严酷镇压，人们可以举几件与恋童癖有关的重大罪案。

比如，雅克·肖松（Jacques Chausson）和雅克·博米尔（Jacques Paumier，人称"法布里"），被指控企图强暴一个17岁的男孩（1661年），并最终承认曾为其他人提供过更年轻的男孩。他们于1661年12月29日被判割舌和活活烧死。理论上讲，惩罚同样追溯到他们的"顾客"（一个男爵，一个侯爵），但从未被实践。这"两套标准"显然激怒了民众，出现了一些报复性檄文，其中就有《肖松和法布里哀歌》。

六十年后（在1724—1726年间）的本杰明·戴硕福（Benjamin Deschauffours）事件，更直接让人想起1996年的杜图事件。戴硕福，恋童癖、杀人犯、提供男孩者，主持着一个旨在为富有客户提供货源的真正的恋童癖网络。他曾经"试用"那些男孩，或者让他的同伙"试用"。他甚至为一个意大利阔佬阉割了一个小男孩。1726年5月24日，戴硕福在格莱夫广

---

[1] 吉尔·拉普日（Gilles Lapouge）和玛丽-弗朗索瓦兹·汉斯（Marie-Françoise Hans），《女性、淫秽和色情》，色伊出版社，1978年。

场被烧死。[1]法国大革命六十年后，社会的象征体系——"富人"捕猎"穷人"的孩子——在事件中不无显露……

但是，如果说这类社会新闻在这样或那样的舆论转变中起着发动作用，它们自身却永远不能构成**解释**。牵涉其中的更主要是意识形态的得失。人们随后会看到，舆论对于恋童癖和乱伦事件的过分敏感是如何将最近的大辩论引向儿童、家庭的地位，最后甚至引向对西方个人主义的反思。[2]再看更直接的层面，新近提出的问题仅仅在于：在一个自以为已超越禁止的社会里向**禁止**的大规模回归。禁止，是指限制、默许的调整，绝大多数能接受的最低标准本身。

这是博比尼儿童法庭庭长让-皮埃尔·罗森茨维格（Jean-Pierre Rosenczweig）在杜图事件时期极为强调的论题。他认为，这个事件足以"警醒整个欧洲"。[3]这位法官特别为有争议的"儿童权益"问题的根本论题辩护。他认为，我们西方社会正陷入自己的前后不一之中。实际上，差不多三十年以来，西方社会拒绝——在性的问题上，但不仅仅是这个问题——确定它自己禁止的界限，这样就对弗洛伊德称为"基础角色"的这个问题视而不见，也未能将相关**法律**人性化。在宽容的和耽于肉体享乐的乌托邦的氛围之下，那些源自"宽容"和那些具有"权力"特征的东西危险地混在一起。

但是，很难让我们的社会重新适应禁止的创始原则，其中包括性的问题。这就是舆论间歇性的紧张和受到过度压抑的社会需求失控的真正原因。尚未提及过去的混乱或者"坏意识"。我们没能和自己的兴趣——或者说我们的欲望——和平相处。

---

1 尽管他承认了自己的罪行，还是有人将对他的行刑看作是"不公正"或者是杀鸡儆猴。一出未发表的匿名喜剧《戴硕福的阴影》（1739年）——甚至认为诉讼是coniste（异性恋者）对bougre（同性恋者）的报复（莫里斯·勒维（Maurice Lever）《索多姆的柴堆》，法雅出版社，1985年）。
1 参见第十四章。
2 关于法国文化的辩论，1996年9月20日。

过度的优越感

关于这个非常讨厌的禁止问题,需要提及几个显得如此难以忍受的矛盾。首当其冲的就是精神分裂症,我们都不自觉地置身其中。我们的社会只屈服于自身的沉重,和传统社会相比,实际上正处在两个极端:历史上从未有过的**言辞**的宽容和不少方面更为压抑的**实践**。我们继续从所谓获得解脱的高度俯视着。

像米歇尔·福柯和彼得·布朗这样的研究者,曾经讥讽过针对过去的过度优越感和这种"撒娇般的、甚至狡黠的亲昵",现代人以为可以凭此干预遥远过去男男女女的性问题。[1] 在这个"遥远的过去",人们还是可以找到无数我们已经忘却的**妥协**艺术的。焦虑的社会不总是我们想象的那样。

十七世纪,没有什么可说的——也没什么值得谴责的。那时,保姆为了让男孩入睡,有抚慰孩子生殖器的习惯。至于自十六世纪开始的所谓中世纪对同性恋的镇压,实际上很少付诸实施,历史学家清点的结果是,在1317年至1789年间,就是说在近四个半世纪里只有38桩极刑!而且,这些极刑几乎全部都是针对10岁左右甚至更年少儿童的恋童癖案件的惩罚(这些惩罚也是今天后现代的美国以同样方式执行的)[2]。另外,通过中世纪早期教士忏悔规条得知,大部分针对性侵犯的惩罚包括持续的斋戒或自愿的苦修。这些惩罚完全在今天的刑罚范围之内。和我们的习惯相反,在风俗方面,传统社会知道如何将严厉的原则与宽容的执行结合起来。

我们的情况不一样。我们甚至生活在这种相对智慧的反面。我们醉心于字眼和理论的禁条,但在实践中缺乏宽容。如果我们将现代严酷的司法告诉

---

1 彼得·布朗,《拒绝肉体。基督教初期的童贞、独身与禁欲》,同前。
2 莫里斯·勒维,《索多姆的柴堆》,同前。

一个文艺复兴时期或十八世纪的人，肯定会把他吓一跳。严峻会有非常具体的后果。比如，1986 年美国最高法院的裁决就很能说明问题，他们以 5 票对 4 票通过了佐治亚州将鸡奸和口交视为罪行的决定，即使是在已婚夫妇之间。还是这个最高法院，对鲍尔斯（Bowers）与哈德维克（Hardwick）**案件**判决做出裁定，允许州法院宣布两个成年人之间的同性恋爱有罪。

就这样，我们无意识间造就了招摇的宽容与琐碎的压制之间苦涩的共存。问题更加难以解决，因为在我们的日常生活中，撩拨与怀疑、泛性爱的后来者与琐碎的警觉、奇特的"性邀请"与宗教裁判怪癖般的威胁（性骚扰等）之间永远构成对立。我们就是在这耗人的 double bind（精神分析学家所指的双重压力）之间游移。这无疑是对泛滥的声明和闲言碎语的一种解释，是无穷尽的爱情言辞的一个关键。这表明存在着一种奇怪的**不舒服**的生存状态。好像在关于性的问题上，自以为是的西方社会已经忘却了分寸的艺术，失去了温和"调解"的能力以及在非洲社会依旧得到承认的沉默的美德。我们最终会被耐心的情色文化抛弃，情色是由内在规则和默许的侵犯、破坏的倾向、既有的危险、承受的大胆和不清晰的谨慎构成的，这种文化在过去——比人们想象得更富于智慧——一直控制着欲望持久的平衡。

关于非洲的爱情，还可以举一位非洲学家的话："西方人以为其他社会缺乏透明甚至双重性，其实不过是包围着人类关系的羞耻心的保留，就像神秘事物的光晕、保护性的昏暗，并最终成为不可触知的、与尊重相类似但首先是自我的某种东西。Damma rousse（意为'我很惭愧'），沃洛夫人会这么说。我们对传统文化建立起来的男人和女人之间的距离感到震惊。但是我们也不刻意回避，因为西方社会夫妇间完全抛却了羞耻和分寸的可怕的面对，是爱情、欲望和所有关系中最具摧毁性的。"[1]

---

[1] 菲利普·恩格尔哈德（Philippe Engelhard），《世界的人》，Arléa 阿出版社，1996 年。

第二个标志是我们的社会面对清教回潮时反常的脆弱性。事实是，周围的环境里飘荡着——从美洲到欧洲都是如此——一种潜在的道学诱惑，这一诱惑是建立在对失却的平衡的怀念之上的，也就是说，建立在一种虚幻的基础之上。因为曾经过于轻率地撤离，这时，"禁止"开始回潮，以法令的形式出现，而不是从传统主义的角度和教条，也不是以承载着"纯洁"莫名病症的纯洁派的可怕形式。这些反应实际上承认了自己的脆弱。在三十年喧闹的宽容之后，我们的现代性在伦理主义巨大的回潮面前束手无策。这是一股既诱惑又让人害怕的回潮。如同开始就有的本体的断裂，不是在道德而是在道德主义面前，坚决地将我们解除武装。我们曾梦想成为征服欲望的人类先锋；却发现我们迷失在茫茫荒原之中，没有食粮也没有临终圣餐。

可以隐约感觉到，这种脆弱性并非没有后果。它产生一种无法安慰的恐慌；它使得立场更加激进，思想愈加僵硬，就像恐慌来临的时候。因为我们以为，依着审慎和既往小心翼翼的妥协，可以骄傲地和过去决裂，但我们却两手空空，思想混乱。因为我们本以为有权利停止简单地思考欲望问题，但我们没有能力了。每个人都被要求选择自己的立场。人们催着我们在黑与白之间、道德秩序和放纵之间、"一切都是允许的"与禁止之间做出选择。思想本身发现被规定向回走去，就是说走向吵嚷的教条主义、愚蠢的简化和夸张。我们应该把这看成一件好事吗？当然不。我们甚至应该一边重读普鲁塔克（Plutarque）的《关于爱的对话》，一边羞愧得脸红……

一个奇怪的比照存在于爱情的说辞与经济、社会的令人扫兴的说辞之间。在转为专制的乌托邦沉没之后，我们唯有求助与极端自由主义对称的理想国——这个谬误倒转的影像。在平均进步主义的废墟上已经增生出弱肉强食的不公正的强权法则。确实，前天过于朴实的享乐主义逐渐被守纪律的纯洁主义代替。两者之间的空间极为狭窄。

但是，只有这个空间是可以存身的。本书的全部理念都具有这种信心。

在随后的章节中，我们会尽力重新获取一个空间，人文的和理智的空间；尽可能松开"双面束缚"的老虎钳；在任何情况下拒绝过于趋俗的敲诈：即道德主义/非道德主义的对立。这就是本书的主题。此外还需要解释方法。

坚决现代的……

需要唤醒的既不是过时的东西，也不是怀旧。这不是人们要打开的放弃享乐和自由的悲伤之路。甚至正相反，建议抓住"现代性"的字面意义；人们建议追寻新的进步思想的足迹。同样坚定但更有依据；更关注现实而不轻易遗忘。在一篇卓有见地的文字里，哲人布鲁诺·拉图尔（Bruno Latour）对这个步骤下了确定的定义。

他写道："最近我们已经抛弃的过去关于进步的思想，使得我们可以不再注意，这个思想摆脱了所有的审慎、所有的谨小慎微；新的思想看上去更像不得不审慎、不得不有选择地选择和尽可能细微地分拣……那么，过去关于进步的思想令我们可以避开原本无益的复杂，而新的思想总是使我们更深地陷入经典人类学的复杂性中。在欧洲人经历了根深蒂固地自认为'与众不同'的三个世纪之后，我们重新变得和别人一样了。我们没有失去自己的灵魂，我们找回了自己的人性。我们终于明白了'文明'的含义，它并不意味着扫清过去来发展成现代的欧洲，而是在各种可能性中拣选，尤其是要使简化者们再也无法生活下去。"[1]

记住最后这些话。这些坚决反对"简化者"的步骤需要有节制的态度，

---

[1] 见《世界报》1996年8月29日号。布鲁诺·拉图尔在两篇随笔中明确地借用"自反性现代化"和"第二现代性"的概念，乌尔里希（Ulrich）和安东尼·吉登斯（Anthony Giddens），《自反性现代化》一书的作者（斯坦福大学出版社）。

因为节制可以打开更新的前景,以及更广泛的前景。人类活动的任何领域从来没有产生过如此多的思想,像对爱与欲望产生的思想那样多;"自世界诞生以来",没有人论证过如此多的争论与思考、如此丰富的空想或消除了的恐惧;从没有像文化和人性之间保持的联系这样紧密。没有人通过定义,被命运指定要躲避"简化者"。简化者们在近三十年来取得了过度的胜利,这不容否认,也不怎么让人高兴;今天,他们以一种"摆脱了所有的审慎、所有的谨小慎微"的突然,证明重读的努力。难道有比重新学习——庄重地、平和地、快乐地——"在各种可能性中拣选"更令人振奋的计划吗?

人们不是在"性革命"的变形上才开始思考的,而是在它极度脆弱的依据、天真的允诺、简单的公设之上。最终,这个事情是建立在"推翻"的概念上,并且源自公开的野心:即扫清过去来推动"欲望的人",和政治革命的新人(hombre nuevo)一样崭新。一个摆脱了规则和审慎、一心只想**无边享乐**的人。怎么?在我们迈向这光辉灿烂的另一个未来时,我们到底身处何方?

众所周知,乌托邦的失败是二十世纪末的一件大事。但在乌托邦的灾难和否定基础上,至少滋养了近年来最简单的思考。它造就了一个巨大的、经过反思的、忏悔的文本,包含了令人感动的"因为我的过失(mea culpa)",经过明晰的回顾和各种修正。乌托邦的葬礼成为所有政治思考必然的理论转折点。

但对于近代的"性革命"而言是另一码事。它能成功吗?是否会执着于某几个基本矛盾?没有人冒险回答这些问题。在这个问题上固执的沉默占了上风。人们继续机械地颂扬而不是辩论,未做任何清点而发表声明,不节制又没证据地一再重复。人们过去曾拒绝"使比扬古(Billancourt)绝望"。加以必要的改变(Mutatis mutandis),人们宁愿保留着胜利的幻觉和原则"解放"的朦胧魅力,一颗远古的星发出的微弱的光。这个问题保证不会被提出来。

那么,我们就提出来吧!

第二章 三十年后……

"无拘无束地享乐";"禁止禁止";"我越是做爱,就越想革命"……拉开距离看,任何理想国都会令人发笑。相距二三十年,过去的狂热似乎充满了神秘的谵语、奇怪的短视行为和幼稚的主张。对这些主张出言相讥极为诱惑,我们没有抵抗住。每代人都倾向于苛责上一代人:这种苛责表现为夸耀自己的清晰和对从前的"天真"表示同情和惊讶。这是一种过分之举。人们总是在与历史的战争中不战而胜;在时间毁灭了一切幻象之后,不光彩地战胜幻象。这样的苛责很容易,它永远只是事后(a posteriori)介入,不会走得太远:貌似胜利,却是思想的灾难……

实际上,我们绝不应该冒失地嘲笑变革的理想国,也不应该极不谨慎地嘲讽风俗如圣经般的过去。至少有两个原因。首先,它代表了那个时代一种不应该遭到辱骂的希望(除非为了满足既成秩序把侮辱梦想作为消遣的那些人）。其次，因为没有比满足自我更危险的了。如果总是以为自己很聪明就错了。尤其是事后。每个时代都不自觉地汲取了自己的理想国——"无形的意识形态"，将之作为合理的计划采纳。时代相信这些理想国。每一代人都愿意相信自己比前辈人知道得"更多"，说话的声音也更大，于是只遵从信仰系统和"证明是无根据的"假设系统，正像卡尔·波普尔（Karl Popper）说的那样。对理想国事后的批评经常是建立在——但却是无意识地——新的理想国之上，只是明天或者后天就会显露其真相。作为声名扫地的伪科学认识，它将面临被另一种圣经审视的命运，一种新的、所谓"明智的"、同样残忍的圣经。以及诸如此类，就像是虚荣与盲目轮换的套环。思想史一直提醒我们要节制。

不要"旧秩序"

既不傲慢也不恭维地说，还是应该将六十年代末的"性革命"归到理想国的章节中去。希望与狂妄交织，鲁莽与疯狂结合，可笑的急进和教条式的思想意识：从1964年[1]到1973年，一股巨大的自由主义潮流席卷了所有工业社会。从日本到加利福尼亚，从衰老的欧洲到年轻的美洲，反对独裁、禁止、束缚、物质悲观论的同样反抗调动了突然无法忍受"旧秩序"的年轻一代。几年间，集体表现及其司法表达的建构便被彻底动摇。三十年后，建构被彻底打倒了。还有什么可说的呢？实际上性已经"自由"了，然后呢？

关于历史这个可怕的裂缝，人们已经书写过无数著作，出版过无数著作，进行过无数争论。三十年后，一片令人气馁的阴霾包裹了整个事件。离

---

[1] 关于这一承前启后的年代的重要性，参看第十一章。

远些看，像一个重大的、模糊的历史事件，无法进行细微的分析；就像一个令人束手无策的事实，无法从更近的地方观察。事情已经过去，画上了句号，就这样。地震已经发生。如果有人非要在那个时代中想象的和已经发生的两者之间挑选，将是非常可笑的。人们还想"拣选"三十年来对西方文化本身产生重大影响的多重因素吗？这份遗产或继承或放弃。对"性革命"毫无保留的颂扬或对"清教之反动"暴躁的赞同：我们没有别的选择，原因不言自明。

然而，很明显，不是这回事。

西方的性革命战胜了束缚和放逐，除非疯了才会为这些压制平反，正相反，人们应该丝毫不减地与其斗争（厌恶同性恋、大男子主义、压抑、犯罪感等等）。这些也丝毫不能阻止西方性革命驱逐了无数的谵语、宣扬了无数的蠢话、兜售那些与遗产轻率地混在一起的谎言，这才是人们应该耐心驱逐的东西。但怎么做呢？无疑应该抓牢这束巨大的线团唯一的"线索"，顽强地追寻到底。一根可以从起源开始设置标记的线。这种方法优于其他方法。这根线，如果可以这样说，首先是个人名：威廉·赖希（Wilhelm Reich）。实际上，自六十年代末开始，这位死于1957年的奥地利精神分析学家的名字开始闯入西方巨大而喧嚣的宽容的内核，并且成功地总结了——或者象征了——这场喧嚣的全部。

回顾某个历史片断，1968年初的南泰尔大学，一次"威廉·赖希与性"的讲座，旨在促成反对内在规则的斗争，即3月22日运动的发端。当时的一篇文章这样说："这次讲座造成大量请愿书的出现，尤其是居民协会的传单，他们抗议大学城将男女生分开的性压制以及一系列表明相关压制的主题。"[1]

---

[1] 3月22日运动，"这只是个开始，让我们继续战斗。"Cahiers libres 丛书第124辑，Maspero 出版社，1968年。

人们不愿就此说，当时每个人都在阅读和重读赖希的作品：《性革命》、《性高潮的功能》；人们不坚持西方人要学习和背诵《年轻人的性斗争》或《听着，小男人》，以及所有几代人都要虔诚地传授《性格分析》或《宇宙的重合》。相反，赖希的作品可能很少有人阅读，而且是被非常肤浅地阅读。但是，当68年的大学生在房间的墙上张贴切·格瓦拉的照片时，他们很清楚玻利维亚游击队的遭遇或中心（Foco）战略吗？什么都不确定。格瓦拉只是在历史的某个确定时刻适时地介入，成为一个标志和参照，即反抗的一代的文化符号和象征。

同样，威廉·赖希主要扮演了一个神话角色。这是隔开一段时间距离看到的。从1965年到1975年大约十年内，首先是一张"面孔"，言辞的缺席，熊熊燃烧和模糊不清的反叛的地平线。唯有他的姓名和作品见证了一种无法忘却的思想，那里，在智识的深处，甚至不需要去查询。在有限的程度内，马尔库塞（Herbert Marcuse）——相当无聊和晦涩的哲学家——在政治领域也昙花一现地充当了这个角色。[1] 他的作品既没有被深入研究，实际上也不是很重要。他是不用被阅读便能得到承认的思想导师。他们的书，在被打开之前，已经被供上圣坛。就是这样。

这也正是赖希的情况。他在这个关于性的重大事件中所起的作用——而且一直在持续，既出于想象的浸润也源于概念的进步。应该说，在六十年代，这张"面孔"的出现，与一些传播的愿望完美地契合，而这张面孔也逐条满足了这些愿望。事后，人们也会奇怪，历史的偶然如何集合了如此多的信息——和允诺——而且是仅凭这个名字。还有那篇人们会说是量体裁衣的传记。

---

[1] 马尔库塞（Herbert Marcuse），《单向度的人》，子夜出版社，1967年。

一种信仰的诞生

赖希1897年出生于奥地利的加利西亚。他二十年代在维也纳遇到了弗洛伊德,后来与其决裂。他移居到柏林,参加了共产党,随后见证了十月革命沸腾的意识形态,并创办了无产阶级性政策协会（Sexpol）,1933年被开除出共产主义运动。作为犹太人,他却出人意料地拥护纳粹党,后来才转而反对纳粹。二战前夕,他流落到美国,逐渐屈服于唯科学主义的谵语——以后我们还会提到,从1956年开始,他遭到美国FBI的迫害,他们毁掉他的著作、他的"产品"和实验室。赖希被关在宾夕法尼亚州路易斯堡的感化院里,1957年11月3日去世,为迫害的符号体系增添了一个政治殉难者有争议的假说。[1]

从一个极端到另一个极端,整个过程颇具典型意义。

实际上应该明白,他一生的每个阶段是多么恰巧地迎合了六十年代造反学生的感受。好好想想吧！和弗洛伊德最初的联系与决裂,表明了精神分析学家的思考,但尤其表明了他的**超越**。这几乎反映了时代与弗洛伊德学派的模棱两可的关系。同样,赖希的人生轨迹说明他"经历"了布尔什维克主义,后来转向反抗斯大林主义和向"法西斯"的偏移。

然而,如果说经历了1968年5月的欧洲青年表现出对布尔什维克论调的再度适应,包括它的象征、回忆和英雄般的举止（喀琅施塔得的《泡特金》等）,这丝毫不能阻止他们从内心深处与马克思主义决裂。什么都不能像赖希"事件"这样与这一矛盾如此天意般相吻合。多亏了赖希,怒吼的青

---

[1] 实际上,威廉·赖希（Wilhelm Reich）突然疯狂,开始试验一种神秘物质。他宣称通过放射现象,发现了生命力或者生命力能量。他想将能治疗癌症和性无能的"生命力蓄电池"商业化。应美国食品和药品管理局的要求,他被控招摇撞骗并被跟踪。

年革命在回归和走入歧途之前，西方的"性革命"实际上与无产阶级大革命既神秘又坚实地结合了起来。它从性、欲望、快感的颠覆以及革命本身的意念中找到办法，换句话说，就像西方毛泽东主义那样。至于 FBI 对这位奥地利侨民施加迫害直至他在美国的一个监狱中死亡，这一事件显然契合了欧洲的——或者加利福尼亚的——青年反对"美帝国主义"和声援被 B52 炸平的越南的愤怒，为六十年代末的反美浪潮点了一把火。

值得一提的是赖希从最初就偏爱的主题之一，即儿童和少年的性解放。在他看来，儿童和少年是家庭的牺牲品，被描述成"专制思想和保守主义精神结构的产品"。最后，我们回想一下赖希再度使日常生活尤其是性带上政治色彩，就像七十年代的社团运动一样。没有任何东西比这种既慷慨又激进的"性的年轻主义"（jeunisme sexuel）更适合学生的反抗了。当时出版得最早的境遇主义（situationnist）小册子之一《学生中的性饥渴》就是直接从赖希那里得到的灵感。

弗洛伊德叛逆的儿子、马克思主义的异端分子、反纳粹的犹太人、假想中美国"压迫"的牺牲品，在这种情况下，威廉·赖希人生轨迹的每个片断几乎都与马克斯·韦伯称之为"特殊病理"的东西神奇地相符，那个既混乱又浪漫的六十年代。[1] 甚至他生命终点时的宇宙谵语以及他的精神错乱，都给这位被适时复原的思想家的魅力加入了一种兰波式的维度或后现代主义的内容。至于更近一些考察他的理论……

这一近乎宗教般的赞同在 1968 年至 1978 年间有关赖希的无数文章、

---

[1] 在众多证据中，1972 年一篇文章对赖希的介绍很说明问题："他被德国的斯大林分子排除出共产党，得不到分析运动的承认，受到纳粹的驱逐，被美国司法机关监禁，但他在资本主义国家的青年人中获得平反，他们使他重获生命的梦想，并在他的作品中寻找不幸生活的答案。"（让-米歇尔·帕米埃（Jean-Michel Palmier），《世界报》，1972 年 9 月 22 日）

卷宗、批注和评论的字里行间得到证实。再版和再翻译的种种方式[1]、方法都被认为是以严格正统的赖希方式进行解述的，序言和报刊上的书评中满纸的敬畏之辞：似乎一切都是为了参加一桩圣事。人们看到的不仅仅是位作家，并且是一位先知。刚刚被欧洲人（德国的极左翼学生[2]）再度发现，赖希的著作立即成为真知灼见，只有几位著名评注家有注释的资格。不至于发生遗产纠纷和遗嘱的合法性问题，盗版的出现和几起出版商的诉讼只是在他身后（post mortem）增添了意味深长的争吵色彩。

问题在于对神话的管理。

远距离打动我们的，是赖希的论断一贯坚定的**严肃**——包括其中最荒诞的——大约十年间一直在法国得到叙述和赞扬；这就是舆论的一致论调和庆祝活动卑屈的浮夸。西方的智慧在怀疑着什么。实际上，人们不是真正"发现了"一种思想，而是既无保留也不明智地庆祝这种思想，主要是因为思想来得**正是时候**。从一小撮教士传播者（他们只是数两手的手指头）[3]创造的对赖希的崇拜中，很快派生出一种相当基本的圣经，正是这个圣经被真正地普及、传播、兜售和推行开来。我们的社会曾经信奉弗洛伊德和结构主义，于是或多或少在不知不觉间成为"赖希的"。三十年后，还是一样。

这个圣经一直存在到今天，即使人们没有能力分辨出这一点。大体上（grosso modo），四五个公设——是指基础信仰——源于威廉·赖希，继续

---

[1] 最早在法国再版的两篇是《性高潮的功能》（Arche 出版社，1952年，1967年）、《性革命》（Plon 出版社，1968年，UGE 出版社，《10/18》，1970年）。

[2] 自六十年代中期，赖希成为德国社会主义大学生联合会（SDS）的鲁迪·度西克（Rudy Dutschke）的思想导师。在法国，他影响了境遇主义者，尤其是拉乌尔·瓦内根姆（Raoul Vaneigem），他在自己的书中向赖希致意。

[3] 达尼埃·盖兰（Daniel Guérin）、马克·卡维兹（Marc Kravetz）、米歇尔·卡捷（Michel Cattier）、罗杰·达顿（Roger Dadoun）、让-米歇尔·帕尔米埃（Jean-Michel Palmier）、康斯坦顿·西奈尔尼科夫（Constantin Sinelnikoff）、柏利斯·弗兰克（Boris Fraenkel）、奥利维叶·雷沃·达隆（Olivier Revault d'Alonnes）等人。

存在于我们的时代中，继续纠缠那些最天真的、甚至最狂热的人。它们有点像一个被遗忘的预言家的长诗，由世界末日的幸存者机械地诵读出来。这样，被历史吞没的无产阶级大革命，成为历史智慧的靶子，到处被指控为血淋淋的完全的异端邪说，但是保留下来这唯一的一章——《性》这一章，躲开了批评，原封不动地保存下来。

一个卢梭的幽灵

是的，躲过了批评和评判。即使发展了几个统治赖希思想的主要"线条"，也不算背叛赖希。几个被历史排斥但还是存留下来的公设：最典型的是卢梭主义，坚决的反资本主义，摈弃精神分析，憎恨宗教，坚定的科学主义，过度的活力论。我们不妨再近些观察。

仅仅说赖希的卢梭主义在今天看来太过坦率是不够的。赖希坚定地认为——他不断这样写——人类的性欲是和谐、平和的。只是社会的异化和专制社会的压制使性欲向病症偏移。他肯定地说："不挨饿的人没有偷窃的冲动，于是不需要道德来阻止他偷盗。这个道理同样适用于性：得到性满足的人不会有强暴的冲动，也就不需要约束这种冲动的道德。这是根据与道德强制调整对立的性经济规则（sexalokonomische regulierung）进行的自我调整。"

赖希认为，自然状态不存在倒错、强暴的冲动、占有的本能、恋童癖、嫉妒、偷窥癖、性无能诸种状态。盗窃、谋杀或背叛也是同样。人之初，性本善；性欲本来是"健康的"。这种空前的本体乐观论以明白的确信和固执的天真充斥着他的著作，而在其他精神分析学家笔下总是有这样或那样的出乎意料。

赖希还写道:"健康的个体身上应该没有道德,因为他没有被称作抑制的精神冲动。一旦基本的生殖需要得到满足,人类身上的反社会的冲动是很容易控制的。这一切在体验过性高潮的个体身上是明白无误的。[……]不顾任何禁止、听任生物本能推动的能力,以不情愿的办法压抑身体的快乐来完全摆脱性冲动的能力。[……]和妓女的关系变得不可能;虐待狂的幻想消失,等待爱情的权利,甚至强暴伙伴、引诱儿童变得不可思议;肛门倒错、裸露癖或其他痼疾会消失,随之消失的还有相伴的社会焦虑和罪恶感;父母、兄弟、姊妹之间乱伦般的固恋失去了意义,因为这种固恋的能量被释放了。总之,所有这些现象表明了性高潮向自我调控转化的能力。"[1]

明白地说,赖希确信基本的和"自然"的"生殖"需要的优先地位。对这些需要进行压抑、道德或宗教的调整——甚至压抑和调整本身——引导个体走向神经官能症,犯下种种罪行,对社会充满怨恨,甚至导致法西斯主义。总的来说,只需保证自由地满足这些需要,就可使道德概念本身完全无意义。"健康的个人,有权利获得性满足,是有能力进行自我调整的。"换句话说,民众的性福构成了社会整体安全的最佳保证。也许是唯一的保证。这是对健康的性享受的自由满足,而完全不是使社会生活归于平静的驯服和家庭调整。[2] 如果这些生命繁殖功能到目前为止在我们的资产阶级社会中一直被扭曲,那是由于希望将被刁难的性力量为其所用的社会系统和社会制度造成的。

在赖希看来,多数的心理疾病来自童年的生殖压抑。这种压抑和罪恶感造成了一种"情感鼠疫",感染大多数人,推动他们朝向"专制、游击主义、道德主义、神秘主义、诬告和诽谤、官僚专制主义、黩武和扩张思想以及种

---

[1] 威廉·赖希,《性革命》,克利斯蒂安·布热瓦(Christian Bourgois)译,1982年版。
[2] 同前。

族仇恨"发展。[1]

他认为，人类的历史既未经历过真正的教化，也没有过真正的文明。因此，多亏了迫在眉睫的性革命，"真正的文化和文明就要出现在社会舞台"。应该与家庭、道德和性压迫的所有方式进行斗争，来加速真正文化和文明的到来。对于赖希而言，"不存在任何疑虑：性革命正在前进，世界上的任何力量都无法阻止它的进程"。[2]

隔一段距离检视，这个论题略显天真和粗浅，接近可笑。可亲但有些愚蠢……特殊之处不在于一个卢梭主义的幽灵在二十世纪可以如此坦率地表达，而在于有如此多的学派、如此多的评论者、批评者或战斗者要将其踩在脚下。并且持续了好几十年。当时，很少有人像哲学家弗朗索瓦·乔治（François George）一样知道委婉地讽刺一位可亲但粗陋的自然主义者不懂"利比多，爱的能力，按照社会结构行事，这种社会结构造就了一个历史、一种主观性、一个人类世界"。还是这个弗朗索瓦·乔治强调赖希的思想以自然的名义将"性欲还原到它生理的、生物的层面，从而否认它在人类悲剧中发生的作用，以及它与生活现实的全部意义"。[3]

二十五年后，虽然孤独却值得尊敬的敏锐的洞察力。

性具有变革性吗？

赖希的反资本主义——至少在移居美国以前——和他的卢梭主义一样地根深蒂固。他的论据很简单：如果说资产阶级社会致力于坚定镇压儿

---

[1] 同前，《性格分析》，Payot 出版社，1971 年。
[2] 同前，《性道德的突破》，Payot 出版社，1972 年。
[3] 《文学杂志》，1973 年 3 月。

童的性力量，然后是成人的性力量，那是为了让上述力量应用于生产。必须让工作者坚守自己的岗位，让无产者留在"性贫瘠"中，尤其是将他们上述力量中最好的部分以剩余价值的形式据为己有。因为"性革命"要废除这种奴役和解放处在"激情的鼠疫"中的人们，于是它具有了大革命的性质。

赖希在1935年11月写道："资产阶级的道德，阶级的道德，是**反性欲**的，因而会生发出最激烈的冲突。革命运动消灭冲突，并首先建立一个有利于性欲的观念，给予一个新法规的实践形式和性生活的新方式，也就是说专制社会的秩序和性的社会压制总是并行的，革命的'道德'和性需要的满足也是同行并举的。"

这种主要源自资产者和资本主义社会的性压制的概念在六十和七十年代的运动中无处不在。在自然的性压制因素中，钱和巨额资本占了很重要的地位。一种被左派和极左派广泛赞同的"显而易见的事实"。人们在当时所有的"政治文学"中都可寻到这一思想的踪迹。比如，1972年12月，共产主义阵线月刊（托洛茨基派）《红色》发表了一篇社论，为一位教授辩护，这位教授因听任学生们组织关于威廉·赖希和加布里埃尔·鲁希埃（Gabrielle Russier）[1]的辩论而被停职。最后，我们可以读一下这篇有分量的檄文："如果说性压制是我们这个麻木社会的最后一根支柱，那么也不要忽略实现欲望的社会维度：学习做爱并不足以解放我们的身体，而这个资本的社会已经把我们的身体变形为没有知觉的生产工具。"

占据优势的意见是——来自远方的——一种统治阶级所策划的持续的

---

[1] 作为马赛混合中学老师，加布里埃尔·鲁希埃（Gabrielle Russier）1968年成为她16岁学生的情人。被控诱拐未成年人，于1969年7月被判1年监禁并罚款。在检察院提出加刑上诉后，她于9月1日自杀。鲁希埃事件引起了无休止的争论，好几部书和一部电影都与1968年5月的这个事件有关。

阴谋，他们反对劳动阶级自由地满足欲望，因为有可能"因此浪费"他们工作的能力。在资产阶级道德对性问题的这种家长式作风的背后，需要揭穿"这个优越的阶层，它因为经济能力的增长而更靠近权力，坚决要压制自然的需要，虽然他们从不为自己的行为羞愧"。[1]这个分析结论，不啻是对所有专制道德和神秘主义——尤其是对作为它的基础的宗教——的决定性"怀疑"。在道德的热忱中，实际上，而且永远如此，隐藏着一个根本性的谎言和一种狡黠：保卫本阶级的利益，并将其推广为普世的价值观。

对于赖希而言，十月革命在解放了受压迫人民的同时，第一次使"性革命"成为可能，将使人类进入"社会完全颠覆的崭新阶段"。在维也纳，他还是个年轻人（1917年他才20岁），为突然而至的宽容——这个革命初期的标志——兴奋异常。从1917年开始，自由恋爱得到亚历山德拉·克隆泰（Alexandra Kollontaï）的广泛宣扬和实践。[2]列宁于1917年12月颁布法令，随后1918年苏维埃的第一部法令承认自由的结合，离婚只需要双方任一方提出要求，流产是自由和免费的。在发端的沸腾的革命运动中，莫斯科人成立了交换伴侣的社团，开始尝试各种经验，后来人们称之为"新生活方式（Novii Bit）"。

然而，这种过度的宽容并未持续几年。主要是遇到了年轻人堕落和儿童卖淫问题。从1923年开始，苏维埃政治文学中出现了揭示性的警告文章。这种不受约束的性观念和对家庭的摧毁不会为"资产阶级罪恶"辩护，也不会使公社的年轻人偏离必要的革命道德。巴特奇斯（Batkis），莫

---

[1] 威廉·赖希《性道德的突破》，同前。
[2] 亚历山德拉·克隆泰（Alexandra Kollontaï）1872年生于一个优裕的将军之家，因为她的伟大的爱情和火一般的性格被人们称为"革命的瓦尔基丽"，她一篇接一篇地发表反对家庭和鼓吹性自由的文章。她接近列宁，在担任公共救济事业局的人民专员的同时，成为历史上的第一位女部长。她也赢得了斯大林的友谊，被派往瑞典担任大使，从而躲过了恐怖，她的孟什维克的朋友们却未能幸免（可参见：Arkadi Vaksberg, Alexandra Kollontaï, Dimitri Sesemann, Fayard, 1996）。

斯科社会卫生学院院长，发表了题为"苏维埃联盟的性革命"的小册子。他在文章中公开表达了自己的忧虑："人们有理由担心，像1905年一样淡漠和清醒的年轻人，从今往后会毫无节制地热衷于色情……苏维埃联盟的自由爱情不是没有约束的、狂野的放纵，而是两个相爱的、独立自由的人之间的理想关系。"

实际上，家庭很快重新回归。同性恋成为一种"堕落的资产阶级文化蜕化的表现"，在1934年重新成为"社会罪恶"，被处以监禁的刑罚。1936年，颁布了一项新的家庭法，禁止流产。更有甚者，人们甚至看到一些老布尔什维克以革命的名义鼓吹禁欲和"无性"的思想，这成为三十年代末开始的苏维埃文化的总体特征，并一直延续到最后。

赖希对他认为"背叛"革命的一切很有敌意，于1930年被开除出奥地利共产党，随后离开了维也纳。他写道："那些对群众许诺过人间天国的不负责任的政客，将我们逐出他们的组织，因为我们捍卫了儿童和少年爱的自然权利。"至于他的《性革命》一书，第一版于1930年由维也纳的明斯特·费尔拉格（Munster Verlag）以《性成熟，节欲，婚姻道德》（*Geschlechtsreife Enthaltsamkeit, Ehemoral*）的标题出版。他的主要目的在于说明和宣布苏维埃在该领域的失败。1944年，他毫不犹豫地写道："苏维埃俄国的存在应归因于无产阶级革命，今天，它在性的政策上却是反动的。而美国，在资产阶级革命的基础上，它的性政策却至少是进步的。十九世纪的纯粹经济的社会观念，不再适用于二十世纪充满冲突的诸种理念。"[1]

人们无法想象更为明确和完全的转变了。然而奇怪的是，赖希本质上的反资本主义被苏维埃经验和美国"情况"所打破，却被他六十年代的学生和读者模糊地重新建立起来。此外还可以看出，这就是"宽容的理念"最弱

---

[1] 参见《性革命》第三版的序言。

的环节和最可争议的信条。统治阶级将性道德的工具化分明带有资本主义初期和加尔文清教徒语言的烙印。从词汇的观念意义上来说，这是十九世纪不再有任何现实意义的盖然判断。[1]

肉欲的基督

赖希关于宗教的论著——更具体说是关于犹太基督教的论著，被那些声称继承他的思想的人们歪曲了。最初，威廉·赖希毫无疑问地将"宗教神秘主义"归入压制的性道德中了。然而，和弗洛伊德的《幻想的未来》相反，流放美国之前的那个赖希对《圣经》的地位评价很低。这儿或那儿的幻想，非直接的参照物，仅此而已。

自五十年代开始，威廉·赖希在美国的缅因州定居，经历了对基督教真正的痴狂——这位坚定的科学主义者不曾预料的痴迷。在1953年（他去世前4年）出版的《基督的谋杀》中，他塑造了一个肉欲的和情色的基督，代表了彻底的性革命的某种形象。赖希将基督卷入他的战争，把基督改造成"全能性感的"光辉形象，基督被督促着加入他的战争，他还邀请人们解放自身被约束的活力——就是性。至于基督的谋杀，则代表了想维持自己统治的社会、经济和政治力量的（暂时性）胜利。

在崇拜者的眼里，赖希借用了基督这个词，却摒弃了天主教的欺骗，这种欺骗"存在于对基督的故弄玄虚，他的降生，他完全（和过度）的超凡脱俗"。这个游荡的、温和而又放纵的基督形象，与众多势力虚伪的高尚相冲突，明显吸引了当代美国青年，《基督的谋杀》反常地成为**垮掉的一代**然后

---

[1] 参见第八章。

是嬉皮士运动的经典著作之一。迟到的赖希成为至今仍然活跃的新时代的精神先驱。

一种含混的泛性的精神，却与尼采极左的继承者、尤其是境遇主义者对基督教、无神论的狂暴仇恨形成对比。比如，人们在虽然声称是赖希信徒的拉乌尔·瓦内根姆（Raoul Vaneigem）那里听到对基督和基督教前所未有的猛烈指控，将为日后"定下调子"的指控。在《为年轻人编写的处世之道》（出版于1967年）中，瓦内根姆大发雷霆，"宗教下流的缺陷"（第57页），"教士这帮混蛋"，"戴十字架的恶心的肖像"，"愚蠢的头顶光环的屠杀者"（第58页），"拿撒勒钉在十字架上的丑陋影子"。[1]

这种对宗教尤其是对基督教狂暴的否定，携带着"粪便的罪恶感"，不过是反犹太基督教主义的激烈翻版，这种反犹太基督教主义是由当代拉丁文《圣经》组成的。书中反复提道："如果说性自多少世纪以来就受到压迫，主要应归因于宗教的过分虔诚；如果肉体还应该有罪恶感和羞耻感，主要错误在于宗教，等等。"非常诱人的观点，非常不可靠[2]但得到广泛赞同的公设。

如果说在这一点上赖希的继承者不够忠实，但也不至于惊奇。五十年代美国的赖希实际上陷入各式各样的谵语。他的福音派新神秘主义和顽固的科学主义共存，他最亲近的信徒甚至他的第三个妻子[3]都觉得太荒谬了。将他的理论著作和达尔文、尼采、列宁甚至亚里士多德的作品相比，他觉得已经最终找到了生命之能的源泉和性的生物电特质。在他的眼里，极光不过

---

[1] 拉乌尔·瓦内根姆，《为年轻人编写的处世之道》，伽利玛出版社再版，增补了未出版的序言，"Folio 时事丛书"，1992年第28辑。瓦内根姆1992年出版了更猛烈的攻击基督教的著作《基督教的抵抗》，《从人类之初到十八世纪的异端邪说》，法雅出版社。
[2] 参见第七和第八章。
[3] 伊尔斯·奥兰多夫·赖希（Ilse Ollendorf Reich），赖希的第三任妻子，在六十年代出版了赖希的传记，主要记述在美国时期的生活。法文版：《威廉·赖希传》，Belfond出版社，1971年。

是宇宙巨大的性欲高潮，应该可以收集这些能量，也就是 orgone（生命力）。

赖希给自己在缅因州的广阔领地命名为奥格农（Orgonon），并致力于各种荒诞的试验：追逐飞碟，制造和销售"生命力蓄电池"，以为自己可以治愈性冷淡和癌症，对"银河生命力的海洋"作激情描绘，用圆木筒观测天空等等。实际上，赖希否认心理分析，从此对宇宙和生命抱持严格的科学和生物的观点。他在1944年11月宣称："我们，在用**自然科学**方法而不是以机械的、政治的或神秘的方式接触生命时，是革命的。生命力在生命体中作为生物能而起作用，它的发现为我们的社会学研究提供了坚实的自然科学基础。"[1]

至于人类的天性，则与外部的本质配合得天衣无缝——或最大程度地配合。换句话说，个体的生命应该与宇宙的大构造相协调，这是非常重要的。最重要的是生物的需要，健康、卫生、生命能量的自由。对于赖希而言，就像弗朗索瓦·乔治观察到的，"不是遵从社会秩序、而是遵从宇宙秩序才能达到幸福。同样，现实不是由社会的法则、而是由宇宙的大流泄决定的。"[2]

模糊的"活力论"

这种自然主义的痴迷、与"自然"——生命能量的散发者——结为一体的愿望，都与后来的**深层生态学**（deep ecology）——在七十年代末的美国被戴维·埃伦费尔德（David Ehrenfeld）或詹姆斯·洛夫洛克（James Lovelock）[3] 等人上升到理论——颇有渊源。这一深层生态学，抛弃了

---

1 见《性革命》第三版的序言。
2 《文学杂志》，1973年3月。
3 詹姆斯·洛夫洛克（James Lovelock），《地球是个生物》，弗拉玛里翁出版社，1993年，《盖亚》，Robert Laffont 出版社，1992年。
* 盖亚（Gaia），古希腊神话中的大地女神。——译者

启蒙时代"狂妄的"人本主义,邀请人们承认,在人权的旁边甚至和人权相排斥的是自然、树木、山峦真正的法定"权力",也是将加诸我们身上的权力。它尤其宣扬与盖亚*的融合关系,土地被认为是充满生气的造物和乳母。这一"深层生态学",以最极端的语言,抛弃科技、现代性和西方的人文主义等。我们中间像吕克·费里(Luc Ferry)[1]这样的作者所阐述的不堪设想的偏移论调。

但是这种由抑制、道德和罪恶感释放出的"性的能量"尤其来自尼采更辛辣的活力论;赖希用"精神的甲壳"或者"情感鼠疫"这样的字眼来指称的、摆脱了种种约束的活力。对生物活力(尤其是"生殖"活力)乐观的信心,要为之解除全部道德主义、禁欲主义或宗教神秘主义枷锁的愿望,对于欧洲而言,可以追溯至反变革的法国和德国思想者的浪漫主义传统。追求享乐能量的释放、对泛神论享乐主义的崇拜,经常与最严格的理性和对人类"自然的"不平等状态的接受并行不悖。

一个重要的细节:人们总是忘记在俄罗斯革命最初的年代这种感觉是存在的——而且非常活跃,就像绝大多数革命初期一样。在维也纳的日子里,年轻的奥地利人威廉·赖希虽然与一些幻想莫斯科大风暴的俄罗斯专栏作家距离遥远,不知不觉间却很贴近。比如,可以列举死于三十年代的俄罗斯作家鲍利斯·安德列耶维奇·沃谷(Boris Andreevitch Vogau)的文学作品《毕勒涅克》。这位作家的一个人物深有意味地喊叫:"我闻到整个革命有股性器官的味道!"俄罗斯文学专家乔治·尼瓦(George Nivat)教授给予这部不知名的作品以意味深长的描述。

他写道:"布尔什维克革命对于毕勒涅克来说,是回到完好的野蛮时代、部族游牧的暴力状态。血、汗和暴行的狂潮动摇着国家的基础,而那硬壳,

---

[1] 吕克·费里(Luc Ferry),《生态新秩序》,LGF 出版社,1994 年。

就是说城市,悲惨地崩溃了……毕勒涅克的宇宙首先是个生物的宇宙。构成他的作品整体的,是对动物能量的歌颂。革命是这种能量的释放,既是性的又是生理的。……它是肌肉发达的野兽的快乐回归,它来自荒原,来自游牧民的心底,带着荒原上苦艾的味道……俄罗斯的新无政府主义颇具象征性地占据了传奇般的旧俄罗斯。那些术士、强暴、狂欢的场景,那些源于异教风俗的农民祭祀场面构成了这个放纵的历史的深层背景。作为结束,那些被玷污的修道院在深更半夜着火了,公社消失了,唯有那难以理解的、坚不可摧的、异教的和农民的俄罗斯留了下来。"[1]

至于赖希放纵、渎神的新教思想,与一位俄罗斯作家瓦西里·罗扎诺夫(Vassili Rozanov,1856—1919)的作品有着惊人的相似。罗扎诺夫是东正教奇特的教民,醉心于斯洛文尼亚歌唱艺术和礼拜仪式,仇视基督,厌恶禁欲和斋戒的教条,但推崇俄罗斯教堂强人的和声。总之,他对激进的东正教神甫们不再搞大老婆的肚子深表遗憾,甚至建议将来的合卺礼在东正教教堂里举行!

乔治·尼瓦评论:"基督徒外加渎圣者,罗扎诺夫在他所有的文字中传播着他对基督'不育'的仇恨。"他还在《我们这个时代的启示录》中写道:"从没见过他像大卫那样怀抱齐特拉琴歌唱和祈祷。基督宣判肉体和众生有罪;他谱写的唯一祈祷词不仅'冰冷'而且反音乐。没有什么'大地的种子',没有丰收。而且,他是圣子,圣父空虚的儿子,被父亲拒绝的儿子……在他看来,罗扎诺夫一直被**退化**的念头纠缠,是由于基督教义的原因。人类的绝妙之处在于性,所有的宗教都颂扬人的生殖器官,而基督教是自认为优越的自愿的阉人。"[2]

---

[1] 乔治·尼瓦(Georges Nivat),《俄罗斯神话的终结。从果戈理到今天的俄罗斯文化随笔》,L'Age d'Homme 出版社,1988年。
[2] 同前。

罗扎诺夫对俄罗斯基督教的人格运动有着深远的影响，体现在别尔嘉耶夫（Berdiaev）和布尔加科夫（Boulgakov）身上。实际上，他的性欲的表述关联到了上帝。他在《边缘》一书中写道："比起智慧甚至道德观念与上帝的关系来，性欲与上帝的关系更为巨大。"[1]

有意识或无意识地，威廉·赖希六八年代的继承者与这一活力论之间的关联，退后些距离来看，甚至惊人。比如，在自称是赖希（或尼采）继承人的境遇主义者那里可以毫不含糊地找到同样的言辞。我们可以列举拉乌尔·瓦内根姆的文字：

"受不可抑制的肉体享乐的激情驱使，所有人都在自己身上发现了那股如此强烈的满足欲望的力量，谁想阻拦就砸烂谁。革命将会是从活着到享受生命的力量的迸发。看着这样的浪潮席卷等级社会、国家和商业文明却不会触动它们的根基，这是何等的赏心乐事……虽然这个商业社会适应所有恐怖主义和智识革命的冲击，我认为它无法抵御另外一些人，这些人是彻头彻尾的欲望的斗士、新无辜的创造者，那些人甚至不想知道是否存在一种他们可以用生命的暴力来抵御的死亡。"[2]

原罪抑或"生命的活力"

正是在这个不确定的、甚至棘手的边界上，二十年代维也纳刻板的弗洛伊德—马克思主义者与十月革命急流般的生机论者分道扬镳了，还是在这个时期，威廉·赖希完成了所有的著作，同时确立了日后的遗著。赖希认为精神分析法很"压抑"，他与弗洛伊德决裂并抛弃了精神分析法，这时，他

---

[1] 亚历山大·帕帕多布罗斯（Alexandre Papadopoulos），《俄罗斯哲学导论》，Odile Jacob 出版社，1995年。
[2] 拉乌尔·瓦内根姆，《享乐书》，Labor 出版社，1979年。

发现自己处在贯穿整个世纪的两大思想和文化潮流令人困惑的结合点上。米歇尔·福柯从未提过赖希，却几次提到精神分析法中，赖希明确抛弃的**法则**的重要性。之所以重要，是因为精神分析法与法西斯活力论之间的截然对立。

福柯写道："这关系到精神分析法的政治声誉问题——或至少与其自身更为一致的东西——因为曾怀疑（自从精神分析法诞生，就是说从它与退化的神经精神病学决裂后）在这些号称可以控制和管理日常性欲的权力机制中本来会有的不可逆转的激增：由此弗洛伊德努力（无疑是对同时代高涨的种族主义的反动）为性定下法则——联姻的法则，禁止血亲的法则，圣父的法则——总之，**将所有旧秩序的权力召集到欲望的周围**。从此，精神分析学应该——除了几个例外，主要——曾经在理论和实践上居于种族主义的对立面。"[1]

威廉·赖希本人则不接受性的"法则"或禁止的概念，甚至排斥在柏拉图那里就存在的对欲望的力量这种专制的**能量**加以必要调节的思想，必要的调节，不仅仅是因为这股力量本身是"不好的"，而仅仅是因为它导致过度。赖希抛弃了**法则**，冒险接近那些异教的享乐主义和生存空间可疑的歌颂者的领域。

让我们再精确些。当然，指责赖希亲纳粹主义是荒唐的。相反，他在一本书，而且不是随便哪本书[2]中，揭露了希特勒纳粹和性压抑之间的紧密联系，其中首先就是讲述虐待狂。他甚至顽固地断言——种族主义和纳粹反犹太主义**主要**源自性压抑的幻觉。这丝毫不能阻止他写于 1935 年 11 月的《性革命》有两处向纳粹活力论短暂的偏移，他的评注者从未对此加以评论。应该把这个看作一个插曲吗？

---

1 米歇尔·福柯，《性史》，第一卷，"认知的意愿"，同前。
2 威廉·赖希，《法西斯大众心理学》，Payot 出版社，1972 年。

赖希先写道:"国家社会主义的思想中,有一个种族主义的核,表现在'忠于血液和土地'的口号里,给反动运动以特别的冲力。国家社会主义在实践中,正相反,不停地吸收社会力量,从而妨碍革命行动的原则,也就是社会、自然、技术的统一。它一直赞同社会等级原则,没有被人民一体的幻象以及生产资料的私有制所减弱,也未被'公众财产'的思想所减弱。国家社会主义通过它的思想体系,以神秘主义的方式,表达了构成革命运动的种族主义的核的东西:一个没有阶级的与自然和谐共处的社会。"

后来,他以更清晰的方式补充:

"植物性生命再度与德国国家社会主义的新异教决裂。植物的脉搏,在法西斯思想中比在教堂那里得到了更好的包容,并被提升到超自然的领域。就这一点来看,以'严格的血统'和'忠于土地'为口号的国家社会主义的神秘主义,与基督教原罪说的旧思想相比,代表了进步;然而,这一神秘主义却被新的神秘的繁荣和反动政治遏制。这里也是,对生命的肯定由牺牲自我、顺从和责任的禁欲思想转向对生命的否定。尽管如此,还是不能认为原罪理论比应该得到正确引导的'严格的血统论'更可取。"[1]

换句话说,在1935年的字里行间——1949年3月的威廉·赖希重读并表示赞同——如果说他批判了斯大林主义的"性道德",那么他只是批判纳粹主义的"阶级政策的实施"。这一价值层次的离奇的混淆,人们几乎无法相信他的缺乏逻辑性。实际上,后来希特勒制度对极少数人的性问题的压制政策,它表现出来的对宽容的仇视、对雅利安家庭鼓励生育的颂扬,使人们几乎忘记了最初情况有所不同。在二三十年代,国家社会主义还只是一支颠覆性力量,在小资产阶级的道德主义的对立面,后者致力于以血统共同体的名义打破家庭,寻找生存空间,在国家的旗帜下组织优生行动(著名的

---

[1] 同前,《性革命》,第331页。

"生命之源"lebensborn）等等。不过，当时**德国的左派标榜其非道德主张**，尤其是某些纳粹分子对同性恋表现出的同情，以致在左派中，人们经常引用（赖希）致高尔基的一句话："如果我们消灭所有的同性恋，那么法西斯主义也就消亡了。"

在 1934 年 11 月 24 日布拉格的《欧洲杂志》（Europaïsche Hefte）上，作家克劳斯·曼（Klaus Mann）发表了令人惊奇的言论，他竟然责怪德国左派，因为德国左派对同性恋以反法西斯主义的名义感觉仇恨和压抑。

他写道："在苏维埃联盟，最近颁布的一项法律对同性恋施以重判。令人惊奇的是，一个社会主义政府，根据何种逻辑何种道德可以自认为有权剥夺他人的权利，诽谤他人的名誉，这不过是特定的一个人群，他们之所以'有罪'，是因为大自然赐予了他们特殊的性取向。[在我们中间我同样注意到]一种对同性性行为的憎恶，一种在绝大部分反法西斯和几乎全部社会主义环境中达到很强程度的憎恶。离把同性恋和法西斯主义画等号不远了。[……]这就是为什么在大多数反法西斯的报纸上，我们读到'凶手和同性恋'的字眼绝不少于纳粹报纸上的'人民的叛徒和犹太人'。"[1]

确实，三十年代初，在德国罗姆（Röhm）事件和"长剑之夜"后，苏维埃报刊发动了反对同性恋的极度猛烈的运动。在赖希看来，这是"法西斯资产阶级衰退"的迹象。当时极有影响的苏维埃记者科特索夫（Koltsov）撰写了一系列文章，影射了"戈培尔（Goebbels）宣传部长的嬖幸"和"法西斯国家的性狂欢"。同样，人们也讽刺苏维埃某些大人物接近纳粹的同性恋行为，比如演员古斯塔夫·格林德根斯（Gustaf Grundgens）。

这些当然不能让人们遗忘后来对纳粹同性恋者的迫害。一个指令式的

---

[1] 法译本发表在 1996 年 9 月的《文学杂志》。

"赖希中心"在战争年代负责解释如何在德国国防军战士中侦破这一"异常"。1997年6月柏林的一次展览描绘了一个世纪以来德国军队同性恋的轨迹,粗略估计,在纳粹主义的12年间,10万同性恋中大约有5万受到迫害,被判刑或流放。[1]

不合情理的悲剧

尼采所谓的"性解放"的双重性和享乐主义是赖希言论的真正盲点,他本人和他的注释者宁愿视而不见。这远不是一个简单的诠释问题。如果说今天还没有一个威廉·赖希作品的注释者出现,充当这个不合情理的悲剧的揭示者,人们也不会在这个问题上迟延。这一不合情理还在继续纠缠着我们的时代。解放欲望,抛弃旧时代和它的道德,赶走禁忌,没有羁绊没有法则地享受:是的,乌托邦很美。

而认为它不会产生什么后果,那就错了……

---

[1] 罗莱娜·米约(Lorraine Millot),《解放报》,1997年6月28—29日。

第三章　橡胶套

三十年后,我们依然在同样的堡垒后保持警戒,声嘶力竭,挥舞着拳头。我们迅速调动民众反对"反动",摒弃依旧制造威胁的"道德秩序"的回归,但却不能令其减弱。我们一如往昔,勇敢地抨击国家的新闻检查制度、公众的虚伪和被冒犯的德行。我们继续英勇地与著名的"禁忌"和致命的沉默斗争。我们毫不松懈地指证那些专横的神甫、贝当派的家族中心论和私生活的审问者。杂志、电视、广告、广播和电影:在所有这些阵线上,我们就这样持续机械地斗争,为了解放欲望而斗争;我们一直是欲望、肉体享乐、快感满足的分子,为了一切也反对一切。

战斗将会如愿以偿!那么这场战斗还有意义吗?

在回答之前,必须尝试扩大范围。三十年来,性革命或多或少认为自己属于它极想参与其间的短暂的革命。三十年!时间就这样流过西方社会,再没有什么和过去是一样的。今天，当我们必须与历史进步或甚至社会正义的定义达成一致时，没有更加断然的了。自从红色救世主崩溃、柏林墙倒塌，一个并不关心最终结局而且经常漠视感官本身的纯粹的"行动"集体地占据了我们。生产本位主义的考虑、开明的共见、金钱的优势、谨慎的储蓄和幻灭了的世界观（Weltang Schauung）：这就是大致上（grosso modo）的新景象。至于其他……集体计划的思想似乎至少暂时在西方消失了。未来的描述逐渐模糊，直接性占了上风，伟大的市场胜利了。我们逐渐适应了这种可爱的犬儒主义，甚至将其命名为现实主义。让幻象见鬼去吧！前天的乌托邦只留下一小撮灰烬，在这撮灰烬前我们彬彬有礼地鱼贯而过。至于大革命，我们特别骄傲地得知——一劳永逸地——大革命不过是屠杀的供应者。我们将不会为此受到责备。

看看吧！在我们周围，富人不再有很多理由害怕，穷人也已习惯于不再希望。美好世界的蓝图不会成为真正的现实。实际上，历史的希望在当下展现为一个陈旧的概念。希望与意愿：在我们看来，历史的新进程中再没有比公众思想中这两个古老的奢望更奇怪的了。改变？变革？转变？我们已学会嘲笑这个过时的声音。尽管不承认，我们还是认为世界主要是由我们几乎无法掌控的命运主宰的：金融市场、国际贸易、非物质网络。到处，不可控的力量局限着我们的野心，吞噬我们微弱的"专断"意愿。让我们来深入思考这种精神状况不同寻常的回归的意义吧。

不是梦想中改变的时刻，而是主动适应的时刻。个人或集体的价值不再是根据对现实的抵抗能力，而是**按照妥协之中或多或少极大的延展性来评价**。接受世界原来的样子；学会将能量融入其中；选择合理的灵活和谦逊的理性：西方的新主张（doxa）毫不含糊。它告诉我们以平常心应对厄运……如果我们还要求对自我满意的权利，要知道这不过是更好地懂得遵循世界的指令而不是其他什么。这就是新的优长标准。前天，我们希望的是世界臣服于我们。今天，我们更为自己的妥协——洞察力最显著的证明——骄傲，不久前我们还在反抗，不屑于妥协。是的，时间像手套一样翻转过来。现在时代推动着这种灰色的德行：对"约束"的适应。这就证明了我们的洞察力，是一种对事物恒定、柔和的赞同。这还不算完。

我们很快就会相信，最终，比起人类天真的愿望来，世界历史本身更遵循人类学或经济的模糊的决定论。我们差点儿轻率地放弃政治方案、活跃表现以及决定。如果说，革命在我们身上不过是一种有趣的怀旧心理，那么简单而朴实的民主——与自身命运合作的野心——则逐渐平顺地衰退。隐性的过度将我们从民主不可逆转地引向严格的市场经济，一切都在让我们相信，这两个词意义相同。我们最终将会醒悟，对政治、共同利益和集体意志不再抱任何幻想。

性是左倾的吗？

感谢上帝，在这片遍地尸骸的荒漠中，还有性革命像一盏指路明灯在闪耀。

正是在被民主遗弃的背景下，我们才紧紧抓住这个语词。在这块土地上，而且只在这块土地上——性的土地上——手拿武器的进步主义应该会继续巍然屹立在那里抵御历史的重负和集体的专制。这里，个人的斗争应该一如既往。在这方面什么都不会变；三十年来，什么都没有被推翻、变质和扭曲。不论是革命言辞、乌托邦摧毁一切的力量还是既成秩序的本体论有害影响，一旦它们涉及快乐，就不会起任何涟漪。我们从这种确信——或这种幻象——中汲取了足够的力量面对进步的敌人。它们不会行得通的（No pasaran）！我们可能是沉浸在幻想中，但同时也是在最使人安心的极端自由主义的延续之中。我们还会想,这是我们不想抛弃的堡垒,不愿撤离的战壕,并且这是在全世界清教徒的联合压力之下。英勇的信仰**复兴**战斗本来在各处已停止,泛性论和它的革命成为乌托邦最后的避难所。您会说,难道别处只有妥协和顺从吗?确实,因为,至少在这里,反叛精神依然获得胜利。没有道德秩序什么事!

这样,周围的幻灭赋予以性为主题的动员以真正的意义。这是按照事物本身秩序的整合,并使得这种好斗的固执愈加珍贵。性将是反抗的最后一个隐喻。这也是我们指定给它的一个角色:当所有其他意识形态的"痕迹"都被抹去,它便成为最终的避难所和最后的象征性"标记"。

被抹去?不信算一算:资本主义,或者说经济自由主义成为一个现代主义的方案;相反,昨天平均主义的渴望却成为相当"下里巴人"的过时之举,因为缺乏增长而代价异常昂贵,甚至有专制的深层意识之嫌;公众意识,它共同利益的意义已经过时了;大市场的现代性宣告福利国家终将死亡。面对这些新的划分,人们越来越难以轻易地区分出谁是拥护者,更不必说区分左派右派了。公有还是私有?平均还是竞争?贫困还是失业?进步还是保守?今天谁能说得清这些主题可不简单。如果"历史的终局"还不一定,那么历史前进过程中的困扰却已经是现实的了。我们的一种新做法可以为证,而且相当搞笑:政府的"共治"。它不仅仅是第五共和国宪法的变形,而且是缺席的共同协商决定世纪终局的极好象征。

定位干扰?意识形态灾难?人们通常回答是的,还会补充说"性革命"是个相当明显的例外。性,永远会是左的!如果社会进步主义迷失在后共产主义迷雾和全球化的模棱之间,性一定会在这个阵线上保持"道德的左倾",就是说合法的反法西斯主义,但同时也是色情的极端自由主义和放任的无政府主义。

对这个主题的讥讽适可而止罢。围绕性"征服"的戏剧性动员经常是可笑的，但却表现出对进步概念忧愁的依恋——同样含混、同样模糊、同样迷惘。它至少说出了我们在这个所谓自然的秩序面前拒绝妥协的鲜明态度，众所周知，这个秩序最终都会引向桎梏；它同样表达了我们拒绝**彻底**加入永恒回归的神话，我们看到到处都是灾难性的"回归"。（极容易确认的反动言辞[1]：世界不会改变，最优秀的将会胜利，永恒迟早会报复，什么是该保留的，什么将会卷土重来，家长制以及诸如此类）还有，在风俗方面确实有些征服值得被禁止。我们周围也确实晃动着倒退的诱惑（清教徒或大男子主义，厌恶同性恋或虚伪等），这一切都提醒我们不要放松警惕。同样，在共和国的深处总隐藏着十个或百来个波拿巴分子，俄罗斯的地下总有五百个哥萨克，或者在阿尔比十字军东征五个世纪以后，尚存在几个纯洁派的忠实信徒，我们的社会实际上还残余了几个过分害羞、几拨声称"手淫使人耳聋"或忙着让妇女回家的蠢蛋。历史的陈旧命题：在任何时间任何地点，人们永远能找到足够的威胁来为自己手拿武器辩护。

这就是人们正在说的。

道德秩序的玩笑

尽管如此！威胁着性享乐自由、被念了咒语的"道德秩序"，这些面对幽灵日复一日舞动着的长戟，这些论争的陈词滥调，这些反抗的号召，这些夏特莱式的纸板街垒，所有这一切仍旧意味着奇特的妄想狂形式。当人们今天还认真地把1873年麦克马洪（Mac-Mahon）所说的"精神秩序"和当代

---

[1] 我在这里借用赫希曼（Albert O. Hirschman）那篇生机勃勃的文章《两个世纪的反动言辞》（法雅出版社，1991年）的内容。要注意赫希曼在这个标签下汇集了对福利国家的新保守主义的批评，最终新保守主义在美国占据了主流。

某种莫名的过分害羞混淆时,历史学家莫里斯·阿古龙(Maurice Agulhon)严肃地表示惊奇是有理由的。[1]首先是因为这个被反复提及的历史参照是一个误解(麦克马洪赋予形容词"moral"与"matériel"相对照的意义,与词汇现代意义中教化的层面没有任何关系)。其次,尤其是,因为我们社会真正的状态令类似的恐惧变得十分可笑。

人们会把用来卖弄的东西当真吗?看看我们周围:真正有威胁的是秩序吗?看看我们崩溃的社会,周围的暴力,猖狂的犬儒主义,拍卖自己的双性人,被糟蹋的儿童,混乱的家庭以及黄金时间(prime time)的杀戮。道德秩序,真的吗?

确实,"道德秩序"的说法不仅仅是一个可笑的主题。它尤其是一个有利的战略。有了它,人们可以同时享受自由的特权以及叛离的诸种好处。人们利用时代的宽容,同时也不拒绝反叛的象征性的好处。也许是使用者,但还是战士;宽容的受益者,却是潜在的"被迫害者";普通正直的公民,却是假想的游击队员。在抨击"道德秩序回归"的同时,人们可以不改变立场而且不费多大劲将驯顺的消费者的好处和不法之徒的声望加在自己头上。

还有更美妙的。在获得现代化凭证的总是开放的竞争中,这是一项不花钱但有回报的投资。大致来说,抨击愚蠢的说教、责怪"新闻审查官"就足够了。当左派的确不错!人们将要采取——或不采取——什么立场并不重要。而且,对于风俗的猛烈抨击等同于签名的空白证书。人们完全可以高声嘲讽无法改变的薪金不公、快乐地迁就金钱、膜拜企业,仰慕权势、放弃团结、公开嘲笑平民百姓、扭转真正的思考、与社会种族主义及诸如此类的事妥协。对抗"道德秩序"的战斗势必战胜德行,对放荡聚会的颂扬足以描绘

---

[1] 莫利斯·阿古隆(Maurice Agulhon),《流浪史》,伽利玛出版社,1996年。

和体现当代精神。

我们还记得，八十年代，对金钱普遍的崇拜、社会不公正的增长、失业者令人悲伤的流徙、公众道德的沉沦，这一切是如何隐藏在与"道德"相关的指手画脚后面。当然，抗议不是不合理的——当不得不抗议时，例如对同性恋、自由艺术家或者要求女中学生必须戴面纱诸如此类与国税部门有微妙关系的淫秽行为的压制。然而，条件是不要在全体一致的抗议中找借口为对短暂压迫的漠视辩护。比如对穷人的压制。很难确定是否有过……

斗殴的快乐

头脑里必须保留这个重要念头：因为它具备所有的好处，对"道德秩序"戏剧性的抵抗被如此小心翼翼地上演，反反复复，永无止境，即使已经空无内容。世间发生的这一切似乎是有人故意在挑起幸福阵线与苦行阵线之间戏剧性的冲突；在欲望的快乐拥护者与蔑视性欲的愁苦者之间；在杂乱而快活的欲望和道德冰冷的秩序之间……由此，就像芭蕾舞的一段双人舞，一本极为知名的小册子，曾走过同样的路，重复的是同样的套话，反复提到的是老套的论据。两个阵营表现得似乎是"事先安排好的"决斗的同谋，有益处的遗忘症，突然重新抬高舆论的热度。

电影海报无数次试图挑起对性的辱骂；电影又额外加上迷信、恋尸狂[1]

---

[1] 举个例子：戴维·克罗南伯格（David Cronenberg）的电影《撞车》（Crash）明显是暗喻性和（别人的！）死亡。还有1996年7月戛纳电影节上钦佩的私语。但应该说明的是，一部分评论没有上当。署名帕斯卡·梅利若（Pascal Merigeau）的评论这样写道："看看那些迈着时装模特般步伐的人物兴奋若狂，手放在旁人的内裤里，围观交通事故，用遥控器播放慢镜头，抹去了正常速度下应有的令人毛骨悚然的细节，听他们叫喊，没有比别人的死更令他们兴奋的了，这个没有向任何人要求任何事的人，坐在被疯子撞坏的汽车里，还不如傻瓜能触动人。"（《世界报》，1996年5月19—20日）

或者乱伦的主题；小说家大胆到失礼的地步；于是，不可避免地，人们可以提前勾勒出各个阶段的论战就要开始了。有德者和无德者互为陪衬；清教徒般的极端将与不负责任的宽容形成对照；可笑而一本正经的愤怒将回应狂热无礼的冒犯。这一切都会乏味地被预见到，提前被确定，毫无思想性可言。这一切都将**按部就班地**进行。多少年来，事情就这样进行着；人们就是这样日复一日地辩论着道德的重大事件，即使这些事件已经被大度地放了过去。

"这就是如何才能不进行真正民主的讨论，"赫希曼（Albert O. Hirschman）不无道理地讥讽，"甚至在最'民主'的地方，大量的论战，就像克劳塞维茨（Clausewits）所说的，终究只是以其他形式出现的内战的继续。日常政治提供了大量的'民主'论战的范例，真正的关键就是找到能杀死对手的论据。"[1]

为了公正起见，必须加一句，思想的舒适和懒惰存在于各个领域。

德训方面：过分害羞的回潮是一个"窝"，在那里可以美美地怀念女人的低眉顺眼、贞节的浪漫故事和童男的黄金时代。坚决要求恢复神圣原则和往昔的知羞状态，使得我们可以深入思考世纪的矛盾，忘怀时代步伐、避孕、错位的淫秽、同性恋的女性角色或者互联网。爱发牢骚的派别尤其喜欢麻醉自己的愤怒，尽力忘记愤怒只是个字眼。

另一方面，放纵者不可能对舒适的姿势无动于衷。在这上面，人们不可能觉得有比自己更宽宏、更高贵的了。而且几乎不用任何代价！指出时下的"反动"，搜集诸种原则，让身体快乐的原始真实、欲望的无辜和侵犯的特权彼此斗争，这等同于自我陶醉却没有任何担当。轻而易举的胜利：僵硬的说教者在自由欲望的捍卫者面前将扮演糟糕的角色。但是在这种斗争

---

[1] 赫希曼，《两个世纪的反动言辞》，同前。

中——就是说卖弄，人们不用负担哪怕极小的深层矛盾。（什么是家庭？伦理始自何处？应该否认血统原则吗？忠实有意义吗？所有这一切［tutti quanti］……）人们坚持无动机的辩护，不会有人要其解释选择的具体后果或者所倾向的社会影响和政策。人们只需要召集一个诱人的东西——风俗革命、欲望自由、身体的快乐，我还能举出什么？——但过于模糊，无法深究。换句话说，只停留在优美的姿势和响亮的言辞上。[1]

每个阵营都可以在目前流行的道德论战中找到想要的东西。宽容的支持者与压抑派之间客观的共谋关系使得各方都得以穿越乏味的现实。当现实令我们为难，我们就躲进言语中！一位做哲学教师的耶稣会士在他的诘问中适度提及了这种胆怯的逃避：

"性欲—生殖的魅力不会将那些攻击时代'道德败坏'的摇旗呐喊者以及被画面和习俗突出了的'自由'拥护者骗入它的陷阱吗？反常的是，两种极为不相干的倾向却面临着相同的困境：性所意味的全部忧虑和强大的恐惧。拒绝正视（阉割事实），或者强迫去面对（超越现实），这等于承认——自觉或不自觉地——人们难以应对这个现实和现实对个人、对集体所意味的责任。在还原之境，无论以否认的面孔（人类就像天使）、还是挑衅的面孔（人类就像野兽）出现，意识领域总是充斥着困扰，使得人们无从判断。"[2]

众所周知，判断缺席有时可以令生活愉快！这是因为他们在论争中非常惬意，"性论战"的主角、熟谙所有表演技巧的狡猾的老演员们还不想退场。实际上，已经三十年了，他们还没有退场……

---

[1] 让我们举丹尼尔·卡林（Daniel Karlin）和雷米·莱那（Rémi Laine）拍摄的调查电影《法国的爱情》为例，似乎是1991年，主题……

[2] 鲁克·帕雷（Luc Pareydt），《相信今天手册》的主编，刊登于《全景》第23期"超越天主教的价值？"Arléa-Corlet出版社，1995年。

隐藏的知性？

实际上，人们故意保持这种无益的啰唆。人们并非总是冒失地丢开原则问题不理。这完全是自愿的。优雅的躲闪、持续绕开主要问题的态度和针对无意义的巧妙赞同，都可以成为这种本体论艺术的见证。除了"善意的"夸口和宽容的抗议之外，根本赶不上往昔曾令古希腊人如此着迷的复杂判断：组织公众规则和确定违禁行为的无数种方式；明确区分合法与不合法，然后使之内化的最好方法；更加接近个人愿望与全体愿望的理想平衡点的方式。总之，着力建造这一人们称之为文明的从人文角度构想的"东西"。

我们提到这个词时会脸红吗？

但是谈的就是这个。所有的人类社会都会面对一定数量的生物不变量、社会制约（生育以及儿童教育）或者伴随欲望轨迹的风险，其中尤以暴力为甚。每个社会都通过自己的禁忌表达了"自我的文化"，也就是一种将快乐和社会预防彼此矛盾的要求调和起来的独特的、偶然的方式，这种方式被不停地诘问和"争论"；一种特殊的消除个人暴力或者群体解体危险的方式。在思想与象征的神奇构型之外，禁忌必然成为群体及群体幸存的载体、一种隐藏的知性的载体。我们无法不去检视它的内涵。[1]

过去三十年来甚嚣尘上的宽容论调中极小的要求也未能保留下来。正好相反。如果说人们不愿再斗争下去，这正是自我禁忌的表现。不再是检视、质疑、重新定义或者调整的问题，其实很简单，就是放弃。前面章节中

---

[1] 关于这一点，弗朗索瓦兹·埃利杰（Françoise Héritier）在《男性/女性》《区别的思辨》（Odile Jacob 出版社，1996 年）中有极清晰的论述。

探讨的赖希的乌托邦曾被认为是"不可逾越的"。[1] 它被简单地表述为：根本没有禁忌！

一个社会是否能这样稳固地存在下去？事实上，人们固执地、甚至是粗暴地规避问题。然而，很难一直这样下去。现实更加顽固。追溯以往，令人惊讶的是，不管怎样，在出现了使当代个人主义两个对立成分（对禁忌的拒绝和对人权的保护）短路的问题时，被含混地记录下种种慌乱。比如，女权主义和强奸、乱伦、艾滋病、性骚扰或者恋童癖等诸多问题。人们曾经求助于耶稣会教义"局部地"而不是——永远不是——"全局地"处理这些事件。提请坚定的人们注意，奇妙的概念划分练习令人回想起在大约半个世纪里，曾有人揭露过共产主义的几桩迫害案或者说"失误"，却从未有人诘问过信条本身。

人们就这样学会了抨击司法机构对于强暴者谨慎的纵容，或者对遭到性骚扰的妇女的肤浅蔑视，却没有——永远也不会——操心社会的色情强迫症或者这种使我们的社会生活关于快乐的歇斯底里的要约。[2] 人们否认在所有这些可能性之外，此与彼之间可以存在一种关系。承认这种关系曾被认为是向"反动"让步。

恋童癖：密谋的牺牲

正如我们前面看到的一样，主流话语偏执地谈论的几乎都是恋童癖。

---

[1] "不可逾越"这个词明显影射了让－保罗·萨特的名句"我认为马克思主义是我们这个时代无法逾越的哲学思想"。（《辩证理性批判》，伽利玛出版社，1960年）

[2] 我有意使用这个司法词汇，是取其"广泛的承诺，常备的供给但尚未被接受"之含义，正如司法词汇对大自助商场的"售卖人"的定义。

人们以后还会在很长一段时间内记得对恋童癖色情图片持有者突然的追捕——以及媒体大张旗鼓的宣扬。人们还不准备忘记那些很快就暴露了身份的小学老师、神甫和儿科医生的画面，他们仅仅因为邮购了几盘录像带便被指控为"魔鬼"，被抛到镜头前。人们尤其会记得那些顷刻间被全社会指控为所谓恋童癖的五十几岁者的自杀[1]。同样，人们也不会忘记完全站在施暴一边的报刊曾极其匆忙地大肆叫嚣"人类肉体交易"的"恐怖"或"罪恶"。如此多重密谋的牺牲。首先，人们永远无法补偿过去的通融，再者，人们决不会以曾经的压迫**为目标**进行思考，从而避免思考其他。

这显然不是对目前成患的恋童癖现象的否定，当然不是。我们的社会正是用这种匆忙揭示有罪者的激烈方式，继续着对道德问题的"转弯抹角"；正是因为害怕这个"反动"的赌注，人们固执地对恋童癖罪行的环境视而不见：色情成为商业社会的一门迁就的艺术，**色情**电视的范围很少被审视，对过去骇人的放任和对现在的近视行为。但这种夸张仅限于明确和可疑的范畴内的突袭，令人回想起某些政党制度下的周期性的惯例：牺牲某些不走运和腐败的个别官员，保全制度，丢车保帅。对恋童癖公开的围剿以及由此引起的迟到的论战同样可以让我们看到，隐忍的恐惧在秘密地为行动辩护。它期盼着这些压制带来暂时的安慰。

禁忌的问题是否完全可以归结为年龄或者身份呢？呜呼！15、16或者17岁半：那么一种情况下是合法的享乐主义，另一种情况下就是卑鄙的罪行。也就相差几个月。人们会因为好与坏之间如此精确的区分而心安理得。道德的巨大混乱重新变成日历问题。好吧！让节日在其他所有地方继续吧！为了避开一个遭痛恨的问题——什么样的社会就有什么样的道德？——我们就这样不断完善这种双重语言和变化的话语方式。一方面是

---

1 在1997年6月反恋童癖的行动中至少有6个受到警方询问的人自杀，其中的两个甚至没有被审讯。

压抑吹毛求疵的话语（对最小的疑点高声叫喊！枪毙那些温柔的教师！）；另一方面则是尼采式的饶舌和宽容的主张（电视色情万岁！夜晚俱乐部和交换性伙伴真棒！）。上午是格言式的申斥言辞（我们保护儿童的纯洁！兽性的欲望可耻！），夜晚则是宽容的（不属于道德范畴的）辩护。这种双重话语病只有一种功能：逃避。这样，我们的社会在压制的同时又相当宽容，把不知如何解决的难题交给了警察局，毫无胆量地逃避着自以为面对的问题：性以及相伴而生的问题。皮埃尔·马农（Pierre Manent）强调了当代的这种怯懦现象的悖论：

"我们的社会，也许，并没有表现出来的那样色情。确实，表面现象可能具有欺骗性。但是，我们如此担心说出一切、表现一切和看到一切——尤其是丝毫没有脸红，这种现象证明，与其说我们如实地看待情欲，不如说是在逃避情欲：我们无法简单地按情欲'原本的样子'看待它——无法找到欲望与法律或者说羞耻之间的中间地带以便客观地观察现象本身。我们做的，就是向这个现象抛出一张抽象的网——女性杂志始终记录着种种'事实'和'性的权利'——让我们误以为自己掌控一切，并从中提取与肉体无关的快乐。但却是我们最大的快乐：让我们自以为超越了所有先于我们的社会，以为我们的科学、我们'面对生活时的现实主义'战胜了束缚它的偏见。每个时代都是它习俗的奴隶。我们的社会只有更糟，因为它宣称消灭了一切习俗。"[1]

鼠疫的年代

但是，正是由于艾滋病及其防护方法，公众话语的双重性才达到了荒诞

---

1 皮埃尔·马农（Pierre Manent），《评论》，n° 76，1996年冬。

的顶点。这回,死亡参与进来了。死亡轰响着侵入——而且感染艾滋病的朋友的面孔和姓氏以极为可怕的方式赫然在目——快感的领地,彻底搞乱了很多事情,比我们起初以为的程度要严重得多。为了更好地评价后来的问题,应该首先回忆疫病初起时特殊的文化背景——整个八十年代初的情况。先是在尚未明了病理和传播途径时,便完全归咎于同性恋者("**同性恋癌症**"),由此产生了关于传染的幻想的忧虑(通过汗液、唾液等),艾滋病尤其——而且立即——引发了近乎歇斯底里的道德指控。

美国成人道德电视福音传播者们,正如人们所知,在艾滋病的出现中看到了宣告普遍欲望终结的天意信号。他们将之视为上天对罪恶的现代城市的"警告",预示着对极端淫逸的新索多姆的惩罚。他们甚至更确定地找到关于反对鸡奸、月经血、背叛爱情等的人类学或宗教的后天(a posteriori)证据。

美国涌现的这些训诫说教,在欧洲的规模要小一些,主要针对刚刚从耻辱中摆脱出来、开始享受脆弱的社会承认的同性恋团体[1]。同性恋重新被指摘、被定罪、被排斥……社会历史学家迈克尔·波拉克(Michael Pollack)就此问题写过大量文字(他本人也于1991年43岁时死于艾滋病),他曾生动地描绘了1982—1986年间的悲惨气氛以及随之而来的对同性恋的恐惧。"甚至在尽力免除说教色彩的文字当中,艾滋病仍旧像是这个自由时代的终结,某种方式下也是同性恋体验的终结。"[2]

---

1 悲剧性的讽刺:应注明的是,法国最早出现艾滋病(1982—1983年),正是按照弗朗索瓦·密特朗的竞选诺言,大多数反对同性恋的文章消失的时候(1981—1983年)。尤其是随后的立法选举。1981年6月12日:德费尔(Defferre)通报中对同性恋档案的限制和对吸毒地点身份证的检查。1981年6月12日:解散警察局的同性恋侦缉队;放弃世界卫生组织将同性恋归为精神疾病的划分。1981年4月:对包括同性恋在内的大赦法。1982年7月27日:(根据罗贝尔·巴丹戴Robert Badinter的建议)废除刑法331—332条中同性恋(18岁)和异性恋(15岁)之间法定年龄的差异。
2 迈克尔·波拉克(Michael Pollack),《同性恋与艾滋病》,Métailié 出版社,1988年。《受伤的认同》,Métailié 出版社,1993年。

这种压抑和预示的气氛与历史曾记录下的每当一种类似的健康危难出现时的集体反应相类似。比如在十四世纪鼠疫流行的年代，少数团体（犹太人、巫师、鸡奸者……）作为灾难的假定责任者被选定和迫害[1]。当直接起因于性欲的疾病出现时，完全一样，甚至是以更确定的方式。十六世纪初梅毒在法国以"那不勒斯病"的名称传播时，大大有利于天主教反改革的道德强硬起来。同样，十六世纪梅毒肆虐古老中国，随后在1630年导致某些人的羞耻心复生，另一些人却狂热追逐肉体享乐[2]。再有——不为人知的插曲，十八世纪末法国出现一种奇怪的病——结晶病，同性恋再度被怀疑。病症表现为包皮或肛门区域出现装满透明体液的脓包，似乎是由于精液和血液的接触引起的。医生没有权利诊治病症。结晶病尤其被大革命后期严厉的清教徒用来做论据[3]。

正是在这种急切的道德报复或者**反性革命**的氛围下，艾滋病出现在西方社会里。担心它成为"反动"的托辞是必然的，因为这个担忧已经确定了主题话语的基调。而且会持续下去。它在一开始便鼓动同性恋组织——同时整个左翼——否认危险的严重性。人们想，不应该对压制的幻觉信以为真。理解但不负责任的态度在十年或十二年之后，成为一个敏感的主题。人

---

[1] "1300年之前及之后的几十年间，犹太人被逐出法国和英国；圣殿骑士团解除对巫术和性偏离的控告；没有隐瞒自己是同性恋的英王爱德华二世，中世纪最后一位君主，被废黜和谋杀；有息贷款等同于异端邪说，尝试者交宗教裁判所；法国遍地皆是的麻风病人被指控在井中投毒、与犹太人和巫师为伍而遭迫害。"（约翰·博斯韦尔《基督教，社会宽容与同性恋。基督教初期至十四世纪西欧的同性恋》，伽利玛出版社，1985年）

[2] 高罗佩（Robert van Gulik），《中国古代房中术》，伽利玛出版社，Tel丛书，1993年。 与众不同的人物，非常了解中国、日本和亚洲色情艺术，高罗佩的传记被译成法语：C. D. Barkman和H. De Vries，《高罗佩的三种生活》，克里斯蒂娜·布尔瓜（Christine Bourgois）译，1997年。我们将在后面重新提及他关于中国人性生活的著作。

[3] 在1790年《索多姆的孩子们》的陈情书中，人们在第五条中找到要求"所有的医生、外科医生，无论是否申报过，因为有医学文凭而成为凶手，因为帮助治愈结晶病应该被逮捕，应该受到所有可能手段的特殊追究"（亚历山大（Alexandrian），《爱的解放者》，色伊出版社，1977年）。

们会在1996年由弗雷德里克·马特尔在同性恋激进分子中挑起的强烈的对抗中看到证据,他写道:"八十年代,所有声称保护同性恋对抗社会的同类组织(协会、报纸、机构)都反常地——或者应该说**悲剧性地**——在对同性恋者颇具威胁的艾滋病有传染性这一事实上欺骗了他们。"[1]

一方面是清教徒行动的威胁,另一方面是对危险的否认:人们看到,艾滋病的挑战不仅仅是卫生或医疗方面的。它动摇了一整套象征机构。一些人——有时良心发现,没有陷入过分的说教中——对就这样给七十年代的宽容以"警告"差不多额手相庆。相反,另一些人基于艾滋病的现实,开始以病态的小心注意什么都不能改变人们可以称之为"性获得"的东西。双方都发现,艾滋病的出现以及组织预防工作的迫切需要,共同将个人主义的优先权和性自由即西方社会的核心本身置于可疑境地。

这就是人们想用组织预防来迁就的语言的幻觉。

"卫生的淫秽"

对于时代精神而言,象征性的挑战不是最无意义的。首先应该重新学习——闻所未闻的计划——将死亡与欲望结合起来;在爱情享乐的核心重新引入命中注定、感染或发病率的概念;倡导一种建立在不会影响心血来潮和猎艳的决心的审慎上,这与人们心中形成的新的宽容思想密不可分。一句话,艾滋病在把关于性的伪辩论过分漫画化的同时,也使其戏剧化。死亡,从此以后成为主要见证。每个阵营都是如此。

这是一个占上风的怪异而病态的对称。面对右派关于"艾滋病—惩罚"

---

[1] 弗雷德里克·马特尔,《玫红与黑》,同前。

的不公正言论，人们为受害者组织了一场多少有点狂妄的补偿性的英雄化运动。对于那些将疾病的责任（很明显：他们认真研究过）归咎于"异常"的同性恋的人，人们将几乎是基督的形象与因国家的软弱、集体的冷漠、拒绝救护而血清呈阳性的受害者相比照。（例如，迈克尔·波拉克提到的一位行动起来*的成员的代表性宣言："我被感染两年了，政府才是责任人。"[1]）艾滋病人和血清阳性的人或者被一种可恶的残酷放逐，或者变形为痛苦的——和英雄的——象征，被不知什么"压迫着"。

一方面，在反同性恋的仇恨和漠视受害者的背景中，人们将卫生防疫的悲剧当成倒退的托辞。另一方面，解除了个人的所有责任，甚至所有不当的轻率，艾滋病——甚至它的传染物——表现为命运的纯粹牺牲品。回应压制错误的是错误翻转的影像，就是说个人无责任的灾难性过度增值。人们甚至无法对他自身的轻率和选择负责。面对内在的灾难、爱情行为的自由及其后果以及承担的责任，在同样模糊的无知中堕落。这种疾病，与癌症、乙肝或者心血管疾病不同，不得不承担起抽象的意义。关键因素不仅仅是医疗的，而且是意识形态的了。

精神分析学家托尼·阿纳特拉（Tony Anatrella，同时也是教士）关于这个主题完全有理由这样说："就这样，逐渐地创造出艾滋病真正的社会剧本理论：出现了一类卫生神职人员，建立在罪恶感和检举之上的宣传系统和战斗性，一套圣咏和传媒的仪式，最后灵巧地替代了在象征性的替罪羊问题上性欲固有的罪恶感。"[2]

正是在组织预防的问题上，争吵近乎狂热化。避孕套，它的使用、接受、推广、未成年者的使用规定和商业化，将西方社会抛入了争吵的狂热，如果

---

* 行动起来（Act Up），是同性恋团体协会，旨在保护所有受艾滋病毒感染的人群。——译者
1 "一个案件的历史"，《被传染的人》，Autrement 出版社，n°130，1991年。
2 托尼·阿纳特拉（Tony Anatrella），《爱情与避孕套》，弗拉玛里翁出版社，1995年。

没有死亡夹杂其间，人们本来会一笑置之。

确实，与这件事相关的一切都是含混不清的。尽可能有效预防的必要性，首先使关于性的公开、清晰、具体、具教育意义和直接的话语合法化。应该推广以往任何社会都没有过的细微、清晰和具体的关于性实践的描述。威胁的广度和后果的强制性不允许我们再为羞耻心、微妙的暗喻和隐喻的图画大伤脑筋。我们不仅仅应该把猫叫作猫，把口交叫作口交，同样应该超越传统的、与年龄和相关者的早熟有关的谨慎。从校园里安全套发放机审慎而直白[1]的广告宣传，到媒体和学校的教育，对付艾滋病的斗争在几年内衍生出一个新的"性话语"，这个话语无处不在，萦绕心头、冷酷、现实、令人改变信仰，但因为某种沉重的心照不宣而始终合法：随时存在的死亡可能性。

预防迫使我们发明一种"卫生的色情"并到处推广，包括公众、包括那些无所求的人，这种"卫生色情"客观上非常刺目，但确实无可指摘，甚至成为预防职责的象征，并由国家负担，面向所有人，其中包括儿童和准少年。实际上，这是史无前例的。由这一切产生的论战遵循同样的论据对称。对被这种"有失体面的"冒失吓坏了的人，人们用医学的必要性来应对。在这个或那个阵营里，人们交换着夸张和刻板的责备。

举众多事例中的一个。1995年7月，巴黎同性恋中心控告政府查禁了同性恋伴侣的图像，"第一次使人产生联想"（两双光着的男人的脚最后被两双男人的鞋代替）。人们还责备政府撤下了旨在推广被保护的口交的某些照片。社会党不失时机地认为这件事表明了"以令人困窘的方式向道德的回归"并说明了"目前过分的羞耻心"。

---

1 某些反艾滋的宣传手册或者教化目的的漫画不怎么担心分寸问题。比如，漫画杂志《Toxicosida & co》描绘了母子之间乱伦的场景，或者《乳胶的奇遇》是目标为儿童的画册，其中一幕是三人行（托尼·阿纳特拉在《爱情与避孕套》中引用的例子）。

报刊的评论不是完全没有意义的，出于原则或者习惯，它会惋惜"提到这些问题时，典型的法国式的谨小慎微，而斯堪的纳维亚人或者大不列颠人，很久以来就对鼓励面对艾滋病个人或集体意识的获得的'真实'图画不再表示不快"。[1]

如果没有教皇

再具体一些，人们感觉被引导着去强调急需推荐和没有危险的实践：集体手淫、中断的口交、强劲的爱抚或者"网上性交"等。这样，人们不知不觉地赋予特权给——但是怎么能不这样呢——一个绝对功能的方法，性的唯我论和保健；一个与比如青少年的感受没什么关系的方法，而青少年正应该是这种教育的主要目标。事情的急迫就这样解释了快感表现的可悲的贫乏，快感的表现则被归结为与**功能**、姿势或更糟糕与免疫战略相关的东西。

电影工作者苏菲·肖沃（Sophie Chauveau）观察道："从今往后，人们把年轻人看作一个危险的群体！但是如果和他们谈论性问题时只谈到艾滋病，那么我们希望年轻人会有怎样的性观念呢？爱情、欲望、向圣物张开的性器官吗？他们从来没有听说过。噢！有时他们在梦中能够实现，独自一人，在年轻人的梦乡中。但是他们找不到能解释这份慌乱的人。人们强迫他们接受当下的紧急情况：艾滋、艾滋、失业、失业……就像一个正在滴答作响的定时炸弹。"[2]

所有以哲学和宗教名义批评这个"卫生色情"的灾难文化的人被指责

---

[1] 《世界报》，1995年7月8日。
[2] 苏菲·肖沃（Sophie Chauveau），《艾滋时代爱的颂歌》，弗拉玛里翁出版社，1995年。

与危险妥协、成为疾病甚至死亡的同谋。面对这类建立在生命的呼吁之上的威胁非常不容易。将爱情与性进行比较以及把性与体液的机制相比变得政治上正确。其余的都或多或少显得过分虔诚。实际上,我们之前没有任何社会将爱情和欲望归结为如此可怜的情况。

至于避孕套,已经不再是工具,而是一面可爱的旗帜。这是我们对罪行的回答,我们面对死亡的法宝,我们英勇顽强的信号,我们同时拒绝宿命和道德主义约束的证明。一切似乎简单了:橡胶套拥有者代表了他们对人类进步的信心;其余的人,琐碎和斤斤计较的人构成了清教秩序愁苦的队伍、传染病罪恶的同谋。事情很明白:从此人们处处用这个橡胶铸成的铜墙铁壁进行斗争。无论谁冒险反对说避孕套无法穷尽人类对快乐的思考,都会毫无例外地遇到这个问题:您要做杀人凶手吗?

急迫的卫生状况像一部简化的机器一样运转着。也许人们希望的就是这个?社会在最早的思考中、它的着迷、集体运动或突如其来的恐慌中,它讨厌复杂性。心安理得地对拒绝避孕套(condom)的简单抒情主义的任何人群起而攻之。这单薄的橡胶墙壁不仅区分出两个阵营,它掩藏了我们所有的征服。几乎脱口而出,质疑避孕套奇妙的——和有趣的——优势,就是打开了拒绝的门。

就这样结下了与保罗二世遥远而不可思议的争论,保罗二世在很多年内一直占据了主要的公众空间。这位教皇是波兰传统天主教的继承者,被认为是——不无道理——风俗方面保守者的夸张代表。(他在经济和社会方面却不是这样,他对原始资本主义的批评来自社会的天主教,接近左派。)在他发布的有关风俗的文章和通谕中,他似乎向两次大战之间教会严厉和惩戒的立场回归——尤其是在性和避孕问题上。

例如庇护十一世1930年12月31日的通谕《贞洁的婚姻》(*Casti connubi*)中表述的立场,标志着婚姻法理的一次停滞。庇护十一世确实通过这个通谕蓄意扼杀了 1925—1930 年间开始的旨在发展较少受避孕方式纠缠而更多专注于夫妻意愿的道德理论的一股智识思潮。当时的一位专家写道："还需要三十年，这股思潮才会以新的力量重新出现，利用宗教会议来质询整个天主教社会。"[1]

在避孕问题上，对避孕套和与艾滋病斗争的优先权，保罗二世故意站在拒绝"性问题上正确"和或多或少明确地拒绝对避孕套的宣传的热忱立场上。他以僵硬和过时的专制态度这样做，甚至令天主教徒自己感到突兀。

这就是说，等待梵蒂冈走出自己的角色、忘记教条、向时下风俗让步是真正荒诞的，它"将'带上避孕套'的霸权和贫瘠的话语与做你想做的事结合起来"。[2] 这也是主流话语和大众媒体坚决要求的。不再是避孕套和教皇的问题了，两者都成为根据时代的口味被连环画丑化了的人物。人们要求教皇和教会越来越明确地认可"橡胶套"[3]。这永远不够。过度推诿是"罪恶的"。教皇，用自己的沉默"变成了谋杀者"，等等。可悲的简化论但却是天意的恶作剧。避孕套是延展的橡胶面对死亡时的简单快乐。教皇本人则恰好体现了——就是说在很容易被嘲笑的古老形式下——人们拒绝提出的所有问题。

---

[1] 马丁·赛夫格朗（Martine Sevegrand），《上帝的孩子。二十世纪法国的天主教与生育》，Albin Michel 出版社，1995 年。
[2] 法国教皇会议的代言人 Mgrdi Falco，《巴黎索邦大学学生日记》，1995 年 4 月。
[3] 实际上，教会曾这样做过好几次却没有被真正地关注。吕斯提杰（Lustiger）主教评论道："性与死亡：艾滋敲响了恐惧与罪恶感的警钟。这就解释了为什么教会不被理解"（《快报》，1988 年 12 月 9 日）。

第四章　资本的真正幸运

　　我们并不知道，最近几十年来，关于性解放的另一意识转变已经完成；我们没有真正地思考过——直到现在还是——这种如此明显的价值逆转。历史以一种不可预见的狡黠把对昨天的最新"颠覆"转变为既成秩序的组成成分和不久前作为支柱的商品机制所要求的自由。今天，宽容的环境远没有违背广大自由市场的利益和金钱的命令，而是无可争议地服务于两者。而且形式多种多样。从此，色情享乐主义无可奈何地成为发育良好的市场的组成部分。作为对基佐（Guizot）七月王朝的著名建议"富起来吧！"的回应，舆论中流传着一个自相矛盾的命令：享受吧！它抓住了字眼，以便更好地背叛过往的要求。

不要"资产阶级秩序"!

很简单,只需要回忆……三十年来(甚至更久一些),那些讨厌道德秩序的人却或多或少分享了一份基本的信心,并为自由地获得肉体的快乐而斗争。人们认为,所有的性压制原则上以统治的长久和政权的巩固为目的,同时满足生产的迫切需要,就是说将人群投入工作。这个分析以无数种方式被拒绝,最终挑选无论世俗的还是宗教的性道德,作为为封建社会、贵族或资产阶级秩序服务的"战略"。它尽力维持的统治,明显是男人对女人的统治,富人对穷人的统治,所有者对贫穷者的统治。无论是宗教还是神秘主义,我们说,道德没有别的宿命。

确实,集体的记忆一直铭记着,在漫长的中世纪,放纵曾经是贵族的特权[1]。同样,人们还记得,在工业革命前夕,整个十九世纪,资产阶级的顽固念头曾经左右、约束或抑制被认为是骚动的和野蛮的工人的性欲。对平民非道德性的幻觉般的看法[2],一直威胁着既成的道德秩序但尤其是工厂的平静。

马克思写道:"资本主义一直努力把工资降到生理需要的最低点,将工作日延长到生理的最高点;工人一直在做相反的努力。"[3] 爱情的快乐是一种奢侈和浪费,与工业化格格不入。这也是恩格斯在《家庭、私有制和国家

---

[1] 在中世纪之初并非如此。卡洛林王朝时期,就是说在八至十世纪,对婚姻的纪律只对贵族有效。

[2] 应当强调"幻觉"这个形容词。实际上,当时正相反,工人阶级对家庭极其重视,将之视为完全敌意的世界的避难所。一位这方面的专家写道:"充满变革、自负、大胆的十九世纪,但对穷人和弱者而言非常艰难,面对这个世纪,忧虑未来的配偶们,对家庭极其重视。"(路易·胡塞尔(Louis Roussel),《不确定的家庭》,Odile Jacob 出版社,1989 年)

[3] 卡尔·马克思(Karl Marx),《全集》,伽利玛出版社,"七星丛书",第一卷。

的起源》中表达的观点，得到列宁的推荐。自十七和十八世纪清教的道德论者——马克斯·韦伯所说的资本主义建立者以降，我们还会在后面提到，"生活中的清教概念"确实"曾经守护过现代经济人（homo aeconomicus）的摇篮"。[1]

在弗洛伊德看来，"被文明驯化的爱情生活"和建立在"压制冲动"上的·"开化的性道德"的推广，很久以来还在表达着与既成秩序之间不平等的合约方式。他在世纪初这样写道："每个人让出了自己的一块领地、自己的一部分主权、个性中侵略和复仇倾向的一部分。"[2]六十和七十年代，所有批评的和宽容的文学还浸润着这样的信念：建立在一夫一妻制上的传统道德、鼓励生育的思想、禁欲和父权首先是"资本社会"掌控者手中的一张王牌。

至于威廉·赖希，则不断地宣称保守的性道德"是经济利益恰当的表达"。他还说："所有反动的社会道德，都必然是性欲的否定者，无论它对性生活的现实做出多少让步，无论与统治阶级的性生活原则有多大的差距。"[3]确实，在本世纪初威廉·赖希之前，法国无政府主义运动的第一批战士先于赖希主义这个词就存在了。他们要求自由的爱情和避孕，甚至可以从他们中列举出几位颇有才华的色情作家。[4]

在六八年五月期间和之后传播的短文、横幅和宣言中，人们可以见到对为了更好地剥削大众的生产力而禁止他们性自由的"法西斯"、"资产阶级"、"商品"的揭露。人们同样还可以看到表现为这种主要压迫工具的**权利**

---

1 马克斯·韦伯，《新教伦理与资本主义精神》，口袋丛书，1994年。
2 西格蒙德·弗洛伊德（Sigmund Freud），《性生活》，PUF出版社，1995年。
3 威廉·赖希，《性革命》，同前。
4 "最早的是阿尔封斯·加莱（Alphonse Gallais），他以真实姓名发表了《快乐女孩回忆录》（1902年），'马布罗色情小说'；《凄惨的地狱》（1906年），关于虐待狂和受虐狂的调查；题献给'工人国际的同志'的'社会之歌'——《我的郊区女人，戴镣铐的光荣》"，亚历山德里昂（Alexandrian），《情色文学史》，Seghers出版社，1989年。

原则。六八年五月的街头涂鸦曾有过这样恰当的表述："资产阶级除了使一切贬值外，了无生趣。"

1959—1969年间境遇主义者的文章相当刻板，很少有直接揭示"性颠覆"的内容（除了以间接影射的方式）。然而，超现实主义者、违法者和放纵者的遗产，从一开始就被明确要求恢复。在1957年居伊·德波（Guy Debord）的一份报告中写道："超现实主义坚决拥护欲望和惊喜的权威，描绘了生命的另一种使用，比人们能想象的具有更多的建设性。"[1] 正是这种敏感，在1968年给了名为《论学生中的性贫乏》[2]的著名的境遇主义文章以灵感。

在这个阶段"迷狂"的修辞中，工人斗争或者反帝国主义斗争与关于风俗（同性恋、避孕、女权主义事业）的新要求之间一直保持着联系。在5·22运动致罢工工人的文章中宣称："你们的斗争就是我们的斗争，我们占领了学院，你们占领了工厂。"无产阶级的遗产和涉及日常生活新领域之间的演变关系——几乎尽人皆知——建立在对一样的"压迫"的废除上。诸如同性恋革命行动阵线、反精神病治疗运动或监狱信息联盟等组织的创办者，在七十年代起过很大作用，大部分来自政治极左阵营。

至于当时的学生，他们同样阅读境遇主义者的文章，比如，哲学家亨利·勒菲弗尔（Henri Lefebvre）很有启示性的标题《巴黎公社的声明》。

从政治到文化

这两种革命之间最初的联系被法兰克福学派的理论家们大大地概念

---

[1] 附在《境遇主义的国际》卷后，法雅出版社，1997年5月再版。
[2] 该手册在欧洲多国发行超过30万册。在法国，至少有三种盗版。

化了。过去女权运动的激进战士，艾芙丽娜·苏尔罗（Evelyne Sullerot）在回顾时略带讽刺地写道："整个法兰克福学派——阿多诺（Adorno），霍克海默（Horkheimer），弗洛姆（Fromm）尤其是马尔库塞——尽力将父亲的面孔重新诠释为不仅仅是家庭权威的代表，同样还是值得一切怀疑和诅咒的人。[……]合法父亲的权威，实际上巩固了政权。我们现在就是这样。这就是'六八年思想'表达的东西，它激励年轻人与'压迫'斗争。"[1]

为了推翻"资产阶级道德"，人们不仅准备了后现代个人主义的降临，还与尤其是金钱使人异化的统治力、商品的庸俗化、清教经济的滞重斗争。以后，很久以后，将会产生——在实际中而不是在话语中——在"普罗米修斯式的、政治的和六八年五月公社的个人主义，以及七十年代末自恋、麻木的个人主义"之间的断裂，吉尔斯·利波维斯基（Gilles Lipovetsky）将成为这方面的专家；同时还会产生"政治极左和文化极左"的分离。[2]

1968年公认的道理——自1789年大革命以来！——开始清晰无误了。他断言，如果说多少个世纪以来欲望被压抑着，在各类神职人员和乡村迷信的急切支持下，这首先是出于利益的考虑，尤其是少数人的经济利益。米歇尔·福柯在介绍他关于性历史的长篇思考时，明确地考虑了对于所有人而言是不争事实的东西，虽然他矜持地保持着距离，他自问："所有这些围绕两三个世纪以来我们对于性的吵闹的关注，难道不是出于保障民众、繁殖生产力、延续社会关系形式的基本考虑？总之，是为了整治在经济上实用而在

---

[1] 艾芙丽娜·苏尔罗（Evelyne Sullerot），《有其父必有其子？》，法雅出版社，1992年。
[2] 亨利·韦伯（Henri Weber）在《二十年后六八年五月运动还剩下什么？》（色伊出版社，1988年）中对这些区别做了清晰的分析。

政治上保守的性，我还不知道是否这就是最终目的。"[1]

同样的信念今天依然在周围飘荡，不过只存在于只言片语、精神反思或政治偏见中。在"道德秩序"的表述中，"秩序"这个词，表明了现实中**有利于某几个人**的有纪律的组织概念。它与"混乱"有趣而宽容的模糊假设相反，后者于大众有利。当我们说怀念道德主义或者新清教主义的行为时，我们本能地就会想到这些策略后面不会仅仅是宗教信念或信仰的事：同样遥远，同样动荡，为少数人获得"明确的"利益的计划。什么利益？政权的稳定，持续的不平等，牢不可破的奴役，这些都不重要。在我们的思想里，所有的"道德秩序"都有获利者，策划者想要对群体隐瞒住什么。正是出于这个原因，所有的性道德，从严格的字面意义上讲，都是可疑的。在主流思想中，它继续被认为是一种**镇压**，完全不是内在价值的总和。

然而，这一切今天彻底被打乱了。操纵经济这个大市场的制度本身的性质，在调整和迅速激增之后，人们把它作为新的前景推出，这个闻所未闻和霸道的资产阶级秩序，它的运行方式与过去手工生产和重工业的时代迥异。说什么好呢？很简单的一件事：自由的性消费，远不会损害现有的新秩序，回应了它的需要，满足了它的利益。

剩下的只是更近地观察。

商品的报复

基本的真相：无可挽回的商品化，肉体享乐的普遍付费化。这明显是赘

---

[1] 米歇尔·福柯，《性史》，第一卷，"认知的意愿"，同前。在同一著作的另一个段落里，福柯展开了对十九世纪的另一种分析。他写道："性不是被资产阶级贬低或取消的身体的某个部分，从而让它统治的那些人埋头工作。性是资产阶级焦虑、担心的因素本身，要求受到并获得了关注，资产阶级以恐惧、好奇、乐趣和热情的混合培育着性。"

述，但人们对此不能沉默。现今占领爱情领域的只有商业、金钱补偿和唯一的供求关系的调整。从色情到职业或偶尔的卖淫，从引起幻想的满足（按摩等）到"服务"业（桑拿、酒吧、各种俱乐部等），从特殊报刊到所谓衍生的工业，这种性只要自我解放，就会导致它的物化和出售自己。甚至到了新市场的财务表述取代了前天的道德论战的地步。我们会说，这是问题最八卦和最粗俗的一面。

一幅相当感伤的日常画面可以形象地说明这种转变：一位家庭主妇，悠闲地推着购物车穿行在一个超级市场的色情柜台间。从一系列按主题摆放的录像带中挑选了一盘特殊录像带，夹在一包纸尿裤和一瓶茴香酒中间，径直通向收银台。商业链条，花纸下的违抗和廉价的快感：走过的是怎样的路呀！

这只是一幅画面。实际上有更为严酷的现实。无论美国的或是欧洲的性的少数派，经常是拥有极高购买力的压力集体，也同样成为市场营销的目标。这由来已久。杰瑞·鲁宾（Jerry Rubin），六十年代加利福尼亚反文化的著名人物，《去干吧》的作者，八十年代初就在《纽约时报》上（在吞并了华尔街的一家金融机构之后）这样说："政治和反叛是六十年代的特色。寻找自我成为七十年代的主流。金钱和权利则在八十年代控制着人们的注意力。"[1] 仅仅说他的预言准确远远不够。

同性恋研究者迈克尔·波拉克更为严谨，他记录了性自由最早年代的商业泛滥。他写道："六十年代，自由化引起性商业化的爆炸。在成倍增长的酒吧、电影院和桑拿院旁，人们还看到同性恋报纸、淫书淫画和新型性用品工业的发展，后者有皮玩具、性环和药膏直至 popper（用做春药的血管扩张剂）。就像'自由同性恋'最早的斗士提出的问题：'难道我们闹革命是

---

[1] 1981年4月加利福尼亚的刊物《别样》的一期号外中的报告。

为了得到开办700家更多皮肉店的权利吗？'"[1]

今天，这种现象更多。

一个说明问题的符号："同性恋骄傲"组织的挑衅游行采取表演的形式，精心策划，有赞助有盈利。从此，这类同性恋生意的出现为主要媒体有时略带忧虑的评论提供了论据。"'同性恋骄傲'是由一个经济目的甚于战斗目的的商业协会组织的，当它成为超级消费行为，当人们发现在请愿的现场是商品营销：彩虹图案的T恤衫、手表和浴巾，甚至579法郎的同性恋卢瓦尔城堡一日游，为什么还要宣称推动了世界的联合和战斗性呢？"[2]

对于集会、会见、游行和个人行为完全可以做同样的评论。就在昨天，这些现象还来源于违抗或者战斗性，现在也完全被商业利用。曾经最激烈的斗士，并不掩饰他们因性革命收费的普遍化产生的巨大悲哀。拉乌尔·瓦内根姆写道："享乐的权利开始转向征服，而享乐早已被商品征服［……］享乐民主的序幕，意外地与新市场的征服相吻合，在这个新市场里，快乐被称为舒适，幸福叫做适当。［……］在某种意义上，禁忌、宗教和道德禁令保护了快感免于被商品回收的危险。"[3] 对于爱情和肉体享乐的新禁令如今有三个音节：免收费。唯有不收费是可疑的。灾难呀！

确实，这种转变瞄准的是可观的经济目的。没有任何一个经济学家、统计学家估计过直接或间接与**全球的性**市场有联系的工业和服务业的营业总额。但人们掌握的几个数据让人认为这个数字会是无比巨大。在美国，唯一的色情工业只占全部的很小部分，不足为凭。根据《美国新闻和世界报道》，1996年美国人花费了80亿美元（480亿法郎）用于购买录像带、拉洋片、

---

[1] 迈克尔·波拉克，"男性同性恋，或者聚居区里的幸福？"，《西方的性》，菲利普·阿利耶斯（Philippe Ariès）与安德烈·贝京（André Béjin）主编，色伊出版社，"随笔"丛书，1984年。
[2] 弗雷德里克·马特尔，《快报》，1997年6月19日。
[3] 拉乌尔·瓦内根姆，《享乐书》，同前。

演出、有线电视和派生内容，**比好莱坞出产的全部收入还要多**。通过比较，美国政府发现，20年前这个部分的营业额不过是1千万美元。

在法国，玫瑰网络电话1994年独自就有7亿法郎的总收入，其中2亿5千万上缴法国电信。

为了再多几美元……

这一新兴工业同样炫耀着它的代表性人物，暴富的先驱，奇妙的或者征服者般的巨头，这些人在传奇杂志《人物》的世界经济专栏占据一席之地。其中就有美国十亿万富翁，色情业之王拉里·弗林特（Larry Flint），米洛斯·福尔曼（Milos Forman）曾献给他一部电影《人民 vs 拉里·弗林特》。《人物》杂志在此人身上看到了"美国梦的噩梦版"，他却摇身一变成为可敬的色情业生意人。他发表杰奎琳·奥纳希斯在希腊岛上的裸体照而挣得了第一个100万。1978年，因为遭谋杀，坐着镀金轮椅生活在贝弗利山。

还有，70岁的德国人比特·尤斯（Beate Uhse），第二次世界大战的德国空军歼击机驾驶员，统治着邮购企业——比特·尤斯国际公司，每年出售4千万法郎的色情和性用品。"大约98%的德国人都知道比特·尤斯，他是战后经济奇迹的楷模。柏林墙倒后，增加了100多万顾客，50多家专营店分布在德国，再加上大不列颠、瑞士、奥地利和斯洛文尼亚的邮购子公司。"[1]

所有或几乎所有国家都拥有自己色情业的翘楚，尤其是往昔中欧的共产党国家（特别是匈牙利）和苏联，以前所未有的突然和玩世的态度占据了这些阵地。这种工业在东方遍地皆是，就像吸毒和军火生意一样膨胀着黑手党

---

[1]《观点》，1996年5月11日。

的腰包，将国家推向毁灭。确实，近十年来的东方，现实不断将同样的表演引到媒体的前沿。往日共产主义的饥渴的、受监视的清教徒社会，突然自由地但也是不确定地开始了广泛领域内的色情业和卖淫。典型的画面：波兰、捷克、匈牙利或者俄罗斯的姑娘在伊斯坦布尔、阿拉伯或欧洲的妓院里变成人牲；这些旧日的共青团员（共产主义青年）被抛向马路；这些乌克兰、立陶宛少女被如此容易得来的金钱震惊，同时被西欧的皮条客追逐着。

这就是摆脱了专制主义的羞耻心、已经受金钱统治的新宽容的反面。比预想的更加残酷！在同一时期，东方不平等、贫穷的现象以前所未有的速度恶化。[1] 恶化伴随着最穷困者对生活的失望、儿童死亡率的增长等。这样，东欧的原共产党国家，以更快的节奏，提供了以极快速度完成的"性解放"的一个有限特例。事情具讽刺性的一面反射出我们自己的失望。更有甚者，新的性自由成为唯利是图的工具，这还不是最使我们困惑的。

宽容话语通过商业的回归更是如此，因为它触及观念并带来话语的妥协。从性商店到邮购目录，从色情录像带的次文化到互联网或玫瑰电话网，没有一个在推出自己的服务或产品的同时不伴随着从旧日革命的圣经中寻找广告主题的"解放"的布道。为了不说下流话，性商品的营销在日常生活中散布七十年代信仰的招徕的、花言巧语的版本。它以广告式的世故有效地模仿前者。在否定"道德秩序"方面它不是最笨拙的；它从未放弃过任何一次机会在煽动的开始部分表达享乐的至尊地位。越来越经常地，能够召集和控制这些示威和抗议的，就是代替了传媒的金钱了。

这样，关闭一个性爱中心，捣毁由帮派头头控制的网络，禁止色情商业或者没收几盘录像带将被夸张地视为回归清教主义。最天真的人才会听任他人滥用这种变身为进步抗议的广告式的宣传。这里我们不是想表达这样

---

1 这正是1997年PNUD（联合国发展规划）的报告中明确提到的。

一个假设——虽然在某些情况下已被证实,即媒体法庭被与这些商业连在一起的金钱明白无误地贿赂了。

这就揭示了当代真正的猥亵。它不在于色情"演出"带来的挑衅,而在于适应一种反抗、一种乌托邦和一种得利者的话语,这些人对于无法开发和无法计数的东西绝对无动于衷。性别万岁,只要它可以带来税收!瓦内根姆写道:"资产者揭开了他眼中唯一不可补偿的罪恶:就是不付费。没有报偿的肉体享乐是绝对的经济犯罪。"[1] 商人对爱情话语的没收导致了本体论的彻底调头,人们永远无法看穿它的怪癖。它感人地遏制了对它本源的反抗。按照"需求"的字面意义,它献上"供给"。乌托邦的调转方向是不折不扣的海淫和罪恶!当马克思把资产阶级道德视为谎言,那是以解放爱情为最终目标的,而不是将之再度引入歧途。他写道:"如果只有建立在爱情上的婚姻是道德的,那么也只有爱情持久的婚姻才是道德的。"同样,在拉丁区的墙上写下:"毫无约束地享乐"或者"把你的欲望当作事实"时,六八年五月的学生们根本没想到自己用行动为色情生意写下了标语。而且这正是真实发生的一切。福特嘉年华(Ford Fiesta)汽车的广告词宣传:"马上要求一切。"

出发参加反对金钱的战争,人们发现自己在服务于自己的利益。旅程是诱人的,但它的终点向伤感延伸……

别碰我的市场!

尽管有这些提示,人们还是停留在细枝末节。这一巨大转向在另一个深度产生了持久的作用。正如人们所知,市场的优势、世界经济中供给/需

---

[1] 拉乌尔·瓦内根姆,《享乐书》,同前。

求游戏的霸权源自全球性的政策**调整**计划。控制的思想如今与最初自由主义的放任结合起来。从这个角度看,所有企图调节任性市场的规则的介入都是过时的。新的乌托邦正在成形,这是一个摆脱了一切超经济束缚的纯粹化学的市场。文化的特异性,身份的民族性,政治的专断性:一个接一个,所有旧日的调整方式为了市场全部消失,人们也唯有希望它在理想的完美中运行。精神分析法已落伍,用雅克-阿兰·米勒(Jacques-Alain Miller)的话:"市场时代的共谋状态,同时也风化着身份。"[1]

正是在这样的背景里,从此上演着我们关于性的一幕又一幕。往昔的禁忌或者禁止同样被指认为旧的规则,最终被历史超越。说到底,残留的道德、废止以及约束**不是以自由的名义,而是以自由主义的名义**被摈弃,这可不是一回事。对旧道德威胁性的斥责,不再是建立在哲学异议上,而是建立在计量经济学上。因传统道德产生的抱怨,是因为传统道德体现了琐碎、与自由交换的要求对立的编码方式。

经济学的悖论从某些论战的背后清楚地显示出来,比如与互联网相关的东西。出于控制世界信息中些微无政府主义的忧虑,以最终剔除那些过于反道德的宣传——如同修正主义、恋童癖或者拉皮条——碰到的不仅是技术上、还有教理上的困难。所有编码的计划,即使很简单,甚至相对平和,还是与市场无可批评的原则相违。道德忧虑便在交易所信条的强大威势面前投降了。

仔细想想,这一切真够疯狂……

互联网的情形——1996年德国做出的一些决定——每项为使机器道德化的努力遇到不是一个、而是两个决定性的反对。首先,人们反复说,一项可能的调整只能在国家的层面上决策和实施。它源自与自由沟通计划格格

---

[1] 弗朗索瓦·埃瓦尔德(François Ewald)为《文学杂志》所做的采访。

不入的过时的国家主义，而后者具有超越了国界的世界性。互联网成为象征的火焰。随后，正如人们看到的，它和自由交换的信条相悖，与美国宪法的第一个修正案一样成为威吓性内容。

优柔寡断的思想和彻底崭新的语言就这样不知不觉地强加于性道德的领域。宽容的新律师们抄袭了商业的语义。他们实际上深信极端自由主义的世界观，但却是按文字的商业意义（美国的"自由主义—极端自由主义者"的概念）。就这样，他们表达了一种人们可称之为无害的新犬儒主义。如果说他们否认了所有道德主义的微弱愿望，这不再是以个人反抗、违犯意愿、非道德性或挑衅的名义，简单地说，就是为遵循商品现代性的客观命运。道德的调节作用，换句话说，对他们来说，就像国家工厂、官员的身份甚或老祖父的福利国家：社会意志论令人感动的但却是媚俗的延续。

再回到这个主题，美国极端自由主义者也被称为无政府—资本主义者，他们的领军人物罗伯特·诺齐克（Robert Nozick）是《无政府、国家与乌托邦》的作者。他们是共同市场经济的拥护者，必然仇视所有道德主义的约束。他们又是彻底的性自由的捍卫者，认为市场自己就可以规范我们社会所谓"道德的"矛盾。[1]美国的左派和一些"社群主义"思想家责难他们的正是这种虚无主义，其中就有阿米塔伊·爱兹奥尼（Amitai Etzioni），工党领导者的"精神领袖"之一——和不列颠的首相托尼·布莱尔（Tony Blair）。爱兹奥尼毫不宽容地写道："（极端自由主义的）指向通过说明决斗是解决争论的最佳方式被完好地表现出来，它从经济角度思考是否有理由预防劫机，甚至揭示是在市场上自由地买卖儿童，还是冒着制造黑市的危险，努力规范收养行为更加有效。"[2]

---

[1] 这一点请参看《什么是公正的社会？》，菲利普·冯帕利斯（Philippe Van Parijs），色伊出版社，1991年。
[2] 阿米塔伊·爱兹奥尼（Amitai Etzioni），《例词"我"和"我们"》，Kriris出版社，1994年6月。

欲望的"迁移"

在我们中间，一个自由—极端自由的犬儒主义简化和漫画了的版本经常占上风，甚至人们还未及证实它到底是什么。这种大转弯实际上是戏剧性的。性倒错曾经参与了拒绝资产阶级的资本主义。现在被这同一个焕发了青春的资本主义——现更名为"自由主义"——准许、证实、发挥和保护。相当不寻常的是，这一回归被几位富洞察力的智者在三十年前就觉察、预见甚至预告过了，这些智者在他们那个时代几乎不被理解。他们中包括拉尔斯·阿勒斯坦（Lars Ullerstam），还有六十年代的几位社会精神分析学家。当时，他们提出："统治阶级有便利按照编码的生殖消费模式和易于操纵的未升华的性欲模式来解放性欲"，并且思考是否"我们经历的性解放"实际上没能保证"一种更加牢固的社会认同，而是保证了世纪初开始的粗暴的镇压"。[1]

我们明显介入了这出认同的戏里。今天的自由主义—极端自由主义在自由中，包括性自由，只看到了一种对大市场的适应形式。这种对事物的新视角既是不可抗拒的，又是单纯的。它赢得尤其轻松，因为色情的词汇受到经济词汇的感染：性能、竞争、消费、比较评估、优势等。

广告和"沟通"的词汇以天真的方式背叛了这种语言的浸透。人们在其中找到一个理想的男人或女人的个体形象，谈到他或她本身时就像谈到一个企业。一位广告专家发现"这样的种类的混淆，有时甚至呈现出一种病态。比如，化妆品广告变成真正的微观经济的课程。个人'管理'，它'赢得'力量，'经营'形体，'检查主要水分'的演变，'优化先天的'年轻和'投

---

[1] 康斯坦丁·斯奈尔尼科夫（Constantin Sinelnikoff）在《文学杂志》（1973年3月）中提到。

资自我管理'。总之，它成为自己的企业主。"[1]

一位很少见的广告语言解读和批评专家弗朗索瓦·布鲁纳（François Brune）强调了下面的悖论："从这个观点来看，传统道德的新闻检查成为广告王国的障碍，直至有可能扮演捍卫个人自由的角色。人们看到那些广告招贴和电影在尽力唤回道德禁忌以更好地防止、避免它们。'温斯顿，如此美妙，几乎就是罪恶。'一切都在这个'几乎'中：人们照搬了古老的诱惑模式来支撑带点倒错欲望的诺言；但同时，人们驱除罪恶感，在贬抑罪恶感的同时又多多少少幽默地强调这份罪恶感。"[2]

至于事实本身，人们惊讶于近代享乐（或欲望）的方式与世界经济的运行越来越明显的等效。需求表露无遗，供给变化多端；竞争具有世界性，竞争性在杂志上得到评估；流浪爱情的节奏越来越快，（身体的）使用时间越来越短。人们很快会发明最低库存量吗？就像工业方面，不断涌现新市场，表达新需求。性旅游相当准确地反映了欲望的"迁移"，海外卖淫现象使应该称之为色情**倾销**的东西成为必然。至于远处的灾难，则容许重新对道德或传统羞耻感做有利的、当然是空头的划分，后者面对远处来的富人根本无能为力。在波哥大、马尼拉或圣保罗的街头，当人们忙于生存时是不太羞涩的。

当然，这种普遍意义的调节既不适合穷人也不适合弱者。从此以后，金钱摆出欲望警察的面孔，比世界上所有的道德更粗暴也更不公正。这就是人们惧怕检视的问题的一个方面，如此搅乱着我们的精神。然而问题的实质很容易被理解和核实。从它被市场化的那一刻起，曾经祖先们在被允许或遭禁止的享乐之间、得到满足或受挫的欲望之间、能得到的或不可企及的性快感之间的挑选，不再令人类有任何窘迫，也不会有最少的怜悯。这种

---

[1] 帕斯卡·威尔（Pascal Weil），《九十年代的梦想是什么》，色伊出版社，1997年。
[2] 弗朗索瓦·布鲁纳（François Brune），《适度的幸福》，伽利玛出版社，1985年。

挑选是粗暴的,既无差异也无妥协。可以付费或者不付费。人被迫出卖或者不出卖肉体。人们被判为有竞争力或毫无价值。再没有协商的空间,再没有机械意义上的灵巧和游戏。就是说没有了爱情文化……

不是仅与社会的贫穷有关。在我们中间,同样,一种源自短暂贫穷的性贫穷形式延续下来,即使人们不大谈及这一点。相反,很多倒错表达了金钱的一种纯粹的狂妄,太过肯定——或者以为——不会受到惩罚。在恋童癖的问题上,只举这个例子,人们曾长期低估事情唯利是图的一面。社会学家弗朗索瓦·德辛格莱(Fançois de Singly)是极少几个坚持这一点的专家之一。

他注意到:"这个纯粹个人主义社会的一个过分表现,来自这样的事实,即个人主义的逻辑掩盖了力量的关系。然而,这不是因为不再有身份地位,不再有弱者和强者。但是恋童癖利用这种身份的贬值最大限度地开发威望和禁忌的终结带来的可能性。它将个人身份转向自己独享的利益。我有需要,我利用原本的社会满足这些需要。[……]儿童处在这个资本主义市场的中间。他等同于服装市场、食品市场。家庭用于儿童的预算非常重。儿童不再成长于这个市场逻辑之外。将这个逻辑推向极致,儿童同样可以成为所有消费品中的一种。"[1]

再者,在很多情况中,现在是市场在决定倒错的严重性和规定其代价,没有个人灵魂的什么事。《插入》的一个恋童癖调查人员,阿涅斯·福尼埃(Agnès Fournier),在1997年受到新闻界的质询,她就地下录像带商业化的问题这样说道:"儿童的年龄越小、达到的程度越恐怖,录像带的价格越高。"[2]

---

[1] 《新观察家》,1996年8月29—9月4日。弗朗索瓦·德辛格莱是索邦社会学教授和家庭社会学研究中心主任。
[2] 《玛利亚娜》,1997年6月30—7月6日。

"道德进步主义"的局限

有很多东西需要深入思考，人们却日复一日极力地逃避，至少在欧洲是这样：性解放的现实与社会的不平等有关。这是一个政治上不正确的问题，因为它转而诘问这被炫耀的宽容是否——有时——就是以另一种方式进行的阶级斗争。首先，正如人们所见，即使允许接办性案件的律师转而赞成不公正的秩序，他们还在张扬他们的"进步"。随后，是在组织对某些专门针对风俗方面的"进步主义"的未曾预料的结果保持长久沉默的时候。

在揭露——用和缓的字眼——人们所说的诱惑社会的缺点的同时，一位社会活动组织者发现，没有人真正想过这种出现在西方的性混乱是否顾及最穷苦者的利益。他补充说，当代家庭的脆弱，惩罚的不正是那些出身寒微的孩子们吗？[1] 相反，作者责备那些经常可以划归为右派的所谓"家庭价值"的捍卫者，几乎根本不了解那些弱势家庭。嘈杂环境里孤立的证据？在法国，也许是。相反，这些新的社会不平等，由风俗的演进直接而来，在美国更经常被提及。不仅是道德大多数的支持者，即便后者从中获得依据。

确实，按照社团的说法，大西洋以外的家庭差别演化的数字就已能说明问题。超级个人主义一个反常的效果是，它促生了，或者说加剧了特有的不平等。解体的家庭、单亲家庭、单身母亲在民众阶层中数量更多。吸毒、犯罪、学业的失败在社会底层尤其常见，即使是资产阶级家庭特别加大了对子女的教育投入，制订进入大学和著名院校的计划。当然，在美国，这个争论一直围绕着种族问题。

"显然，'单身母亲'家庭在美国白人家庭中也在成倍增长，1940年至

---

[1] 阿尔诺·德沃居阿斯（Arnaud de Vaujuas），《基督》，n° 169，1996年1月。

1984年间，这个比例翻了一番，从6%变成12%。但是，同时，黑人中没有父亲的家庭从16%变成49%！再有，这些'单身母亲'主要不是因为离异，而是独身造成的。她们经常有好几个孩子，来自不同的父亲——这些父亲没有谁曾在家庭中出现。"[1]

持民主思想的大学教员，例如罗伯特·瑞奇（Robert Reich）和本杰明·巴伯（Benjamin Barber），克林顿总统的合作者，他们曾就这个主题以毋宁说悲观的方式写下大量的文章。[2] 通过这种方法，美国的不平等二十年来骇人的增长，被引导着指向了道德问题。当出现了反对堕胎的**前世**运动时，我们觉得滑稽可笑，甚至是骇人听闻，我们错误地嘲笑道德主义者以吹毛求疵和清教徒的方式强烈地发起回归。总的来说，道德的考量在这里不再是右派的特权。它证明人们已经意识到可以部分归咎于七十和八十年代过度宽容造成的困境、不公正和解体。

文化进步主义还有另一重反常的结果。更直接的政治结果。美国自由主义左派开始明白它所付出的代价，用政治影响的词汇来说，就是源自"性解放"的认同和社群主义的分散。在区分民主人士时，这种分散和与之相伴的过度，在八十年代初，轻易地达到了右派保守势力权力的最高点，后者在政治和经济上结束了里根时代的保守狂潮。

一位美国政治观察家写道："通过思考他们的失败，自由主义也许可以想出一个替代开始于六十年代的'身份政治（identities politic）'的可行选择。左派分裂成若干个身份认同的群体（黑人、妇女、同性恋……），在好多知识分子[3]看来，这是组成一个共同政治目标的真正障碍，而这个共同目

---

[1] 艾芙丽娜·苏尔罗，《有其父必有其子？》，同前。
[2] 罗伯特·瑞奇（Robert Reich），《全球化经济》，Dunod出版社，1993年；本杰明·R.巴伯（Benjamin R. Barber），《圣战与麦当劳世界》，Desclée de Brouwer出版社，1996年。
[3] 亚瑟·施莱辛格（Arthur schlesinger），《美洲的分裂》，Liana Levi出版社，1993年。

标是与社会排斥和贫穷斗争所不可少的。另外，在目前状况下，'穷人'无法在已经成为美国公众空间（或毋宁说是媒体空间）的'同一市场'里建立自治的群体。"[1]

在欧洲，同样的矛盾在九十年代中期形成了。当时，人们习惯于将"道德左派"和"政治左派"相区分，因为彼此的政见越来越经常地相互排斥。德国和法国在生态保护主义和艾滋病的问题上就是这样。1997年2月，移民事件（无身份证事件）也是这种情况。如果这类事件愈演愈烈，产生的后果应该和美国一样。

有件事已经很清楚：三十年来，伴随着风俗的革命，性、认同和社群主义的碎片化不大可能阻挡"资本主义"停滞，也不能阻止金钱运转它的帝国。今天，必须看到，形势让"要人"欢欣鼓舞，却未曾安慰"痛苦的人"。[2]

女性化与阶级斗争

通过解放风俗而对穷人进行惩罚的其他更为灵巧的方式，值得在这里着墨。人们不应该借口回忆这些方式会带来"反抗"就扼杀这些方式。这种借口用得太多了。公开提出这些问题并不意味着为妇女解放或者同性恋翻案。但事实是，操控这个相应于改变类型的象征永远不会是无足轻重的。

当弗朗索瓦·德辛格莱提及源自我们社会女性化的某些效应、代表性象征的改变、主流文化的缓慢变化时，他揭示了真正的问题。女性化，如果仅仅提到女性化，正合理地伴随着和男性气质、肉体力量、男性威权同样古老的社会价值而对称地丢失。又因为与这个重新提出来讨论的两性之间的

---

[1] 丹尼尔·贝朗（Daniel Bélan），"福利国家的终结"，《思想》，1997年5月。
[2] 暗示美国记者的著名格言，值得写入职业道德：保护痛苦的人而令要人痛苦。

关系问题最为相关的社会团体是中等或更高的阶级——对于他们而言，由男性特质或身体力量代表的"象征的资本"几乎无足轻重——这种丢失发生得相当容易。同样，往昔对妇女所期待的"家庭的"性质没有什么真正的性质意义，风俗的演化近来变得相对化。

然而，另一个阶级——工人、职员、农业从业者——却不是这样，出于很容易理解的文化原因，他们更经常依附于这些传统的区别。在这里可以当作自由化，在那里却可能遭到贬低。

弗朗索瓦·德辛格莱写道："性别之间的重新谈判似乎是在民众的背后进行的。工人的身体价值——他们唯一的财富——就像百姓家庭中妇女的主妇价值，成为现代干部阶层中男人和女人的附属陪衬价值。当后者听说阶级斗争这个古老的说法时会微笑，他们曾参与对年长者、男性力量的威信和他们认为粗暴力量（男性这边）或日常琐碎（女性那边）现象进行的斗争。

"干部中大部分接受'性中立'的男男女女并没有因此而丧失他们自身性别特征的稳定性。他们相信自己根本不需要，只是在玩诱惑的游戏时，展示他们的男性或女性魅力；他们以为已经把这些过时的外衣丢在衣柜里了。[……]（干部中）男人的这种战略，有意或无意地，是以资本的等级为基础的。身体力量的'卒子'（以及炫耀男性气质）被牺牲用来挽救其他的卒子，那些拥有更大价值的卒子，尤其是科学意义上的资本。似乎男人成功地限制了性别战争可能带来的危险，将其转变为阶级斗争的派生形式。拥有最佳的社会资本和教育资本的男人与最贫穷的男人分道扬镳。"[1]

必须深入进行分析，如此多的意义转移、贬值/增值、价值的转换，在促进个人自由进步的同时，也在致力于将整个民众阶层抛入静默的耻辱和

---

[1] 弗朗索瓦·德辛格莱（François de Singly），"男性统治的新外衣"，《思想》，1993 年 11 月。

持久的混乱之中。在风俗的阵地上，民众阶层含混地处于"平庸"状态，有时陷入他们自己的"保守主义"。这是最少被谈到的一面，因为这是近三十年来"性革命"最令人窘迫的地方。与极为陈旧的思想传统无意识的决裂，将世界上受诅咒的人指定为人类进步的先锋（无产阶级是希望的承载者），人们已经习惯于将贫穷等同于保守。昨日英雄的无产者，六十年代好斗和可敬的熟练工人，变成投票给勒庞（Le Pen）的小舅子。这就是认知的改变……事实是大部分关于价值（家庭、道德、儿童等）的民意调查表明，条件最差的人，大部分情况下也是最传统的人。姑且不论处在社会最底层的监狱人口，因为反常的道德主义的作用，比起社会其他阶层来，他们往往最清醒地——就是说最严厉地——对待恋童癖罪行。[1]

最后被提出的问题是政治。长期来看，没有任何社会裂痕、任何精英与民众间的分隔会比政治更可怕。对进步永恒的诘问，在法国，对极右派的投票，通常可以得出社会经济方面（失业、不平等、移民、不安全等）的解释。我们不怎么真正思考文化因素。

我们错了。

混乱的收益

还剩下一个细节。但这是细节吗？在关于资产阶级压迫的传统观念里——就说是赖希的概念吧，以劳动工人、生产和从人的劳苦中抽取剩余价值的名义，性被压抑着，一切都建立在一个显著的事实上：资产阶级**需要这劳动的力量**。自资产阶级诞生和工业革命发端之时起，盎格鲁—撒克逊的

---

[1] 恋童癖罪犯在监狱语言中被叫作"指针"，一直遭到其他犯人的排斥甚至迫害。在监狱里，他们从未曾获得一丝宽容，与在外面的情况正好相反。

清教徒，资本主义的发明者不懈地大谈这种必要性。是穷人、工人、他们的女人和孩子的劳动力需要得到保护、避免被浪费。禁欲和苦行承担了这个功能。人们应该记得，十七世纪的英国，出于同一个原因禁止劳动者从事体育活动。雅克一世、后来查理一世用极其粗暴的方式反对清教过度的影响，出版了《体育之书》，允许礼拜日进行体育活动。

马克斯·韦伯在评论中曾讲过这样一则轶事："专制和封建社会保护'想消遣的人'，反对上升的资产阶级道德和对权威怀敌意的禁欲，今天同样，资本主义社会煞费苦心保护'想劳动的人'，反对阶级道德和反专制的工会。"[1]

就是说，最早的资产阶级为了让工人工作不得不费了很多心。实际上，出现了寡欲的一个依据。自由地获得享乐威胁到利益，因为穷苦人的劳动甚至是他们存在的理由。没有道德，就没有足够的工作；没有工作，就没有利益……

然而，我们的经济越现代化，这个基本方程——在赖希时代就遭到非议——就越不正确。今天世界化的经济**不怎么需要它的劳动者**了。或者，更确切地说，劳动今后将是过剩的，听任压榨，不停地为了资本的原因被贬值、被放逐、被迁移、被调整等。大量的劳动**在财富的创造中不再是决定因素**。失业的忧患就是一个信号。人们不是到处在说劳动的终结吗？新资本家总是不再需要"大众"，就像新暴发户们不需要穷人……后果出现了：让民众做自己想做的事！实际上，在资本家眼里，事情很明显，虽然有些怪诞：宽容的混乱今天比道德秩序带来更大的收益……

---

[1] 马克斯·韦伯，《新教伦理与资本主义精神》，同前。

第五章　快感成了活受罪

　　卖淫并不总是人们想象的那个含义，至少古代中国是这样认同和接受的。甚至成年男人可以因此躲过……性！实际上，一夫多妻和成文的夫妻守则，将极度琐碎的规章强加给男人，使他们竟然把肉体享乐视同苦差。如此，甚至在中国广泛流传的著名的"房中术"用精湛的技巧，在男性的身上加载了可以称为"性责任"的东西。不射精的技巧（coitus reservatus），也就是当时的惯例，使得老爷们能够应对。尽管如此！

　　一个有教养的男人所承担的爱情义务，尤其当他是贵族或大资产者时，不需要回避任何家人。六世纪中国皇帝的性生活是这类义务的绝佳例子。在嫔妃成群的吵闹的皇宫后苑，君主的爱情生活被一套极为繁琐同时约束人的典仪严格管理着。因为后宫女人的数量随着朝代的延续越来越多，计算皇帝临幸的次数变得非常必要。人们养成记录成功的性交日期和时辰、每个嫔妃的来潮日期、最初的怀孕迹象等的习惯。根据这类惯例，几乎没有休息的可能！

记述这一传统的伟大的汉学家高罗佩发现了这个悖论：一个如此恐怖的肉体享乐的方式使得他比最严格的禁欲还要压抑。在公元纪年初的宽容的中国，男人们于是越过这些肉体的责任去寻找其他伴侣。他写道："如果男人（大地主）与妓女聊天，这不仅是遵循已成惯例的社会风俗，更经常是**为了逃避肉体之爱**，为了远离闺房和有时是压抑的氛围、远离性义务，在那里寻找某种安慰。换句话说，他们渴望女性自发的没有性义务的感情。和妓女在一起，男人可以达到相当的亲密而不需要感觉被迫以性行为做结束。"[1]

从自由到禁令

一种恐怖的享乐？强迫的性？难道我们已经如此不合逻辑？同样，我们也用过分的支持和赞美使享乐的诱惑变质了吗？哲学家让·吉东（Jean Guitton）或许并不知道十三世纪前古代中国的例子，他在七十年代初曾说，在西方生活成文的一切之上，在明确的宽容的外衣之下，他惧怕"巨大的享乐的苦役"。苦役吗？当时，类似的焦虑发出了不协调音；好在，它被当成基督教老道德家的啰唆。肉体享乐，人们将其从虚伪的假正经中解放出来，过去被道德和禁忌约束，难道会变身成一种惩罚？当然不会！七十年代乐观的极端自由派认为这个问题非常愚蠢。

三十年后，思想有了明显的变化。让·吉东的忧虑不再那么可笑了。可以自由得到的肉体享乐，已经不再作为**自由**出现，而成为同时也构成了时代

---

[1] 高罗佩（Robert van Gulik），《中国古代房中术》，同前。

的禁令、现代一个善意的**警告**。仔细分析任何一个广告的修辞就足以证明。"享乐不（再）以自我选择出现，而是以命令的方式出现。人们不会停下享乐，就像人们不会停止进步一样：它不仅是无处不在的，而且是至高无上的。抗拒它是错误的、违背常理的，是逃避进步和共同规则的行为。广告里面（今后）充斥的，是**享乐的责任**。这个责任自然隐身在自由的表面下。"[1]

结果呢，见鬼！不完全是人们在打倒旧世界时所预期的那样。过去的境遇主义理论家拉乌尔·瓦内根姆用相当刺耳的语调抱怨："强迫的享乐（今天）代替了被禁止的享乐。乐趣必须面对的是考试的方式，最终是否通过。喝酒、吃饭、享受爱情今后将成为好名声的一部分。为了拿到最终的证书，说说您性高潮的平均时刻表！［……］过去人们热衷于享乐就像是投入一场没有希望的战争。现在，是所有的享乐扑向我们……"[2]

仅仅在三个十年内，就完成了令人称奇的象征性的翻转！从自由到催告，从获得的宽容到强迫的快感，从禁止到苦差：具讽刺意味的是，我们走过的路又会将我们带回到起点，就是说回到自由这个简单问题上来吗？问题没有转移。证据是：针对当下实践着的新苦役，已经出现奇怪的拒绝和不可思议的反抗。难以置信的是，几年来，这些拒绝与宗教的和世俗的道德无关，即使它们站在旧日宽容要求的对立面。他们要模仿六世纪厌倦的中国人：在性的过度坚持面前，人们在逃避；面对享乐主义的号令，人们开始产生分歧。如果人们这样做，完全不是出于谨慎，而是以自由主宰的名义，就**是说抓住了宽容这个字眼本身的意义**。

很少会有一个星期听不到媒体在谈论这个后现代的综合征：主动禁欲的回归，朝向贞洁的新倾向——这种贞洁来源于带有疲倦色彩的回拒，而不是出自传统意义上的道德反应。例如性欲低下（LSD，Low Sexual Desire）

---

[1] 弗朗索瓦·布鲁纳，《适度的幸福》，同前。
[2] 拉乌尔·瓦内根姆，《享乐书》，同前。

的描述，成为西方新闻业的"常青树"。1995年3月，德国《明星周刊》在头版头条宣告了"性狂欢的终结"，并且理所当然地借助于民意调查：在17至35岁的德国人中，三分之一认为可以持久地停止性关系。

在盎格鲁—撒克逊地区，分享同样主张、起源于美国的运动在1997年动员了50万青年志愿者。更名为"真正的爱在等待（True Love Waits）"，收回了七十年代女权主义的价值观和口号。这个运动要求女孩子们保卫自己"说不的权利"并与当代的泛性爱主义决裂。有趣的细节：这种异乎寻常的断裂，远不是表现为被接受到禁忌怀抱中的回归，而是**作为具有完全自由承担的证据**。一位英国《卫报》的信徒这样说："我是女权主义者，我觉得禁欲是自我解放最好的一个证明。"实际上，最近对美国年轻人性行为的研究表明"自最早的调查开始之后，第一次，女性有婚前性关系的比例下降了5%。"[1] 现在美国盛行一种新的护理中心。病人到那里接受对于性的过度"关注"的治疗，并被作为病理或对自由主宰的损害性依赖记录下来。

这种对性的逃避表明了重新适应——但是朝相反方向——自由概念的愿望。这是否是简单的小变故，就像所有时代都经历过的媒体传播的边缘事件？不是那么肯定。描述这些行为和预言其扩展的证据不是都没有价值，远非如此。精神分析学家和人种学家波利斯·西鲁尼克（Boris Cyrulnik）也注意到我们社会出现了一种奇怪的反向宽容（对说不的宽容！）。他确信："二十年来，人们看到在美国出现了被认为有'性依赖'的人，他们求助医生来摆脱他们认为是异化、甚至可以叫作毒物癖的东西。他们认为性欲望的消除代表着赢得个人自由。"

他还说："这种现象开始在法国出现。性欲强的男女病人找到我，让我给他们开降低性欲的药。那些男人对我倾吐作不举男人的乐趣：他们终于

---

[1] 《卫报》发表的利比书的文章，译文发表在《国际通信》1997年6月19—25日号。

可以平静地生活了！女人们告诉我，当同伴令她们享受性乐趣时，她们觉得依附于别人，并且为这种依附而痛苦。这类情况越来越常见，在欧洲也同样！"[1]

更为反常的是：现代精神分析学，同样给人以逃避性的印象，直至被那些更正统的精神分析医生指为"背叛了弗洛伊德"。这也正是最近的某些著作论述的主题，例如安德列·格林（André Green），生于1927年的拉康派精神分析学家。格林认为性几乎——令人恼火地——从精神分析学的理论和实践中消失了。这位作者认为，以梅兰妮·克莱因（Mélanie Klein）为代表，甚至雅克·拉康本人，他们对冲动理论的批判，对性功能的贬值起了很大的作用。然而，在他眼里，这不是唯一的原因。最后——这里，他的解释更有趣了——性在精神分析的实践中占据的地位，与其在比弗洛伊德的时代更自由的现代社会的地位**成反比**。换句话说，性在社会生活、公众舆论和"演出"中的无处不在，从精神分析学的角度来说，已经达到自身的贬值。[2] 仅仅是精神分析学的角度吗？

以自由的名义

对于任何将价值依附于享乐、肉体的欢愉或者简单来说追寻幸福的人而言，所有这些现象毋宁说是可悲的。拒绝性欲、怀疑欲望、不是通过性自由而是通过反对性自由来证明个人自主权的意愿、追求相对的贞节——后者在色情的大环境看来不啻为一种平息。所有这些谨小慎微与七十年代赖希的圣经允诺的灿烂未来大相径庭。我们因此小心翼翼地将其记录下来。

---

1 波利斯·西鲁尼克（Boris Cyrulnik），《性的动物行为学》，Krisis 出版社，n° 17，1995 年 5 月。
2 安德列·格林（André Green），《爱洛斯的锁链。性现状》，Odile Jacob 出版社，1997 年。

但是它们是如此崭新——如此简单——人们可以相信吗？没有任何把握。

到底是什么吸引人们思考退化这种厌烦，不是因为其彻底的古怪，正相反，是因为斗转星移，这些厌烦含混地——并且缺乏智慧地——与历史学家所熟知的那些观点和行为结合在一起。柏拉图的观点，正如他在《法律篇》中阐释的那样，将抵抗"爱欲暴君"的能力视为个人自治的证据。就像纪元初犹太人（esseniens）或基督教团体，他们认为禁欲不是对自由的拒绝，而是对自由确凿的肯定。

彼得·布朗是古罗马晚期专家、福柯的良师益友，他大量描述了这些男人或女人的**禁欲**群体"一个挨一个地挤在叙利亚和伊拉克北部的小教堂里"，确信自己自由地获得了"永久的安宁和某种两性之间的纯洁友谊"[1]。他同样揭示了四世纪某些改信基督教的罗马妇女选择贞节表达的不仅是一种顺从，还有对父权的拒绝，以及我们今天定义为女权主义对自由的诉求的东西。[2]

即使是有限的和完全属病理范畴的对性的拒绝现象不像我们想象的那样新鲜，它也不是业已疯狂的现代性的特性。试列举加利福尼亚新生代宗派的例子，从他们近乎谵语的教义中，人们发现鼓励集体自杀的内容——尤其是1997年3月在圣迭戈——他们甚至鼓励信徒自愿阉割，以使他们免受性冲动的绝对控制。然而，**出于这个目的而实行的自我阉割**的想法，同样在历史上有例可循并被记录在册。各个时期都很常见。不仅是在基督教或者伊斯兰教（奥利金是最著名的例子）的最初时期，而是始自巴比伦时期和蒙昧时期。

"很多异教教士自愿阉割，目的是不受性接触的玷污，能够保持纯洁和圣洁，完成他们在人与上帝（女神）之间圣洁的角色。这种文化性质的阉

---

1 彼得·布朗，《拒绝肉体》，同前。
2 上述问题，请参见第十三章。

割尤其存在于巴比伦、黎巴嫩、腓尼基、塞浦路斯、叙利亚，在以弗所的阿尔忒弥斯（Artemis）、埃及的奥西里斯（Osiris）或雅提斯（Attis）、弗里吉亚（Phrygie）的西布利（Cybèle）；后者在东方和西方广为传播。"[1]

于是，在最为沉默的焦虑和疯狂中，我们没有发明任何东西，但不自觉地，我们向回走去；我们磕磕绊绊地重走了人们走过多少世纪的路。向着什么，并且是为了什么？这就是整个问题。这一千零一种为保护肉体享乐而"自由地"拒绝性欲的方式可能透露了乌托邦普遍的衰弱不堪，很难确定的临界点的方法，一股莫名的厌倦浪潮更为本能而不是理性地悄悄在上升。通过我们纪元之初罗马诗人著名的觉醒，比如讽刺罗马帝国衰落的押韵诗，就可以了解大量的事实。尤维纳利斯或马提雅尔的愤怒[2]——仅举这一个例子——嗥叫着表达了对被前者决定性地称为"过度"享乐、金钱和嬉游的厌恶。

我们也会悲惨地罹患这种厌倦吗？

欲望的障碍

其他信号促成了这个问题的提出。在这些拒绝的旁边，与拒绝共存并照亮这些拒绝的，是另一种实际上遍及现代潜意识之中的焦虑。它更明确地揭示了我们对爱的慌乱。这种担忧，来自欲望自身的衰减，是用来惩罚福柯

---

1 乌塔·兰克－海纳曼（Uta Ranke-Heineman），《天国的宦官。天主教与性》，Robert Laffont 出版社，1990年，阿歇特出版社，"复数"丛书，1992年；初版：*Eunuchen für das Himmelreich*，Hoffman und Campe Verlag 出版，1988年。
2 关于尤维纳利斯《讽刺诗》的新译本，参看《堕落》（Arléa出版社，1996年）。关于马提雅尔，《讽刺诗》（三卷），文学。

称之为过分的"性说教"的集体阳痿的巨大恐惧[1]。我们在情色方面如此富进攻性的社会,实际上被无欲望的噩梦纠缠着。这个噩梦滋养着色情化及其诸如此类的东西。我们的社会强烈诉说着性的问题,性日益成为应该避免的一种模糊的恐惧。在所有的说辞和演出中,社会顽固地要求欲望,就像是为了避免欲望的妥协。并且为了逐渐安心……

几个常在媒体出现的词汇的命运泄露了同样的焦虑:比如"幻觉"这个词。就在昨天,对幻觉让步还是一个潜在的错误,是向自己承认美妙和梦幻般的丑恶、一个可能是洪水猛兽般被禁止的欲望令人心慌意乱的投射。今天,这些幻觉被虔诚地召集起来,因为这些幻觉就像需要我们关怀的贫穷孤儿、不稳定的财富和饿得快要昏过去的同伴。当代对它们的建议几乎是恳求的:溺爱,丰富您的幻想,因害怕它们消亡而抚慰之。女性杂志好像只说这个。它建议每个读者培育自己的幻想,把幻想当成一种越来越稀有的财产。有时人们还会加进经济的大杂烩:当心您的"财富—幻想"……至于我们每个人深藏心底的情色梦想,是我们新的私人财富,人们要求我们特别警惕它会有蒸发的危险。

这套针对欲望的人道主义说辞成为一种新的忧虑:担心一种因不足造成的缓慢的退化、我们的冲动无法逃避的疲惫。三十年后,真正的问题不再是与压制斗争,而是**预防它的破产**。

我们对于侵犯概念的理解方式也是一样。侵犯不再被认为是破坏性的无礼、以欲望的名义对禁忌的颠覆,而是一种古老的但现在不幸已无效了的便利。一会儿人们大声地遗憾罪孽的时代;一会儿人们又把有些禁忌需要

---

[1] 下面是福柯原文摘引:"今天,是性成为预言这种古老形式的支撑,在西方是如此熟悉如此重要。一场庞大的性布道——拥有自己灵活的神学家和来自民众的声音——几十年来传遍我们的社会,它抨击旧秩序,揭露虚伪,歌唱现时和现实的权利;它令人幻想另一个城市。"(米歇尔·福柯《性史》,第一卷,"认知的意愿",同前)

打破的过去理想化。这种怀旧经常把属于彼时的合理的天真——和无休止的论证——表露无遗。

1990年，推倒柏林墙和德国统一后的几个月，好几家西德的报纸刊发报道，断言过去民主德国的妇女，刚刚摆脱专制（就是说还没有受到我们的性自由—普及观念的传染），可以比西德的妇女体验到更为强烈的性高潮。报纸在胡言乱语……在另一套思想秩序里，就像宣传云丝顿香烟、圣米歇尔香烟或者瑞莎巧克力的广告，说出了我们怀念罪孽时代的迷人口号。丛书——《首要罪恶》（摘引出版社）——天真地建议"淫荡和狂热地沉入罪恶宇宙"。1995年，在加纳布吕思*电视台，名叫《七宗罪》的系列片的播出大获成功。

不少相同主题、另有所指的有安慰意味的展览成功举办。其中如巴黎乔治—蓬皮杜中心在1996—1997年表现主要罪恶的展览；组委会的成员之一迪迪埃·奥丹热（Didier Ottinger）这样介绍："罪孽是有侵犯机制参与其间的游戏，虽然没有什么可侵犯的。"吉尔斯·利波维斯基，当代个人主义的颂扬者，就同样的内容做了更为天真的表述，他说："罪孽，让人不再有梦想，但它能令人恢复精力，重新激起欲望。"[1]

死亡之爱

这种以怀旧的心态对失去的罪孽的寻找，目的在于唤醒疲惫的欲望。它不总是那么可爱。正如人们所知，有时它不停地延展禁忌的界限，致力于可怕和徒劳的不断加码，最后的底线无疑是死亡。这种与最终禁忌之间绝望

---

* Canal Plus，法国维旺迪集团旗下（Vivendi SA）卫星电视营运商。——译者
[1] 《观点》，1996年10月12日。

的**调情**，人们可以举出无数个例子。只举其中一个：在艾滋病的时代，对没有保护措施的关系的痴迷，年轻人称之为俄罗斯轮盘赌。一位被问及这个问题的同性恋这样说："突然，我必须思考出于什么原因我向往冒险的关系，要知道，危险也是**诱惑的构成成分**。"[1]

对冒险和暴力无声的欲望，还有死亡也在现下飘动。它与爱的障碍不无关系，后者不是别的，正是生命本身的障碍。加拿大电影《被吻》——由一位女性执导，是1997年戛纳电影节15部参展影片之一——直接提出了这个问题，并给出答案。实际上，电影讲述了一个年轻女人桑德拉·拉森（Sandra Larson），在性上受死亡的诱惑，并奇特地感受到尸体的诱惑，后者令她产生强烈的肉体兴奋。一家大报以明确的标题报道电影的主题："死亡之爱。《被吻》：表现恋尸狂的性的典型制作。"

与死亡的勾当将是我们社会对于熄灭的欲望最后的春药。至于西方的现代性，它是如此着力于去除六十年代性所带有的夸张成分，突然从自己被禁止的身体重新发现——以一种天真的恐惧——欲望有与暴力和死亡相连的部分。干得好！大多数人类文化就不知道这自古以来的命题吗？难道这不就是多少世纪以来提出的关于性的问题吗？

＊ ＊

＊

从悲伤和仪式的角度看，依然是对"真正"侵犯的追寻，表达了今天相当流行的施受虐狂的情况。一位施受虐的信徒清晰地表达过，对于她来说，她期待什么："毫无疑问，在最近的一个日期，性自由和新的身体意象会将侵犯的界限推后。简单的赤裸变得很平常，已经不足以引起性的欲望。侵犯

---

[1] 迈克尔·华纳（Michael Warner），"为什么同性恋会去冒险？"《艾滋日报》，n° 72，1995年4月。

开始会走得更远。今天，施受虐可能成为侵犯最棒的场所。"[1]

尽管主题如此，一个有关施受虐狂的相当可笑的矛盾还是跃入眼帘。它的信徒，同样被宽容的环境所感染，自认为是一个另类的团体、值得尊敬的少数，它的建立就是为了要求它存在的权利。1996年9月15日，他们怀着这个目的在伦敦市中心游行，在欢快的队首，一位身穿胶乳短裙的假扮的角斗士拉着坐在篷车里的同伴。这是第五届"施受虐狂的骄傲"。最初的游行，起因是警察镇压伯明翰施受虐狂的聚会。诸如《卫报》《独立报》都写文章支持这种使用自己身体的新权利。[2]因此游行成为类似军事动员和欢快的检阅的东西。但是，实际上很滑稽，一位值得尊敬的施受虐狂穿过特拉法嘉广场的家庭主妇和温厚的警察中间，在他和甚至是构成这种信仰目标的、危险的和晦涩的侵犯的追寻之间，他们的矛盾却成为无可解决的了。

被要求的自由、广为人知的身份、普通的倾向，既朝向一切又反对一切，禁忌多疑的节日：真是个奇特的大混杂！它是一个时代的绝佳标志，在肉体享乐方面既想在无知的海洋里游弋，又想在罪孽的火焰里焚烧。谁这样做都会惨败。但这到底是为什么呢？

这种欲望与过度宽容之间**无法解决的**对抗似乎给了类似安德烈·布勒东这样的先驱以理由，在晚年，他担心因为揭开真实和宽容的原因，人们最终将剥夺欲望的力量。乔治·巴塔耶也有着同样的忧虑。

他一再重复："在我看来，性的混乱是被诅咒的。如此，尽管有表面的一切，我反对似乎在今天盛行的倾向。我不是那种能在对性禁忌的忘却中看到出路的人。我甚至认为人类的潜力存在于这些禁忌中。"[3]

在大量其他文献中，这位侵犯和肉体享乐的赞颂者歌颂禁忌，不停地宣

---

[1]《施受虐狂》，与克里斯蒂娜·D.（Christine D.）对话录，Krisis，n° 17，1995年5月。
[2]《解放报》，1996年9月16日。
[3]《不可能》的前言大纲，亚历山德里昂引用，《情色文学史》，同前。

扬对后者的根本铲除会威胁到欲望本身,还有,总而言之,威胁我们的**人性**。

他还写道:"……我似乎觉得禁忌的目标首先被禁忌指定为贪欲:如果禁忌是性本质的主要部分,根据各种可能性,它指明了它的目标的性价值(或者毋宁说它的色情价值)。人和动物的区别正在这里:与性的自由行动相对的限制,赋予了那种在动物身上不可抗拒、难以捉摸和缺乏意义的冲动以新的价值。"[1]

对因缺乏禁忌而疲惫不堪的忧虑,充斥着巴塔耶的所有著作;就像他的另一个思想,即除了象征性地求助于卑鄙下流、假装的暴力、下流话和衰败的哑剧以外,就没有其他手段来丰富欲望。以它经常颇为下流的方式,这正是时代越来越绝望的作为。只消严格审查色情网站的语言就能说服自己。仅为缺乏玩弄色情侵犯的能力——这种侵犯早已不能使任何人兴奋了——人们不知疲倦地借助语言和描述的、类似**替代侵犯的**暴力。人们绞尽脑汁使用语言的计谋挑起几乎熄灭的火焰:模拟的或者自由交换的状态,模仿暴力的爆发,在性的奴役和凌辱中虚构的攀登等。

人们重新纠集的是一种纸箱板的罪恶,就是巴塔耶的另一个批评:"与其失去最初禁忌的意义——没有它,就不成其为色情了——人们求助于那些否认一切禁忌、一切羞耻的人的暴力,这些人只能在暴力中保持这种否定。"[2]

要知道,这种暴力不会永远满足于刺激和纸箱板……

性学专家的时代

在这些混乱、阳痿、焦虑面前,回溯起始错误——如果有一个的话——

---

1 乔治·巴塔耶(Georges Bataille),《情色史》,《全集》,伽利玛出版社,第三卷,1976年。
2 同前,第十卷。

的潮流非常汹涌。最初到底发生了什么？人们犯了什么错误，在引导西方国家三十年的这场风俗大革命的同时，出于什么样的疏忽，人们把自己变成了同谋？一场如此彻底的革命，历史学家向我们保证这是人类历史上闻所未闻的革命。确实，应该记住的首先是它的广泛性。乔治·杜比（Georges Duby）用寥寥数语向我们发出邀请。他在1984年的话语依然浸润着当时的抒情气息。但这些话说出了本质。

杜比写道："在令不止一人目瞪口呆的粗暴中，多少世纪以来建立的两性关系律条的支柱在我们眼前訇然倒塌。禁忌被废除。身体自我裸露，人们不再为某些话语脸红。不怎么掩饰的行为开始现身，而夫妻关系具有了新的形式。更为明显的是革命——根本的，比经济和文化史上人类任何突如其来的变化都更加深刻；我们同样称之为革命的其他震动，在革命眼中显得如此浅薄和短暂——我是说，这是废除自人类诞生以来建立的机制的革命，彻底改变了男人和女人的角色分配和权力分配。"[1]

这样，回想这次"性革命"之波澜壮阔，可以让我们将沮丧相对化；明了这次历史性断裂的程度有助于对最初的天真和谬误进行定位。有了这段距离，那些谬误在我们看来是如此令人担忧，我们几乎难以接受它的必然发生。

从一开始，最初的谬误之一无疑将性视为**一种功能**，这决不是历史上的实情——绝对不是！实际上，功能本身的概念引入了**功能障碍**的概念，这样，要求对人群进行量的估算的性健康计划就包含了效能的概念。从这里出发，人们不再建议非道德的和文化的标准，而是生理的和算术的标准（多少？以什么样的密度？为了什么结果？）。代替往昔禁忌的不是真正的自由，而是可估量的充分发展的计划或者痊愈，一个完美的性健康的乌托邦，

---

[1] 乔治·杜比（Georges Duby），《西方的爱与性》，色伊出版社，"历史"丛书，1991年，"观点历史"丛书。

被科学认可的肉欲成功的地平线，鼓励一切希望和支持所有要求的治疗的远景。

几个细微的新概念足以彻底搅乱整个西方的精神家园，足以改变我们理解的肉体享乐与幸福的关系、意愿、自由，直至我们自身欲望的出现。非同寻常之事：这种价值的深刻衰变，当时既没有被发现，也没有被真正理解。人们会为某个禁忌的延续争吵不休，为某种落后的羞涩、巴黎专栏的某个猥亵的"丑闻"而面红耳赤，却不理解本质在别的地方开始上演，被分享的价值所在。真正的断裂其实是看不见的。

例如在性方面，不再是用正常反对不正常、允许反对不允许、道德反对不道德的问题了，而是用功能障碍反对机体的良好运转。往日的教士、道德家或者忏悔者眼看着被穿白大褂、拥有各种测量仪器、说着晦涩字眼和统计数字的人代替。性学家的寒武纪突然降临。后者掌握的科学力量（他们也将不懈地行使）完全在于一种能力——或者假设：即共同确定性的健康，为了不至对奥维德（Ovide）或布朗托姆（Brantôme）这样的同时代人说些莫名其妙的话而显得很奇怪的概念。由此诞生了，尤其是因了马斯特（William H. Master）和弗吉尼亚·E. 约翰逊（Virginia E. Johnson）的工作，在六十年代末[1]，新奇的治疗学和一些革命性的概念：比如理想的性高潮概念，它比任何自由主义者的宣言都更加动摇我们对于性的认知。

这样的性健康的理想国，从此以后每个人都可以向往，对于性的认知几乎划入公众卫生的范畴，将必然使我们对于自由享乐的表述滑向责任，由宽容滑向指令。我们正是这样！一位法国科学研究中心（CNRS）的研究员写道："在所有幸福的权利中，就是说，还有性高潮的权利，演变成了性高潮的'责任'：既然主管的监护机关承认我们有享受性的权利，不尽可能加以利

---

[1] 马斯特（William H. Master）和弗吉尼亚·E. 约翰逊（Virginia E. Johnson），《性不合及其治疗》法译本，Robert Laffont 出版社，1971 年。

用才愚蠢呢。就像人们常说的,'总有一款攫住你';被死亡攫住,被国家掌握。[……]于是规定了制造性高潮,并且普遍地,表现出来,就是说,成为享乐主义的斯达汉诺夫主义者。但是要当心!不要粗鲁(表面的)!尊重您的伙伴!帮助他们运转!"[1]

对于马斯特和约翰逊来说,性的不协调明显会带来真正的社会祸患,有时被比作"新的疾病",应该像过去消灭天花和疟疾一样根除。在五十年代,性的不协调促使性学家们联合起来,创建性高潮的新临床,人们希望有一天由集体来承担治疗的费用。人们用医疗来保障快乐,并计划着合理的分摊。"不充分"的肉体享乐成为众多疾病中的一种,应该从医学上治疗。

这还没完。我们每个人寻求肉体享乐的方式,眼看着发生了深刻的变化。比如,不用再抱有过去的那种负罪感。负罪感不会消失(就像人们天真地认为的那样),但它的性质变了。"人们更容易接受——有时人们因此而自夸——属于某种性少数。相反,会觉得不能很好运转是种罪恶。"[2]

对于什么而言运转不好?当然不是文化或道德的标准,因为根本没有。不,是**相对于平均的统计**,每个人都想估算自己的性欲是否正常。隐性的退化,现象性的文化贫穷化,我们的社会对此毫无反应,因为性革命的许诺而瘫痪掉。后来,性学家吉尔伯特·托吉曼(Gilbert Tordjmann)承认:"人们给出标准、数据、比较点,让大家自己考察。[……]媒体在所有领域创造出巨大的需求,尤其在性的层面。正是通过它们,'性的抱怨'日升。"[3]

这种新的"性的抱怨",就是说比照工资要求或者社会保护要求产生的肉体享乐的要求,在几年时间内成为平常的风景。它同时表达了社会的要求和忧虑。要求是,享乐的权利并且由……福利国家负担。忧虑则是担心无

---

1 安德烈·贝京(André Béjin),"性学家的力量与性民主",《西方的性》,同前。
2 同前。
3 同前。

法将自己改造成时代所要求的新模式：不是圣人或者英雄，而是性高潮的攀登者。

所有未来的含混都在这个抱怨中萌芽……

最初的金赛

人们怎么能够对性的本质视而不见？这个医疗的和被笨拙地标准化了的方法真正的来源，实际上，最早出现在二十年之前。1948年，刚刚走出战争、开始进入"三十年光荣"的巨大经济发展期，美国出现了一个很快被介绍到全世界的调查《金赛报告》[1]。这个报告是对威廉·赖希提出的乌托邦的一个盎格鲁—撒克逊式的宽容的诠释版本，它第一次对美国人实际的性生活进行了客观的描述（就是说，没有加入价值的评判）。《报告》建立在调查问卷、民意测验、统计评估之上，以冷静的目光检视不同的性行为方式，尽力估计频率、成功概率、社会—经济或地理的分布等。金赛，从未考虑过这种或那种性行为的心理、文化或者社会效果，只有一个参考标准：它的统计的代表性。有多少个鸡奸者、多少口交者、多少恋物癖等。

需要理解的是，在1948年，这样的出版物代表了什么。美国当时还处于战后的清教状态，神秘的黑夜突然间被照亮，亮如白昼（a giorno）。国家隐藏的面孔暴露无遗，最终打破的静寂、被揭穿的虚伪、被平凡化和去掉戏剧色彩的"卑劣行径"完美的目录。金赛的报告确实为整个西方开始了一个新的时代。

这份报告的关键之处不仅仅在于它材料的丰富、它在目录方面的贡献。

---

[1] 确切参考：金赛（Kinsey）、波姆瑞（Pomeroy）、马丁·杰布哈德（Martin Gebhard），《人类的性行为》法译本，Ed. du Pavois，1948年；《女性的性行为》，Amiot-Dumont出版社，1954年。

它尤其完成了——而且非常有效地——消除个人的或集团的罪恶感的功能。它好像在说，没什么可怕的，不用为了某种性取向或者经常性的手淫担心要尝受地狱的烈焰……最重要的是，这种犯罪感的消除，不像过去那样是对道德、禁忌或强制忏悔具进步意义的再度诠释。这是通过统计和**模拟**来实现的犯罪感的消除。这次，是别人、邻居、对等的人或者幻影的同伴为我自己的行为辩护；这个人群因和我相似而为我的突发奇想正了名；和这个比率的成年人分享灾难从而平息了我自己的失望。（"别人和我一样，我还会烦恼吗？"）以数字为证明，结合严格的理想主义，作为一个可精益求精的功能进行评价，性不再是一块黑暗、恐怖同时又诱人的大陆，人们会边想边画十字。它成为一件简单的成功—失败、多数—少数、创新—习惯、投入—产出等的事情。

剩下的，这个报告还具有自由的慷慨（让所有的奇想绽放吧！）和对正常未来的信心，一个接一个，按照时代的调子。实际上，它将性改变成战后金赛的乐观主义。消费的欲望——包括通过负债——成为经济的主要引擎；短暂的欲望和完美肉体享乐的希望则成为社会生活的引擎：两者相互呼应。总之，金赛报告的步子似乎非常大胆，意图非常亲切，很少有人会批判他难以置信的简化论。

还需要时间、很多时间来理解人们何以用世界上最善良的意愿，夺走了亲人真实的乐趣和最主要的**快乐**。还需要时间来理解性不是一个**功能**，而是一种**文化**，我们走上的正是这条最糟糕的歧路。当时，金赛报告的译本到处被作为前进中的自由的佐证而受到欢迎。人们不再寻找之外的东西。只有几位异端分子表达了先兆性的谨慎。乔治·巴塔耶就是其中之一。尽管他对金赛有原则上的好感，他还是认为所有这些曲线、图表和统计数字无助于理解"性行为中无法征服的元素"，这个"个人的元素"，在他看来，"是无法捕捉的，在外部的眼光，即那些寻找频率、行为方式、年龄、职业和阶级的人看来是奇特的"。

巴塔耶还说："我们甚至应该公开地诘问：这些书真的是在讲性生活吗？我们仅仅谈论人们给出的数字、三围、年龄或眼睛颜色的分类吗？在我们眼中，人显然意味着这些概念之上的东西：这些因素值得引起注意，但它们只是在非主要的知识方面添加了一些东西而已。[1]"

几行字，说到所有的事但什么都没有说明白。正相反。金赛报告，有很多报告紧随其后，[2] 表明了一个依然存在的时代的开端：性学家、功能性享乐和性高潮的责任的时代；否则会承担"功能障碍"的名声。

五十年后，一位美国哲学家阿兰·布鲁姆（Allan Bloom）写道："实际上，金赛有其政治目的，而且非常明显，即使这个目的本身没有任何个人倒错的意味。他是期待科学最终能令人类幸福的学者之一，忠实于启蒙时代被贬值的版本。他认为数字自己会说话，会向所有人表明性行为有特别多的不同，再有，官方话语是错误的，这些话语向我们保证，大多数人基本上，并且应该如此，在一夫一妻的婚姻中找到满足。这种统计的方法说明，被研究的行为具有真实事物的分量，针对它的道德判断不过是些偏见。"[3]

一种行为逻辑

肉体享乐复发的焦虑成为苦差，我们心中这种模糊的挫败感，即使"一切都是允许的"，这种无法描述的爱情混乱、对拒绝的反思、重新发明的权

---

[1] 乔治·巴塔耶，《情色史》，同前。
[2] 尤其最近著名的《西蒙报告》（1973年），和1992年INSERM的调查，发表了题为《法国的性行为》报告（法国文献，1993年）。
[3] 阿兰·布鲁姆（Allan Bloom），《爱与友谊》，Fallois出版社，1997年。

力干预、我们在当代禁令的重压下可能产生的消沉：所有这一切都可以归结为这独一无二的引导性错误吗？在这样的时刻我们走的是否是一条错误的道路？很难说。人们并不否认这场"性革命"的吸引力和其主要的进展。谁会怀想过去愚蠢的过度羞涩呢？人们不会不假思索地同意还是这个阿兰·布鲁姆最终否定性的总结，他写道："总之，它致力于消除严厉和迟钝的法律，和它诱发的人类在爱情上的失败，如果人们权衡两者，就会得出这样的结论，性科学为我们带来的痛苦远比益处多。"[1]

但有一件事是肯定的：性的发现，当初由金赛报告揭开了序幕，随后被性学、最后是当代圣经继续下去，引起了未曾预料到的"侧面"效应。这个效应使我们今天不无困难地……自我解放。

首先就是相当悲惨地把肉体享乐禁锢在**行为逻辑**中。我们从此确信，和健康一样，性是——从技术层面上来讲——可以无限改进的，我们在尘世间的幸福也是同样。快乐不再是自由带来的好处，而是，日复一日地，成为需要提升的体育挑战的目标。新的噩梦不再是道德的评判，而是比较的评价。1979年，《新的爱情混乱》一书乐观的合作者（与阿兰·芬基尔克劳德 Alain Finkielkraut）、帕斯卡·布吕克纳（Pascal Bruckner）略显气恼地注意到这个情况。"分级电影是最新的家庭艺术，和厨艺园艺并列。[……]性的和谐成为夫妻感情是否成功的标准。由此在某些报刊上大量出现了秘方、建议，因为'善举（bienbaisance）'成为现代夫妻的礼仪手册。"[2]

美国的女权主义分子七十年代最早提出了这个在色情产品和不幸的心理效应中无处不在的行为逻辑。在无数思考中，看看海伦·嘉里·毕肖普（Helen Gary Bishop）在1978年的说法："那活儿，至少应该有30厘米长。否则，等于没有。但这是个谎言。这个谎言令男人们精神受到创伤。它引起

---

1 阿兰·布鲁姆,《爱与友谊》, Fallois 出版社, 1997年。
2 《费加罗报》, 1996年8月13日。

了我称之为**行为表达**（Perform expression）或**行为兴奋**（perform excity）的东西。换句话说，一个没有巨大阴茎、不能整小时勃起的男人，他觉得自己应付不了这些事了。这种电影确立了标准。但这些标准不符合任何人，男人或女人。"[1]

1978年以来，近代的话语还在加剧着这类没完没了的奥林匹克式的建议，将性等同于需要专门技巧、顽强和训练的"体育活动"。被剥落了一切象征意义的性，成为了纯粹的肌肉功能。它被归入体育的行列，但却是个人的，不是集体的。至于快感这个可以完善的肉体功能，也应该在秘方的帮助下，根据唯一的命令行事：可测度的完美。

吉尔伯特·托吉曼吐露："在一个女性的性高潮到处被以赞扬的方式描述的时代，女性会去咨询性学家为什么她们没有得到同样的快慰，或者强度不如她们在杂志里读到的。这些所谓持续和强烈程度的标准最终造成了这种伪病理。"[2]

女性报刊自然而然就是新生物技术说教的最佳工具。《她》问道："大概多长时间您和一个男人在性方面感觉和谐？"《玛丽-克莱尔》建议："查阅《性感姿势指南》"。《大都市》问道："您逛过性商店吗？和三个男人做过爱吗？给男孩子送过《印度爱经》(Kama Sutra)吗？拍过色情电影吗？和女孩子做过爱吗？"而《碧芭》为女读者做过测试"最有效的性感画面"和从"发荧光的假阴茎"到"歌舞伎的球"。至于《健康指南》则教大家"升上七重天的六堂课"。[3]

日复一日，电视，当然还有电影同样在建议非常标准化的性行为模式。

---

[1] 吉尔·拉普日（Gilles Lapouge）和玛丽-弗朗索瓦兹·汉斯（Marie-Françoise Hans），《女性、淫秽和色情》，同前。
[2] 吉尔伯特·托吉曼（Gilbert Tordjmann），《性行为与性障碍》，Krisis，n° 17，1995年5月。
[3] 引用了1996年8月《鸭鸣报》中的例子。

不能按此行事经常被认为是可耻的低能，甚至是一种病。对青少年的性行为感兴趣的社会学家于是都会惊诧于他们自己的发现。他们中的两个说："在美国电影中，性高潮总是和叫喊伴随而生。那么，女孩子们于是养成了从性生活开始就叫喊的习惯，即使她们什么都没感觉到。为了制造她们看到的似乎是标准的东西，她们表现得就像色情大片。"她们在整个性行为中专心于假装。她们和对方的关系于是便是虚假的。

这种变化令人发笑。但是它只是将性的医疗普及化—物化推到了极致，大约半个世纪以来，金赛的工作只是开了个头。它将肉体享乐清晰地载入完美健康的计划中，吕西安·斯费兹（Lucien Sfez）指出，它不仅是近代最大的乌托邦，而且是，尤其是**一种意识形态**[1]。一种更为极权的意识形态，因为它今后在全部市场经济中找到一个福利担保人。一位克朗兰－毕赛特（Klemlin-Bicêtre）医院的泌尿医生的宣言可以为证，他发明了被认为有助于男性勃起的物质："那些大医药公司清醒地把性功能障碍看作一个极妙的投资市场。对于它们来说，这成为一个极其重要的目标市场。"[2]

独自一人入地狱？

金赛逻辑的第二个效果，就是或多或少将我们带入模拟迷宫的焦虑中。什么意思？相当简单的一件事。如果罪恶不再折磨我们，我们就应该当心新的地狱。现代的地狱，总之，没有长角的魔鬼，也没有沸腾的油锅，但在那里人们忍受着千万种新的痛苦。诗人是最好的预言家，1873年，兰波

1　吕西安·斯费兹（Lucien Sfez），《完美的健康，新乌托邦批判》，色伊出版社，1995年。
2　久利诺（Giulinao）医生在一次名为"性与治疗"的研讨会（1997年初在索邦大学举行）上的宣言。

（Rimbaud）曾预言过那里的轮廓，他写道："我觉得自己在地狱，于是我就在地狱。"一百年后，勒内·吉拉尔（René Girard）修改了萨特的一句名言："我们每个人都觉得独自在地狱里，这才是地狱。"[1]吉拉尔的注解很好地描写了宽容但又多少有些不幸的现代的吊诡。

今天，我们的欲望实际上不再受到抑制，但是，虽然我们希望自主、自由和权威地拥有这些欲望，它们却因为模仿——我们自由的危险反应，从根上烂掉了。我们的欲望，其中包括关于性的，今后"转向了"。人们没有充分强调这个说法惊人的天真，恰恰泄了密。转向什么？转向别人的欲望，当然！人群的、杂志的、公众传闻的……我们希望从大门扔出去的因循守旧的压力，又从窗户回来了。我们正是向这个模仿的逻辑缴了械。

上面提到的杂志，还有无数对性的调查和民意测验刚好满足了时代的这个新渴望。所有这一切都在对我们解说着大多数的所谓欲望。我们中的一部分焦虑地坚持要适应这个大多数。至于情色文学，不再是提供秘方的华美而孤独的文字，而是我们狂热地仔细观察的某人无聊的自白，那些私生活的秘密。实际上，没什么能这样萦绕我们的心头，除了把我们的欲望与这个"他者"的欲望比较，我们已经自愿地成为他者的人质。比起我们自以为已经逃脱的旧道德的束缚来，这种因循守旧其实更为奸猾，也许更为强制。

这样，我们可以自由地做，然而却是被固定在这些模式上，可悲地一个接一个地经历着，情况依然如旧。外加我们所有人，被同样的幻觉折磨着。每个人都相信，其他人，对面令人羡慕的那个人，他完全可以对自己的欲望做主。这个游戏当然是循环的。如果我们羡慕别人，我们每个人都是这样。每个人都模仿、焦躁地拷贝，变成吵闹的一群人，挣扎在间接的、工具化的、暴露的、赶时髦的和依靠隐藏在宽容口号之下的同样束缚中。

---

[1] 作为对勒内·吉拉尔（René Girard）和他的模拟欲望理论的介绍：《浪漫的谎言和传奇般的现实》，Grasset 出版社，1961 年；《暴力与神圣》，Grasset 出版社，1972 年。

真正的爱情自由完全是另一个样子：自由地追求你喜欢的人（男人或女人，无关紧要），但当心这确实是你的选择。换句话说，不要奴颜婢膝地追求别人为你指定的东西，不要让自己的行为屈从这种模仿的控制。但是，没有人寻求打破这种束缚。每个人，认为已经打破了锁链，陶醉在虚假的自由里，同时却胆怯地固守在对某个模式的遵从中。

罗兰·巴特在七十年代末，曾批评这种以宽容为载体的根本束缚。他写道："大众的文化，是一架展示欲望的机器：它应该对你们很感兴趣，就像它猜到男人无法独自找到希望的东西。"[1]

第三个负面效果在于**竞争**极其少见的加剧。一切就像被证实对我们不利，在性的问题上古老而传统的谨慎：爱情的对抗，以这种或那种形式，爆发出这个亘古的忧虑。人类学关于禁止与禁忌（尤其是关于乱伦）的真正依据，这种竞争随着自由的增长而机械地增加。我们进入了一个竞争的世界，没有暂停也没有怜悯。弗拉基米尔·扬克雷维奇（Vladimir Jankélévitch）在这种野蛮的爱情竞争中看到他称之为近代的干涸的信号。

他肯定，这种"沉重的、窒息的"色情"既不是近代干涸的原因也不是结果，这就是干涸本身。[……]那里缺乏快乐、真诚、热烈的信心、心灵的本能，只有色情工业的位置。色情和暴力是一个完全私有化爱情缺席的社会证据，在性兴奋中寻找能够补偿无法医治的干涸的东西"。[2]

干涸，实际上激起了一种新的恐惧。我们的社会难道不是已经在其他领域通过广泛的竞争和卓越的命令组织起来了吗？当享乐本身遵守同样宿命的时候，我们还等什么呢？我们能在所有战线上获胜吗？一种悲凉的慌乱攫住了人们。宁愿逃跑也不要失败！在这个精确的题目上，波利斯·西鲁尼克的记录尤其冷冰冰。"在一个建立在崇拜个人和效率的社会生存，不愿

---

1 罗兰·巴特（Roland Barthes），《恋人絮语》，色伊出版社，1977年。
2 见《性学辞典》，波维尔（J.-J. Pauvert），1962年。

保持性的人们认为他们越是想要一个性伴侣,越要冒减小个人成就的危险;他们认为,在消灭个人欲望的同时,他们在社会上会更有成就。"[1]

* *
*

啊不!我们梦想的不是自由和快乐的享受。有必要打倒过去的一切吗?我们不再那么肯定应该回答是。用过去那个世纪的话来说,实际上,我们至少学会了一点:一切现代性起始于专心地——批评地——拣选我们记忆中的东西。

---

[1] 波利斯·西鲁尼克,《性的生态学》,同前。

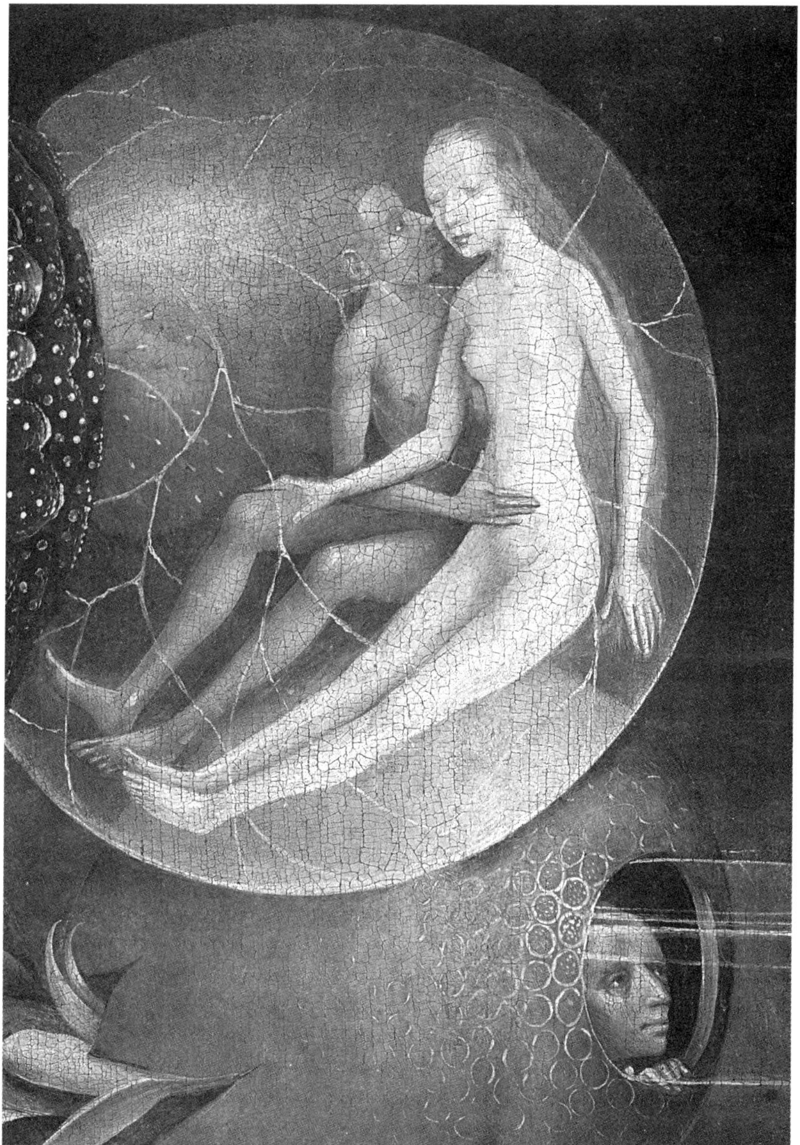

DEUXIÈME PARTIE

LA MÉMOIRE PERDUE

第二部分
失落的记忆

认为全人类的信仰是个巨大的骗局,几乎只有我们没有深陷其中,这个想法无论如何都为时尚早。

勒内·吉拉尔,1972 年

第六章　想象中的古代

　　为什么在这里要回忆古希腊罗马文化，而不是巴比伦或者赫梯文明？因为就肉体享乐而言，宽容的古希腊罗马文明这个命题，很少有比它更持久的神话、更可观的错误和更严重的后果了。不论人们在性的问题上都写了什么或做了什么，我们的集体想象给这个被不确切定位的模糊的"希腊罗马世界"指定了一个确定的位置：失去的天堂。基督教产生之前的这些世纪是我们通过想象得到的，只要涉及的是这些无危险的欲望、平和的享乐主义或者无边的快乐。我们在庞贝的爱情壁画中含混地加上佩特罗尼乌斯（Pétrone）或者阿里斯托芬（Aristophane）的放肆、奥维德肉欲的诗歌中同性恋的精致、苏埃托尼乌斯（Suétone）讲述的帝国酒神节上希腊陶器记载的淫荡场面，而倾向于认为，在维吉尔风格的背景上，古希腊罗马到处是幸福的肉体享乐、备受赞美的躯体和胜利的情欲之神。

这种想象的古代文化在我们眼里代表了"过去的时光",而罪孽的发明就要来破坏这一切;对圣经的崇拜悲剧性地将原始的、阳光般的幸福覆盖上他们过度羞涩的阴影。在我们的思想里,这个已经消失的世界一直是幸福的肉体和快乐无罪的世界。甚至我们的语言也带有这种怀旧的印记:罗马酒神节,希腊雕塑,与美妇人一起骑马的温柔战士,醉酒诗人。当艺术家们需要表现放弃了自由的强烈快乐时,他们总是求助于这个应该没有羞耻和负罪感的世界。今天依旧如此,不过是关于色情、性和"宗教谨慎"的争论,在这样或那样的时刻,引入了古代文化的先驱——作为原告证人。

人类被逐出不可替代的伊甸园,西方"时空"里的古希腊罗马时代,无论从任何角度来讲,两者都占据了基西拉岛相对于诗人的地位,或者更确切说类似塔希提和印度尼西亚群岛——那里到处是慵懒的和充满简单欲望的妇女,献身于我们的火焰。大西洋的发现者布甘维尔男爵(Bougainville)在1768年这样描述道:"大部分仙女赤裸着身子,因为陪伴她们的男人和老太婆除去了她们通常裹着的缠腰布。是她们先从独木舟上向我们抛了几个媚眼,等等。"[1]

同样,从这个幻想出来的塔希提直到狄德罗那里,催生了一个神话:现代男人因为"严肃"和束缚人的羞耻而丧失了人间天堂。古代背上了这样的责任,即证明存在过一个已消失的最初的和谐。为了更好地说明他是如何抛开周围的道德主义和宗教关于肉体享乐的"愚蠢话语",一个现代男人会很愿意援引希腊人和拉丁人温柔的自由,他们在地中海*的天空下没有顾忌地相爱。这样,他断言在性问题上,是宗教并且只有宗教自己——尤其是基督教——在若干世纪里,悲剧性地为西方的男人和女人背上了罪孽的重

---

[1] 路易·安托瓦纳·德布甘维尔(Louis Antoine de Bougainville),《乘坐"赌气者"和"星"号舰环球旅行》,"发现丛书",1987年再版。

* 此处原文为拉丁语 mare nostrum,意为"我们的海",指地中海。——译者

负。这个梦想中的古代的主要功用在于体现犹太基督教的"以前"比所有的"以后"都更幸福。

"羞处"的发明

一个梦想中的古代？它确实是——而且完全是。这种对古希腊罗马的视角与十八世纪波利尼西亚的发现者们的视角同样是幻觉式的。人们发现，在**所有**严肃的雅典和罗马的历史学家笔下，在对于古代的性的误解面前，他们充满同样的恼怒、同样伤心的惊奇。保罗·维纳（Paul Veyne）写道："如果有一部分古希腊罗马的生活被传奇歪曲，那就是那个（性）；人们错误地认为，古代是没有压迫的伊甸园，基督教还没有把罪恶的虫子放到禁果上。异教实际上完全因为禁忌停滞了。

"异教的性传奇在根本上有着传统的误解：臭名昭著的埃拉加巴卢斯皇帝（Héliogabale）的放荡之举不过是文人的玩笑——后人伪作的《奥古斯都史》；具有介于《布瓦尔和佩居谢》和阿尔弗雷德·雅利（Alfred Jarry）之间的幽默；不要把乌布（Ubu）真的当成皇帝。诸种传奇也来自笨拙的禁忌本身；"拉丁语表达勇敢的词 honnêteté，确切地说：对于那些老实人，只需要冲他们喊一句'粗话'就足以让过分者颤栗和羞愧，引起哄堂大笑。初中生般的放肆"。[1]

在其他大量文献中，维纳又提及这种对日常话语反复的轻蔑，并固执地坚持这一点。他说："把异教作为罪孽缺席的同义语是个错误。异教的时代自有其自身的压抑。"[2]

---

[1] 保罗·维纳（Paul Veyne），《私生活史》，色伊出版社，第一卷，1985年。
[2] 同前，《历史》，n° 180，1994年9月。

所有内行都表达过类似的惊奇，他们写过一本或不止一本关于这个时代的书。我们想象中的古代与它的真实面目之间存在一个巨大的鸿沟。米歇尔·福柯在他的《性史》中反复提到这个问题。还有乔治·杜梅泽尔（Georges Dumézil）、让-皮埃尔·韦尔南（Jean-Pierre Vernant）、皮埃尔·格里马尔（Pierre Grimal）、让-诺埃尔·罗贝尔（Jean-Noël Robert）、彼得·布朗以及约翰·博斯韦尔（John Boswell）。这种反应得到专家们的证实，这回不仅是古代学专家，而且还有西方色情学及色情历史的专家。例如亚历山德里昂（Alexandrian）在他的《色情史》中写道："一个根深蒂固的偏见就是认为基督教是色情文学的大敌，而异教则是无条件的捍卫者。实际上，不是教堂的神父，而是自塞涅卡（Sénèque）这样的斯多葛派哲学家开始，把生殖器官称为'羞处'或者 pudenda（希腊人称为 oidia）。"[1]

奇怪的是，即使是权威们无数次出面辟谣，却丝毫于事无补，也无法动摇人们的信念。对于古代所谓的肉体幸福如此坚决和长久的误解明显不是用无知或者某种糟糕的信仰能简单解释得了的。这表明某种因素的存在，即意识形态。如果这个词用在尚无该词的过去而不至犯时间错误的话。两千年的时间里，这种对古代的错误观点经常被提起，但总是带有某种意图。历史很少被没有目的地重读。古希腊罗马时代就是这样，根据不同的时代，和希腊、拉丁的伟大作家一起，被不停地重新检视、重新评估、被理想化或者——很少——被魔鬼化。将古代工具化与我们对基督教的认知不无关系，因为它再现了"过去的时光"，就是说否定。古代道德的理想化首先是——而且一直是——反抗基督教的武器。或者在反抗自己的战斗中。

如同十字军东征的史诗在9个世纪里占据了历史学家和所有图书馆，**我们对古代的认知同样有它自己的历史**，人们很少费心去重建这个历史。

---

[1] 亚历山德里昂，《情色文学史》，同前。

在宗教的批判时期或解放时期，在每次反改革或基督教的复兴中，人们过度地庆祝"异教"系统的贬值。然而，在这个解译的历史中自然产生了近代关于罗马或者雅典的偏见。

解读吉尔·德雷

实际上，这是一段很长的历史。约翰·博斯韦尔写道，从十二世纪的前文艺复兴开始，"与地中海世界结下联系同时是这个文化繁荣的原因和结果：十字军东征和收复西班牙令基督教与伊斯兰教的关系更为紧密，欧洲人更加清楚保存的伊斯兰古典知识宝库的价值，越来越多的人来到西班牙和西西里去接触雅典和罗马的智慧"。[1]

三四个世纪之后，真正意义上的文艺复兴降临意大利，然后是法国，重新发现和激发了新柏拉图主义，但它既反对天主教的清规戒律，也反对前基督教时期对肉欲的宽容。米开朗琪罗感官的挑衅意图，在十六世纪，成为绝好的证据。文艺复兴对当时教会的反抗使得教皇（保罗四世）下令一位平庸的画家——人们称为"做裤子的"的丹尼尔·达·伏尔特拉（Braghettone Daniel da Volterra）给米开朗琪罗的人物都"穿上衣服"。

文艺复兴对于鸡奸的相对宽容同样存在于对古代追溯的记忆中，伴随着对女性的崇拜和不无色情的女性价值。文学通过彼特拉克对劳拉（Laure）、但丁对贝阿特丽齐（Béatrice）、莫利斯·赛夫（Maurice Sève）对黛丽（Délie）（通过改变 idée 字母位置得到的词）堪称典范的爱将这种崇拜表现出来。

---

[1] 约翰·博斯韦尔（John Boswell），《基督教、社会宽容与同性恋。西欧的同性恋，基督纪元初年至十四世纪》，同前。

有个细节虽然不为人知，但很说明问题：1434 年，吉尔·德雷被指控强暴和杀害了近两百个孩子，他在诉讼中声称是因为他**通过读苏埃托尼乌斯的书**，发现一些罗马皇帝类似的放肆行为。他对法官解释："我在这本美丽的历史书里看到，提比略（Tibère）、卡拉卡拉（Caracalla）和罗马其他皇帝与儿童嬉戏并以折磨儿童的方式获得奇特的快感。这样，我决定模仿这些皇帝，当天晚上，我开始按照书上的图画这样做了。"[1]

在十七和十八世纪，对古代有利的回忆成为放纵者高度认可的论据。1760 年左右，勒斯蒂夫·德拉布勒东（Restif de la Bretonne）庆祝雅典和罗马明智的仁慈，因为那里"有关婚姻的风俗非常不明确，而我们今天却不是这样"，而且"什么都无法与古希腊罗马交际花的洁净和敏感相提并论"以至于"我们在某些方面降得比古人还要低"。[2] 同样，1780—1784 年，米拉波（Mirabeau）放纵的文章，尤其是《色情圣经》[3] 中充斥着假定古代快乐放纵的有利证明。在《色情圣经》中，米拉波表明，不应该责备现代人的放纵，因为古人的风俗更为堕落。其 10 个章节的怪异标题取自希腊文或希伯来文。米拉波意图明确地描绘了一幅古代性习俗的图画，包含手淫、兽奸、男同性恋、女同性恋等。过去尤其是希腊—拉丁假定的放纵，达到了被指定用来证明放纵要求的地步。

在大革命和整个十九世纪中，那些"自由思想者"、乌托邦主义者、行为放纵者或反教权的斗士继续在古代找寻例证，为放纵习俗进行辩护和对肉体享乐进行自由管理。人们清楚萨德（Sade）使用的那些参考。或者，后来，某位尼采，以同样的行动表现出他对拿破仑的敬仰和对前基督教时

---

1 乔治·巴塔耶，《吉尔·德雷案件》，《乔治·巴塔耶全集》，伽利玛出版社，第十卷，1987 年。
2 勒斯蒂夫·德拉布勒东（Restif de la Bretonne），《淫秽，古代的卖淫状况》，今日出版社，1983 年。
3 阿波利奈尔（Guillaume Apollinaire），《米拉波侯爵的离经叛道之作》，今日出版社，1984 年。

期、悲剧、荷马和希腊的热情。他写道："在［大革命的］喧闹中，诞生了最异乎寻常的东西［……］并且具有当时还未曾察觉的壮丽；理想的古代在人类眼中表现得有血有肉。"[1]

这样，所有历史学家力图重建关于希腊或者罗马爱神（Eros Romain）[2] 的企图，长久以来充斥舆论中的天真的否认碰到了自愿的耳聋。当神话满足某种功能时，人们依恋这个神话。今天依然如此，一旦人们宣称回想起所有隶属于**古已有之**的犹太基督教或伊斯兰教的性禁忌时，人们是在激发自发的不信神；对这些禁忌的评判性检视，可能是有用的，不应该混淆于——在任何情况下——对宗教尤其是对基督教的总体批判。[3] 然而，即使是不容置疑的蒙昧主义时期，以及依存于教会的、愚蠢的羞耻心，都会令人认为它们是建立在最初的教条上。

米歇尔·福柯对现下舆论的四大不满与一神论正相反。现下舆论第一个将性和"肉欲"等同于恶，让妇女屈从并发明了厌恶妇女，颂扬禁欲和谴责同性恋。它在强加这四种禁忌的同时，也与异教的所有传统决裂，在若干个世纪里放逐了肉体的幸福。福柯以承认"肉体"概念的方法具备基督教特征，来表明这四大指控的无效。

实际上，这四项对于所有肉体享乐的禁忌或不信任的不满，为古代的异教时期所熟知和分享。还应该根据时代的不同强调——明显的——差异。全面回忆是相当傲慢的，它横亘十二个多世纪、经历了所有可以想象的道德动荡的罗马历史。对欲望的管理，在道德高尚的共和国时期、第二次布匿战争之前和之后、被享乐的急切愿望攫住的罗马帝国初期，或者焦虑帝国安危

---

1 尼采（Friedrich Nietzche），《哲学全集》，伽利玛出版社，第四卷。
2 这是历史学家让-诺埃尔·罗贝尔（Jean-Noël Robert）的新作的标题，文学出版社，1997 年。
3 例如，存在于性禁忌和基督教经常性混淆颇具讽刺意味的例子，性学家杰拉尔·兹望（Gérard Zwang）激烈的文字贯穿着他的每部书，重复着同一个论断："基督教奇特地在性缺乏上建立道德的标准"，《天主教价值过时了吗？》，全景出版社，n° 23，同前。

和回归往昔德行的安托南们手里，是完全不同的方式。

但这完全无法阻挡对性道德的忧虑——包括严厉的和压抑的，这种忧虑在古代世界从未缺席过。

暴君爱洛斯

对于欲望和肉体享乐的不信任？只消阅读柏拉图。在《法律篇》里，他提及（必要的）羞耻感能减少性行为的频率，"消解统治力"；不需要禁止，公民们应该"遮掩此类神秘行为"，在无遮掩地做时会产生"耻辱感"，这是因为习俗和不成文的法律产生的约束造成的。因为男人和女人为了一个共同目的——生产未来公民的目的——分别承担某个角色，他们以同样的方式承受着同样的法律，后者对他们施加了同样的限制。

同样，在《理想国》一书第九卷中，苏格拉底（Socrate）肯定明智的人"不会再投入野兽的和不理智的快乐"。在《高尔吉亚篇》中，柏拉图把身体比作"灵魂的囚室"。在《尼各马科伦理学》（7，12，L'thique à Nicomaque）中，亚里士多德强调，性快乐阻碍思想。至于斯多葛派的塞涅卡，他在一封给母亲艾尔维（Helvie）的著名的信中写道："如果你认为性欲对于男人而言不是为了肉体享乐，而是为了种族的持续，只要淫荡还没有用它恶毒的气息感染你，那么所有其他形式的欲望就会从你身边滑走。理性不是孤立地打败每个罪恶，而是同时打败所有的罪恶。胜利是全面的。"

古代哲学的很大一部分对性欲发出挑战，不是因为它本身"邪恶"，而是因为它是一种过度能量（energeia）的中心，于是有可能成为无秩序和暴力的来源。保罗·维纳写道："重要的两大哲学门派，柏拉图派和斯多葛派，在同一个时代广为流传，它们本身也很压抑：肉体享乐是可疑的，人们只能把它派作某个用途，也就是说繁殖。至于伊壁鸠鲁学派，如果说他们是肉体享乐的歌颂者，他们认为的肉体享乐是拒绝激情的安宁。他们宣扬安静、谴责色情。"[1]

对于希腊人和罗马人一样，重要的是人控制自己的欲望就像主人控制他的仆人，而不是屈辱地遵从欲望。性是一种必要的冲动，但却是如此强大，所有人都应该能够在主观意愿的控制下看守它。这种警觉的控制就是雄性符号本身，而纵欲或者放弃肉体享乐在古人的眼中属于女性的懦弱。福柯写道："欲望和肉体享乐的关系可以理解为战斗者的关系，对于他们来说，应该放在对手的位置和角色中，或者根据投入战斗的战士的模式，或者根据竞赛中斗士的模式。[……]（基督教）精神战斗的长期传统，表现为各种不同形式，已经在古典希腊思想中表露无遗。"[2]

在同一类思想中，人们指控最初的基督教**第一个**赞美禁欲，以至于将教会完全建立在贞洁的概念上。不过，这是个过度的解释。**禁欲**的有德之人在菲洛斯特拉托斯（Philostrate）、色诺芬（Xénophon）、苏格拉底……那里已经得到广泛赞誉。"理想的纯洁不是基督教的发明。提亚纳的阿波罗尼乌斯（Apollonius de Tyane，公元前一世纪）完成过众多的奇迹，根据他的传记作者菲洛斯特拉托斯的记述，曾发愿保持贞洁直至生命的终结。"[3]

对于大多数古人来说，这种对禁欲甚至贞洁的颂扬属于——就像十九世纪资产阶级的情况——流行的强迫症：因为损失精子而担心男性的衰弱。这种强迫症导致古代的一些哲学家和医生，如希波克拉底或者盖伦（Galien），早在教会的神父之前，就提倡将性能力只保留给生育。"公元前二世纪，以弗所的索拉努斯（Soranus d'phèse），哈德良皇帝的御医，同样认为保持贞洁是

---

[1] 《历史》，n° 180，同前。
[2] 米歇尔·福柯，《性史》，第二卷"快感的享用"，同前。
[3] 乌塔·兰克-海纳曼，《天国的宦官。天主教与性》，同前。

健康的一个因素：在他眼里，唯有延续后代的需要可以解释性活动。他描述过所有过度行为会带来的严重后果，因为它超越了简单的生殖意愿。"[1]

其他例子：在中世纪之初，众所周知，天主教会通过制定礼拜日历的办法限制肉体享乐的过度。礼拜日历详细规定了夫妻之乐在相对多的日期是禁止的。多个世纪以来，对日历禁欲的研究、破译和批评占据了神学家们的注意力，至今仍是让-路易·弗朗德兰（Jean-Louis Flandrin）[2]这样的历史学家的研究动机。然而，宗教的节庆与暂时的贞洁的关系**远在基督教诞生之前就已经被古人建立了**。在希腊，为了向得墨忒耳*（Déméter）表示敬意，那些祭祀塞斯摩弗洛斯**（Thesmophories）的已婚妇女必须远离男人，三天节日期间规定禁欲。在罗马，当妇女们祭祀刻瑞斯***（Cérès）时，直至第九夜结束，禁止她们有肉体的享乐和与丈夫有任何接触。[3]

更常见的是，罗马宗教节日（feriae）的节奏本身与后来的基督教禁欲期——由著名的宗教日历制定——非常接近。这一点依旧不是基督教的发明。"人们在节日当天（dies festi）祭祀诸神；节日期间，人们举行大餐，以神的名义休息。在节日期间做渎神的行为是对诸神的不敬。节日遗精（pollutio feriae），就是对诸神领地的短暂亵渎、对神圣休息的侮辱。[……]一个典型的放逐暴力例子就是剥夺年轻女孩的婚礼：它所包含的破坏童贞与强暴的意象相连，就像对寡妇婚礼的类似许可表现出来的那样。"[4]

1　乌塔·兰克-海纳曼，《天国的宦官。天主教与性》，同前。
2　尤其是他研究这一问题的巨著《亲吻的时光。西方性道德之初》，色伊出版社，1983年。
*　希腊神话中的谷物之神。——译者
**　希腊神话中的地母。——译者
***　罗马神话中的谷物女神。——译者
3　马塞尔·戴建（Marcel Détienne），《阿多尼斯的花园。希腊香料传奇》，伽利玛出版社，1972年。
4　皮埃尔·布朗（Pierre Braun），"节日的禁忌"，1959年；见 J.-L. 弗朗德兰，《亲吻的时光。西方性伦理之初》，同前。

昏暗中的爱情

在日常生活中，希腊罗马时代的禁忌有时与人们想象中的宽容正相反。这种琐碎而易受惊吓的羞耻心与我们归于希腊人或拉丁人身上的假想中的无所顾忌不大相符。保罗·维纳在诸多禁忌中记载了——有时——破坏罗马色情哀歌的几种情形：不着任何衣物做爱，在大白天，没有设置任何完全的遮挡。这样的行为被认为是可以理解的。那不过是放纵者窃取的一项可疑的特权。另外放纵者还承认他们故意违犯其他三个基本禁忌。

"他在夜晚降临前做爱（在白天做爱是新婚夫妇在婚礼第二天的特权）；他没有任何遮掩地做爱（色情诗人会举着灯见证他们的肉体享乐）；他和一个被他剥光了衣服的伴侣做爱（只有那些堕落的妇女喜欢不戴胸罩，在庞贝城妓院的图画中，妓女还保留着这最后的面纱）。放纵甚至还允许手淫，但条件是只允许左手，右手不可以。对一个正直的男人来说，唯一能看到爱人裸体的机会，是当月亮经过适时打开的窗户时。放纵的暴君，埃拉加巴卢斯*、尼禄（Néron）、卡利古拉（Caligula）或者图密善，传言他们还违犯其他禁忌；他们和已婚女子、良家处女、生为自由民的少年、神女甚至自己的姐妹做爱。"[1]

如果想了解详细情况，在罗马，口交令人厌恶，甚至到了一提起可耻的口交，人们将其所谓的无耻与被动的同性恋相提并论。照保罗·维纳的说法，第二种行为被认为更下作：口淫（cunilingus）。"无耻之极的是，用口腔为女人爱抚。愤怒的塞涅卡（公元元年）提到过，更糟的是，女人在

---

* 罗马皇帝瓦里乌斯（218—222年在位）的专用名称。——译者
[1] 保罗·维纳，《私生活史》，同前，第一卷。

男人之上。古代城市的道德是大男子主义的，极度男性化。[1] 罗马充斥着兵营的氛围。对女人非常感兴趣，是柔弱、娘娘腔的表现。"塞涅卡在写给卢齐利乌斯（Lucilius）的信中，愤怒地看到纳塔利斯（Natalis）为女人的快乐伸出了"不知羞耻的舌头"，更糟的是，看到玛麦库斯·索鲁斯（Mamercus Saurus，一位执政官！）口淫竟然不回避月经期，"向婢女们的经血张开嘴巴"。

毫无疑问，与人们的想象不同的是，即使罗马最放纵的人，也会被我们今天的风俗震惊。

关于古代的羞耻感，米歇尔·福柯提出下列解释，实际上只是更加深了意味。他写道："人们自愿地认为夜晚做爱理所当然，有必要躲开旁人的视线；出于不愿旁人看到这类关系的谨慎，人们认为使用春药（aphrodisia）不能为男人身上最高贵的品质增添光彩。"[2]

至于其他被无数次作为古代人放荡的"证据"列举的场景，人们做出的解释往往是荒唐的。因此，在第欧根尼（Diogène）当众手淫的举动中，人们以为看到了雅典风俗放荡不羁的一个信号。实际上，这是对羞耻心控制下的雅典风俗的"玩世不恭的挑衅"。

但是，最为明显的蠢话所兜售的是——实际的——关于女人的象征性法规。今天依然如此，人们提出，厌恶女性是犹太教、基督教或者伊斯兰教，总之是一神论的发明。没有比这更荒唐的了。所谓的厌恶女性在大多数希腊或拉丁作家中都表现出来。柏拉图和亚里士多德两人都认为女性先天比男人低下。女性与男性不是同样的材料创造的。柏拉图认为女性是"第二手"的生物，亚里士多德则认为女性是缺失的男性。奥维德号召欺骗女性时不要犹豫，还说："在大部分情况下，这是个没有羞耻的种类。她们设下陷

1　提比略皇帝（Tibère）曾经出过丑闻，出于挑衅，他选择口淫，甚至为女人口淫。
2　米歇尔·福柯，《性史》第二卷，"快感的享用"，同前。

阱：让她们自己陷进去吧。"[1]

法国神学家法郎士·盖雷（France Quéré）指出："在异教徒中，潘多拉的神话使人联想到，人类的灾难来自一个女人的好奇……在柏拉图看来，女性是强加给男性的，后者过得比先前要痛苦很多……亚里士多德认为女性之所以为女性是因为她的缺陷。"[2]

在神话中，潘多拉有点像希腊的夏娃，诞生于宙斯对人类的仇恨。在赫西俄德（Hésiode）的文章里她被明确地描述为恶之华，并且使用了大量暴力的语言。人们可以评判一下从《工作与时日》中摘下的几行文字："他创出了指向人类的一个恶，只属于他们的恶，他们将以爱慕包围它。[……]著名的跛子抓起泥土，捏了一个看上去像是值得尊敬的类似处女的东西。[……]随后上帝的使者令她会说话，给她取名潘多拉。这实际上是诸神送给吃面包的人的不幸礼物。"[3]

在奥维德的作品里，人们会发现，在性的层面，女性被确认比男性更强大，因而也更具威胁性、受到特殊限制也就情有可原。"子宫之火"的陈旧观念在大多数文明中代代相传，并且充当了女性受压迫的借口；也是卢梭在《爱弥儿》中大量提到的意念。在《爱的艺术》中，奥维德这样说：Acrior est notra libidine plusque furoris habet（女性的欲望更加强烈，并且包含了更多的暴力）。面对女性的欲望无法餍足的假设，男性的力量尤其因为古代人饱尝阳痿的忧虑而受到整个古代更多的赞美——尤其是罗马时期。

Credi miri, non est mentula quod digitus（相信我，人们无法像命令一根手指一样命令这个器官），马提雅尔在他的《讽刺诗》（Ⅵ.23）中重复

---

[1] 约瑟·艾森伯格（Josy Eisnberg），《圣经时期的妇女》，Stock-L.Pernoud 出版社，1995 年。
[2] 法郎士·盖雷（France Quéré），《妇女，神父的重要文献》，Grasset Le Centurion 出版社。
[3] 赫西俄德（Hésiode），《工作与时日》，克洛德·泰罗（Claude Terreaux）重译本，Arléa 出版社，1995 年。

道。罗马挥之不去的顽念,即毒眼,阻碍了mentula(休息的阴茎)直立成为fascinus(勃起的性器)的命运。一个男人只有在勃起的时候才是个男人(vir)。在《论爱情》的第三篇,奥维德详述了偶然的阳痿和围绕阳痿迷信的恐怖。帕斯卡·吉纳尔(Pascal Guignard)评论道:"由此,博物馆才会有永久展出的形形色色不可思议的家什,护身符、下流坠子、带子、项链、滑稽的侏儒,都是阴茎形状,金的、象牙的、宝石的、铜的,构成了考古挖掘的主要内容。"[1]

实际上,在主要呈雄性的古代道德中,女性更像是享乐的物品或地位低下的伴侣,需要受到教育和监视。在希腊人中,相互忠诚的概念是不存在的。只有女性的私通是遭禁止的。至于厌恶女性,经常伴随特别的暴力表现出来。这样,就有了老普林尼(Pline l'Ancien)关于女性经血的文字:如果接近月经期妇女,酒会变酸;她的接触会令谷物无收获、嫁接的葡藤枯萎、花园的植物焚烧;她在下面坐过,树的果实就会掉落——她的目光令镜子失去光泽、腐蚀钢铁、令象牙爆裂;蜜蜂死在蜂巢里;锈蚀布满青铜和铁并发出恶臭;舔过这种血的狗变得疯狂,它们咬噬的伤口会感染无可药救的毒汁。[2]

甚至普鲁塔克,清新温柔的普鲁塔克,对待女人或者男童的爱情享乐是如此灵活,同样也表达了坚定的大男子主义,恰好触及了我们现代的敏感。普鲁塔克在《婚礼箴言》中写道:"根据我听到的,没有男人的参与,从没有女人生过孩子;无形的胎儿在独自成形过程中显出肉团的样子〔……〕。好吧,要当心这不要在女人的灵魂中发生。实际上,如果她们不接受高贵学说的精华,不参与男人的文化,她们自己会生出各种奇怪的东西、计划和倒错的激情。"

---

[1] 帕斯卡·吉纳尔(Pascal Guignard),《性与恐惧》,伽利玛出版社,folio丛书,1996年。
[2] 普林尼(Pline l'Ancien),《自然史》,第七卷,第十五章。

最后，还需要提到希腊民主认为让女人远离公众生活和政治是正确的、就像那些不是公民的奴隶吗？

婚姻的秩序

我们对古代认知的误解还有其他例子为证：所有与家庭有关的一切。家庭逻辑的赞美与至高无上在古代人那里趋向于沉重和严酷。用福柯的话来说，像柏拉图这样的作家不是最早也不是最后需要解读的人，"繁衍后代的焦虑说明了人们在使用快乐时应表现出的警觉"。这是涉及整个城邦的大事。柏拉图在《法律篇》中非常清晰地论述了这个主题。他写道："人这个种群，与它伴随过并还要伴随下去的时间有着整体的天然类同，正是经由此，它保存下孩子们的孩子，并且因为一直保持着种群的同一性，才能不朽，通过繁殖达到永存。"（《法律篇》IV，721）

希腊人色诺芬的《经济论》是第一部论述婚姻生活的专著。文中充斥着这样的思想：遮蔽（stegos）可以为人类和他们的后代提供保护之地，使他们"不用像牲口一样生活在外面"。在这个遮蔽里面，在屋顶下，男人和女人根据人类学家称为"性差异"的东西，严格分担着不同角色。丈夫在外面耕种土地，妻子负责管理、平衡支出、准备生育需要的物品。家已经表现为妇女的专有领地。[1]

老普林尼在他的《自然史》中着重歌颂了大象，它们不仅忠诚于配偶，而且没有外遇，比其他任何一种动物都要有德。普林尼写道："大象出于羞耻心，只在私密的地方交配。它们每两年才交配一次，而且据说，只有五天。

---

[1] 色诺芬（Xénophon），《持家，经济》，克洛德·特罗（Claude Terreaux）重译本，Arléa 出版社，1997 年。

大象没有外遇。"老普林尼这个充满教益的观点被好几位天主教理论家引用,目的在于为婚姻的牢不可破寻找依据,其中1609年弗朗索瓦·德萨勒(François de Salle)就在《费罗黛》中引用。

伟大的卢克莱修,《物性论》(*De natura rerum*)的作者,她的忧虑在于生育——根本不是寻求肉体享乐——才应该是指导夫妇行为的准则。婚姻确实与爱情没什么关系。对于卢克莱修而言,无论怎样,妻子完全不需要醉心于这种"挑起男人的欲望、使他的身体迸射出液体的肉感行为"。但是,唉!却冒着不能受孕的危险,因为她们将精液转向这种液体注定要去其他地方。他还写道:"只有那些婊子才有这样扭腰的习惯,因为这对她们有益,既可以避免经常怀孕——怀孕使她们失去价值,同时也能更好地陪男人享乐:我相信,我们的妇女完全不需要这门技术。"[1]

对于古代人而言,家(domus)既不是爱情的场所,也不是肉体享乐的地方。将婚姻和肉体享乐结合起来被他们看作是放荡和无耻的极点。不过,无论结婚与否,妇女的快乐基本没有被这个大男子主义的社会所关注。对这个"细节"稍加关注并不受鼓励。奥维德为此提供了主要依据。实际上,在《爱的艺术》中,他强调了快乐的相互性。("我憎恨双方不能彼此奉献的压抑。")但是,在罗马人的眼里,这类感情属于无耻。不知道为什么,奥维德先是被奥古斯丁,后来被提比略放逐。

在罗马人的思想中,除了不能浪费男性元气的强迫性思维以外,另一种强迫性思维建立和保证了人们可以称之为"家庭秩序"的东西,就是说通过家和妇人(domina)进行的社会调节。在这个秩序中,最重要的是精液系统,就是说实际的传宗接代与合法性之间完好的契合。罗马人最恐惧的不过是会有个杂种孩子。配偶间的伦理以难以想象的严格——和玩世不

---

[1] 卢克莱修(Lucrèce),《物性论》,尚达尔·拉布尔(chantal Labre)重译本,Arléa出版社,第四卷,1992年。

恭——为这个秩序服务。

对已婚妇女的贞节要求不是其他什么感情的结果，而是纯粹的生育问题。通奸的妇女，一旦证实她不能生育或者在通奸时已经怀孕，她可以被赦免。同样，一个自由民可以对一个妇女为所欲为，**只要这个女人没有结婚也不是奴隶**。相反，一旦有干扰后代的危险出现，伦理便会施加它的威严。一个被强暴的（罗马）已婚妇女必须强迫自己立即自杀。这正是公元前六世纪卢克莱修在被塔克文（Sextus Tarquin）强暴后所做的。根据李维（Titus-Livius）的记载，她在剖出自己的心脏之前说："如果我原谅自己的过错，我也无法从惩罚中解脱。任何不名誉的妇女都不能引卢克莱修的例子而得以保全性命。"这也是五世纪初（410年）千百个被入侵的西哥特人强暴的罗马妇女的选择，异教的道德促使她们自我了结。[1]

配偶伦理这种极端的严酷性肯定会因社会阶层不同尤其时代不同而有所变化。在基督教初现时，大概是公元前一世纪和公元一世纪之间，罗马贵族毫不犹豫地冲破这些束缚。如果保罗·维纳的文字可信的话，"贵夫人们的举止或者说她们的不端行为不让须眉。"在贵族中，每个家庭的差别很大，任何一概而论都不妥当。但这不妨碍在公元三或四世纪——被称为晚熟的古代的时期——严峻的伦理道德在总体上越来越加强。

在某些时期，婚姻法通过投票来调节婚姻、教化城市、鼓励出生率并同样惩罚通奸和独身。这是些难以想象的严厉的法律。比如关于各阶层成员结婚的尤利法（Lex Julia de maritandis ordinibus）和关于通奸的尤利亚法（Lex Julis de adulteriis，公元前18年）或者巴比和波培法（Lex Papia Poppaea，公元9年）强迫公民——包括鳏寡和离异者——当即再婚和生孩子，否则将受惩罚。

---

[1] 在西哥特人洗劫罗马之后不久，圣奥古斯丁写了《上帝之城》为这些妇女辩护。

"罗马理想的配偶和谐在帝国的重压下呈现出晶体般的刚硬：配偶之间形成的不是社会秩序安定的缩影般相爱的一对。[……]上层社会同时带有异教和基督教的色彩，他们倾向于性克制和公众礼仪的法规，喜欢认为自己处在旧罗马男性严肃的正确路线上。对性的宽容在公众领域没有位置。"[1]

确实，自200年始，远在罗马帝国没有改信基督教之前，一项非常压制的道德规范就已生根了，保罗·维纳曾对此有过描述。面对专制和民众主义的国家，贵族的影响不再被接纳。君主担心的是巩固自己的权力。同性恋第一次被禁止，刑法重重惩罚通奸和诱拐。开始对文学进行检查，最后一点风俗的自由也消失了。压抑的性伦理并非起源于基督教。它最严酷的版本，大概在异教时代的末期，为了适应专制制度政治的需要。

二线参照……

对我们头脑中模糊而幸福的这个古代最明显的曲解，不管怎样，都与同性恋有关。与人们千百次谈到和写过的东西相反，"说异教徒以宽容的眼光看待同性恋是不准确的。事实是他们从未将其看作一个独立的问题"。[2] 希腊和罗马人不根据性伙伴来评判性的问题。性伙伴只具有相当边缘的意义。口味、偏好、际遇……的问题而已。人们发现，一些作家——比如普鲁塔克——耐心地讨论与男孩或女人的爱情各自的优势这样的主题。要知道，这个标准只是被非常次要地考虑。（"同性恋"这个词汇1869年出现。）对于普鲁塔克而言，"对人类美的热爱应该公平地分配在两个性别身上，而不

---

1 彼得·布朗，《拒绝肉体》，同前。
2 保罗·维纳，"罗马的同性恋"，《西方的爱与性》，同前。

是假设男人和女人在爱的关系下有所不同，就像他们穿不同的衣服"。[1]

约翰·博斯韦尔注意到"色诺芬表达了与其同时代大多数人的想法，即同性恋是'人类天性'的一个方面。柏拉图派所有关于爱情的讨论都是建立在这样一个公设之上：同性爱和异性爱在某些情况下表现为相对次要的偏好问题"。[2] 当然，柏拉图在《法律篇》、色诺芬在《回忆录》中明确批评同性恋（柏拉图写道："不允许像对待女人一样对待男人或男童"），但是，与此同时，他们尤其抨击奢侈逸乐的感情迷失。性别的认同对于他们而言只是附属问题。总之，希腊人和罗马人都对同性恋问题不感兴趣，因为在他们看来，这个问题其实是不存在的……

这种对性伙伴的——相对的——冷漠，并不意味着古代人放荡和宽容。他们只是**根据不同于我们的标准**进行判断而已。在性的问题上，他们有四项主要标准，也是引起争论的四个因素：是否有控制自己欲望的能力，爱情自由或者配偶间的忠诚，爱情中是主动还是被动的角色，伴侣是自由人还是奴隶身份。

对同性恋无论是无所谓还是善意，他们完全不是处在"被动状态"。对于一个自由人来说，有同性恋关系而伙伴是个无选举权的人，会被认为是个奇耻大辱。骄奢淫逸、娘娘腔、男人模仿女人的举止在希腊时代——尤其是在罗马，受到普遍嘲笑，太大男子主义了。在众多的文字中，让我们看看老塞涅卡（修辞教师塞涅卡）的文章："歌唱和舞蹈这种有害的激情充斥着这些娘娘腔的灵魂；烫弯头发，为了赶上女性声音的温柔而捏着嗓子说话，和女人比慵懒，学那些非常下流的东西，这就是我们的少年的理想……他们从出生就萎靡和神经质，并且自愿保持这种状态，随时准备攻击其他人的羞耻

---

[1] 普鲁塔克（Plutarque），《色情。关于爱的谈话录》，克里斯蒂安娜·兹林斯基（Christiane Zielinsky）重译，Arléa 出版社，1991 年。
[2] 约翰·博斯韦尔，《基督教、社会宽容与同性恋》，同前。

心但从不操心自己的羞耻心。"[1]

这种对爱情——不论是否同性恋——的"不知羞耻"（消极）的谴责，如果牵涉的是一个公众人物，将更为严厉。人类面对激情和欲望的弱点，一旦涉及的是个当选者就会使国家处于危险，一旦涉及的是公民战士就会使军队处于危险。这个弱点也凶巴巴地显露出来。比如在雅典，男性卖淫会使其失去公民权利。被动的男同性恋者，如果他竟敢从政，将被处死。被认为最卑贱的是妇女通奸，她同样会被处死。

那些有公民身份的娘娘腔的男人们，pathicus，被施以对方的法律，无论是自由人还是奴隶……用尤纳维尔的话说，再没有比看见一个奴隶干他的主人更可耻的了。[2]

众所周知，希腊罗马世界巨大的吊诡，就是比起成年人之间的同性恋来，恋童癖的遭遇要好得多。莫里斯·萨特（Maurice Sartre）写道："这些公认的、被褒扬的同性恋关系，是指那些由一个大约 12、13 到 17 或 18 岁年轻男人（pais），与一个还算年轻的成人（不到 40 岁）组成的关系。带有同性恋关系启蒙的性质规定了一个这样的年龄差距。"[3]恋童癖在各个意义上都是一种启蒙，不仅仅在性方面。

然而，恋童癖不总是如人们想象的那样可爱和无足轻重。首先，它可能转变成卖淫或者被判刑。（在阿里斯托芬的戏剧《云》中，作者抨击了风俗的败坏和这种年轻男童（éromène）卖淫的变形。）但尤其是，**如果涉及的是奴隶**，那么最微弱的恋童癖（或同性恋）的欲望**都应立即判处死刑**。自由人与奴隶之间的根本对立，才是希腊罗马社会真正突出的大问题。但我们提到它的风俗、假想的放荡与奇特的肉体享乐时，通常忘记了考虑这个沉

---

[1] 塞涅卡（Sénèque le Rheteur），《辩论》，H. 伯奈克译，Garnier 出版社，1932 年。
[2] 让－诺埃尔·罗贝尔（Jean-Noël Robert），《罗马的情欲》，文学出版社，1997 年。
[3] 莫里斯·萨特（Maurice Sartre），"古希腊的同性恋"，《西方的爱与性》，同前。

重的事实：这是一个奴隶制社会，性道德是根据社会地位而迥异的。（要求平等将是源自斯多葛、后来是基督教的"颠覆"。）

奴隶制社会

为了说明罗马伦理中这个不平等的社会面目，可以再度引用老塞涅卡的论述。在他的《辩论》(Ⅳ，10)中，他借一位执政官昆图斯·阿特里乌斯(Quintus Haterius)之口说出了后来非常著名的话："对生而自由的人来说，被动是罪孽；但对奴隶而言，这是绝对的义务；对于被解放的奴隶来说，这是他应该为主人尽的义务。"在奴隶制的罗马，主人对于奴隶一直享有初夜权，奴隶无论性别，因此奴隶乐于做不得不做的事，当时流传的俗语："做主人命令的事没什么可耻的。"

这意味着如果是主人鸡奸的话，那么奴隶可以毫不羞耻地接受。对于主人来说，充分的自由就在于自由鸡奸——甚至杀死——奴隶的权利。保罗·维纳还描述道："鸡奸奴隶是无罪的，甚至最严厉的监察官也不愿参与这类次要的问题。相反，如果是一个公民，如此被动地顺从是极度**骇人听闻**的。"[1]

不，古代社会并不是"温情脉脉的"！如果人们劳神将奴隶制的沉重现实与古代的卖淫——包括儿童卖淫——联系起来，它就更加不是了。多亏苏埃托尼乌斯，我们知道了提比略皇帝极为可憎的情况，他是个绝对的恋童癖，称幼儿为"小鱼"(pisciculus)，在他游泳时，习惯把他们放在腿间嬉戏，好让他们用舌头和咬噬来刺激他。他让没断奶的孩子吸吮自己的阴茎，

---

[1] 保罗·维纳，"罗马的同性恋"，《西方的爱与性》，同前。

好让它排出汁液。但人们不大知道,罗马晚期的富人们为了自己的性享受而买卖非洲、埃及、努比亚的奴隶。奴隶贩子的生意甚至做到了尼罗河畔直到埃塞俄比亚。

拉丁历史学家斯塔斯(Stace),《短诗集》和《隐思之地》的作者,描述道:"高台上贩卖人的摊位,夹杂在未开化地区的其他商品中,这些可怜的孩子们被迫装出俏皮的样子,说着背下来的话,兜售提前准备好的笑话,讲些猥亵的段子挑起某些老色鬼的利比多、达到让这些人花钱买他们的目的。"他还提到这些为了成年人的享乐而购买的奴隶常常被取些可爱的名字:Delicati pueri(娇美的少年),deliciae domini(主人的乐趣),deliciolum(宠物)等。

这些儿童奴隶的交易令我们想起——但相当粗暴地——近代的恋童癖旅游。只是古代的罗马是大白天做的。约翰·博斯韦尔对罗马的传统做了更为严酷的描述。

"奴隶贩子不顾某些罗马人的厌恶,在大梯子上对男孩子进行阉割;图密善统治时期颁布的法令似乎曾禁止过这类行为。佩特罗尼乌斯借尤摩尔浦斯(Eumolpe)之口发表了反对这一习俗的滑稽讲话,但是塞涅卡和其他人表达了真诚的愤怒。[……]同性恋与虐待儿童的结合,自四世纪开始显著,部分原因是一项为现代工业文明彻底抛弃的古代风俗的极度传播:抛弃不想要的孩子,卖为奴隶。他们中绝大部分沦为性享乐的物品,至少在他的少年时代、成长为劳动力之前。异教作者(殉道者查士丁)和基督教辩护者(亚历山大的克雷芒)的证词说明这种行为的广泛性不容置疑。"[1]

这种对儿童的性剥削迅速普及,并且固定下来。"要等到公元一世纪末图密善的一项敕令才禁止儿童卖淫。"[2] 确实,按一般规则,"374年时,在基

---

[1] 约翰·博斯韦尔,《基督教、社会宽容与同性恋》,同前。
[2] 卡特琳娜·萨勒(Catherine Salles),"罗马的妓女",《西方的爱与性》,同前。

督教的影响下，淘汰新生儿不被认为是谋杀，塞涅卡解释说，在罗马溺死畸形或娇弱的新生儿很常见。他本人也认为这种习俗很有道理（《论愤怒》De Ira，1，15）。苏埃托尼乌斯（生于 70 年）说抛弃婴儿完全靠父母的判断（《卡利古拉》第 5 幕）。普鲁塔克在吕居尔格（Lycurgue）的传记中描写斯巴达城让新生儿经受古人的考验；人们把被认为畸形或虚弱的婴儿从塔吉忒（Taygete）悬崖顶扔下去，使他们不至沦为国家的负担。他还讲述了母亲们把新生儿浸入酒而不是水中洗浴，因为瘦弱或患癫痫的孩子受不了这种对待就会死掉。"[1]

这几个例子使我们记起了希腊罗马世界真实的残酷，至少以我们今天的感受来看是如此。因我们世纪的来临而令被摧毁的"古代的享乐主义"变得微不足道。希腊世界，尤其是罗马，是围绕着某些歧视建立的（奴隶/人，自由人/被解放的奴隶，甚至妇人/少女，贵族/平民），其刻板和不平等令我们现代人愤怒。就像我们对常见的集体强暴的愤慨，这种集体强暴，"那些在热闹的街上过着堕落生活的十四五岁失去童贞的自由民少年，夜晚为了取乐而痛揍遇到的市民，总是成群结队地撞破某个放荡女人家的大门，集体强暴她。罗马的道德准许他们这样做"。[2]

对于罗马公民而言，确实，性首先是一种统治的方式。维吉尔在《伊尼德》（Énéide）中写道："让他来征服那些妙人。"他是"家庭绝对的主人，对他的妻子、儿女和奴隶有生杀予夺的权力。"[3] 这种统治者的心理在他的性生活中以同样方式存在着，就像劫持萨宾娜的神话所证实的那样。

同样，我们肯定会对罗马帝国后期居主导地位的唯利是图和无处不在的所谓享乐主义厌恶至极。保罗·维纳就这个主题写下了惊人的文字："罗

---

1 乌塔·兰克-海纳曼，《天国的宦官。天主教与性》，同前。
2 保罗·维纳，《罗马的情色颂歌》，色伊出版社，1983 年。
3 让-诺埃尔·罗贝尔，《罗马的情欲》，同前。

马社会如此关注利益,排犹主义者没准会把罗马而不是犹太人当成梦魇的内容;这只意味着经济活动不是某些职业的特殊化,也不是一个特定社会阶层的特征:在罗马,富人从事所有的生意,所有的元老院议员都放高利贷,贵族间的唯利是图一直延续到大革命末期,但它并不躲躲闪闪。金钱的无处不在替代了空缺的资产阶级。穿蕾丝的夫人贪婪地索要礼物,她们也做生意;她们追求礼物因为男人追求嫁妆。"[1]

金钱的万能,奴隶制或者竞技场的残酷,婚姻的不稳定,可以离弃的妻子(尤其自公元前三世纪开始),对于通奸或被强暴妇女的严酷的异教道德,儿童和奴隶被用于性目的:基督教就是在这个背景下出现的……

---

[1] 保罗·维纳,《罗马的情色颂歌》,同前。

第七章 犹太人和基督徒的肉欲观

关于这个主题，有必要打个赌看看我们是否能保持冷静的头脑和精神。人们应该以从容、不慌不忙和没有既定立场的态度检视犹太基督教和性欲的重大问题。今天，再没有比这更困难的了。在这个领域，针对前面提到的想象中的古代，颇能说明问题的狂怒与人们表现出的沾沾自喜——并且依然如此——恰好形成对称。确实，教皇保罗二世僵硬的道德观替代了教权长期的紧张状态，但没有解决任何问题。宽容的论调从近期历史中找到些理由，还在不停地说基督教如果不是厌恶女性的话，一定是原罪或者"性悲观论"以及狂热禁欲的创造者。

艾芙丽娜·苏尔罗指出："在今日西方，人们遵从的一直是犹太基督教的传统：人们不假思索，自动将所有对女性不利的内容归于犹太基督教。显然，这种不假思索的匆忙是由于人们只根据一种标准思考：性欲！人们将自由、平等、权利等全部只置于物质财富或者性自由的标准下。一神论宗教显得就像拥护奴役妇女的巨大系统。"[1]

匆忙的指责

这类反宗教的定位属于近代的反应，应该指出这个问题的荒诞性。因为……全人类在两千年内一直生活在神经质、不幸和失望中！西方从整体上讲在两千年里走在一条受有节制的欲望和被束缚的自由控制的道路上！并且，仅仅在今天，我们才从工业社会中解放出来，我们有责任指出，先辈们就像被神甫和神学家迫害的孩子；就像被锁链束缚的走投无路的行人，他们出发前往最终会到达的自由世界：我们的世界。

人们不怀疑像福柯、博斯韦尔或者彼得·布朗这些作家的虔诚，他们曾讽刺这种针对犹太基督教的天真的现代思想，还明确地不接受对古代世界享乐主义的理想化。福柯写道："应该警惕不要将基督教的夫妻关系学说概括和归结成生殖目的和对肉体享乐的排斥。实际上，理论学说是很复杂的，常屈服于争论，会有多种变体。"[2] 至于约翰·博斯韦尔，同性恋的斗士、同性恋理论（queer theory）——我们后面还会提到这个理论——的创立者，他是这样展开对中世纪同性恋的长期研究的："本书的目的明确在于用不小的篇幅来驳斥这种思想，即对同性恋的不宽容源自宗教信仰——无论是基督教或者其他。"[3]

如果人们说这是荒谬的，那是有意的。实际上，硬要说保罗、亚历山

---

1 艾芙丽娜·苏尔罗，《有其父必有其子？》，同前。
2 米歇尔·福柯，《性史》第二卷"快感的享用"，同前。
3 约翰·博斯韦尔，《基督教、社会宽容和同性恋》，同前。

大的克雷芒（Clément d'Alexandrie）、犹太思想家亚历山大的菲洛（Philon d'Alexandrie）或者弗拉维奥·约瑟夫斯（Flavius Josephus）其至奥古斯丁的同时代人，以及更经常回忆起我们遥远的祖辈——他们可能是可怜的文盲或者诡计多端的密谋者，难道这一点也不荒谬吗？说明问题的是，所有对过去的回顾都是那些最忙碌的现代作家们所为，虽然他们声称自己还是参考了神学的。

我们可以只举一个例子。很有讽刺性。在一部翻译成法文的书中，一位德国"女神学家"将西利修斯（Siricus）神父介绍为"性欲神经症"患者，察觉奥古斯丁有"心理障碍"和"病态行为"，暗示"教会首领对妇女的种族隔离与政治上的种族隔离同样严重"（第156页），谈论"迷失的性道德在傲慢而专横地统治夫妻闺房达两千年后还没有决定弃权出局"（第201页），在结语中简单地宣称"令人无法忍受的天主教邪说是对人类真正危害的依据，它在夫妻闺房中作恶，而不是在战场和公共墓穴中扬威"。[1]

除了它们不由自主的可笑，人们还注意到，如此过度的语言反映了伪学术方式下的放肆，唉，而且太普遍了。它们尤其证明了近代对灾难性的大概齐思想的适应。无论谁费神重读原文、当时的论战或者真正专家的著作，都会觉得恼火。这类迟到的指责归根结底是为了追溯性地**反对**某一方而拥护另一方，反对一个"压抑的"倾向而支持某个定位不明确的"自由"倾向。它们以现在的名义回头去责问**整体**的过去，却不会为论述中的某个年代错误而停留一秒钟：将一个小法庭的概念舞台推后10或15个世纪，为的是与那个时代的人进行比较。它们一致装作对所研究的时代刚刚进行最终调查，一个相对于历史的全新"观点"：个人主义。这个个人主义是往昔的整体社会所难以想象和无法想象的。在15个世纪之后揭露"宗教的压抑"，有某种令人兴奋和满足的方便。

---

[1] 乌塔·兰克-海纳曼,《天国的宦官。天主教与性》,同前。

三百万行……

这还不是全部。某些新的注释者为《圣经》两千年来的糟糕翻译深感懊恼；还有罗马教会令人恼火地被各种注释错误甚至翻译错误所禁锢，就像一个执行草草撰写的纲领的政党。鉴于这一切，最不具有宗教感情的人以最简单理由的名义造反了。

他反对——我们反对——过于简单的、过于回顾性的、尤其是过于优越的论题，托马斯·阿奎那（Thomas d'Aquin）竟然出于不知什么原因冒失地在翻译《马太福音》(19，10：**并有为天国的原因自阉的。这话谁能领受，就可以领受**) 时犯了混淆的错误，还有希波（Hippone）的主教奥古斯丁，因为过去的私通而改变了《福音书》。人们本能地否认纯属"转换技术"的问题能够令整个西方的命运被改变了15到16个世纪。人们同样拒绝这样粗鲁的断言，即有远见的注释和现代高度智慧的时代在今天终于来到了，这样就能在最后（in fine）校正这些不幸的误译，就像一个改正手稿的迂夫子。这是令人困惑的步骤所呈现的骄傲和天真。什么？我们的时代难道不是已经有了足够的卓有见地者名单？让我们来证明看，帕斯卡或者约翰·克里索斯托（Jean Chrysostome）、马门尼德（Maimonide）、博絮埃（Bossuet）或者十字架圣约翰（saint Jean de la Croix）、埃克哈特（Maître Eckhart）或者罗耀拉（或译圣依纳爵 Ignace de Loyola）。人们要求我们毫无疑义地接受这个想法——这将是多么简单、多么安心、多么放心，教会据此在两千年里顽固地拒绝理解性欲和幸福要求的秘密。在这个要求面前，一种纯粹知识分子的急躁表现出来。回想一下犹太基督教、后来是基督教的初期，罗马的女人们是多么迷恋拉丁享乐主义、希腊柏拉图主义和希伯来的智慧，这些博学和"纠缠不已"的高谈阔论与奥利金或者亚历山大的克雷芒的道路交错前行。傲慢的贵族和专注的法学家不停地评价和重新评价基督教的使徒书信或者犹太教派的教诲。所有这些人都是蒙昧主义的吗？这些普鲁塔克和爱比克泰德（Epictète）专注的阅读者真是迟钝而无知，甚至在1997年，一位肤浅的作家竟然相隔十七个世纪和他们对话并轻蔑地修正他们。

人们是否知道"梅兰妮——哲罗姆的朋友——读过三百万行奥利金（Origène）的著作和两百万零半行更近代作者的书，包括卡帕多细亚的作者们吗？这意味着她掌握了比荷马的《伊利亚特》还要多三百倍的基督教文学（哲罗姆的书信）"。人们是否忘记在同一时代的罗马，"马塞拉（Marcella）——寡居，哲罗姆的学生——和其他同样的人，帮助男女基督徒们弄懂几乎淹没意大利的来自东方希腊的书信、手稿和学派的声明"？[1]

这些人无知吗？这些遥远的祖先天真吗？实际上，通过对过去的指责——很简单，对那些无力阅读的文字——我们的时代笨拙地谈论着，磕磕绊绊地在混淆与失忆中寻找着。对宗教作品的诠释实际上表现了某种匆忙——这种匆忙有时我们自己也未觉察，同时在某一刻也反映了历史。今天检举者的这种热忱首先是不确信的症状。不多也不少。

* *
*

因此，目前基督教关于性欲的混乱和由此引发的生硬纪律是**毫无疑问的**。其实，这里有一个宽泛的思考主题，刚刚去世的哲学家和历史学家阿尔封斯·杜普隆（Alphonse Dupront）令我们很好奇。他1993年写的寥寥数行值得引述，因为它们既不狂妄也不幼稚地说出了本质：

"一个基督教悲观论者，长久以来忧心着上帝赠与的所有狂热倾向，包括身体，将时间看作是自失乐园以来持续的衰落，对永恒拯救的顽固焦虑直

---

[1] 彼得·布朗，《拒绝肉体》，同前。

到现在还在折磨人，一直不停地维持着人类的非肉身化。天使越来越多，**蠢**人却没有。后者今天热烈地抓住无礼和快乐的自由，教会面对肉体的狂热或者陶醉束手无策。它的训诫停留在道德层面；这些不是接受或保持自我的规则。然而正是这些规则在人类对肉体的无节制方面起到重要作用。或者一元论将战胜肉体，因此暴力自然是不公开的。对教会而言是令人担忧的信号：身体越是无序地占据所有的空间，除了自己以外没有其他意图，天主教就越是缩回到宗教中去，'成为真理的精神'，在神圣化了的集体治疗的礼拜仪式和祭礼上——典礼上——推进或者被忽视。"[1]

公元纪年最初的三四个世纪里，某些确实闻所未闻的事千真万确地发生了，在这个希腊思想、犹太教和基督教交汇的时刻：某些令我们成为西方的事情，以及我们不得不重新考虑我们是否愿意理解的事情发生了。

禁忌的起源

如同其他所有领域一样，在性道德中，**交汇**的思想——不过非常出色——应该一直存留在思维中。基督教的启示其实在最初形成时期直接向希腊罗马思想和犹太教借鉴。正是在这个领域发生了奇妙的**相遇**——即西方世界的原型——这一点毫无疑义。然而，在基督教产生时，这两个伟大的思想潮流（希腊罗马和犹太）刚刚经历了人们称之为清教的**僵化**。在异教徒那边，则是前面章节称为斯多葛主义的显著事实，就像后来的新柏拉图主义，怀疑任何爱的激情、欲望和快感。它抛弃了混乱和放荡，成为新的性禁忌和道德训诫的载体，以后会显著地影响教会最早期的神父们，而

---

[1] 阿尔封斯·杜普隆（Alphonse Dupront），《天主教的力量和潜伏》，伽利玛出版社，1993年。

不是相反。

福柯明确指出，基督教最初关于性经验的伟大文献，亚历山大的克雷芒的《教育家》，建立在下述基础上："在原则和箴言的集合之上——直接借鉴自异教哲学。人们已经开始将性活动与恶联系起来，一夫一妻的生殖法则，对同性关系的谴责，对禁欲的狂热。"[1]

但是人们不知道当时的犹太教也是一样，那些法学博士的时代，本身就受到各种异教思潮的影响，并明显表现得很僵硬。对希腊罗马世界明显的性乱和放纵的摒弃，在这种演变中发挥了作用。卖淫和同性恋的制度化——在《旧约》中是遭谴责的——令法学博士们愤慨，用约瑟·艾森伯格（Josy Eisenberg）的话说，他们的反应"将圣经时代的羞耻感转变成真正的严格"。但其他因素也有影响。还是这个艾森伯格提醒说，保罗时代的犹太社会不再相同，尤其是与女性的关系。圣经的宗教已经演变为法学博士们的犹太教。他写道："大部分犹太人不再生活在犹太[*]，而是在各地的聚居区。宗教感情的性质变了。它不再是围绕庙堂礼拜，而是围绕着法律；精神导师不再是预言家也不是祭司，而是新的一类智者：法学博士。[……]这样，**知识成为权利真正的源泉**：知识，就是说摩西五经的内容及其注释。然而，这种知识是男人的特权；由此，第一次真正出现了男女地位的不平衡。"[2]

在基督教之前的最后世纪里，性禁忌和已经在《旧约》及先知的启示中出现的被废除的内容将得到加强。有哪些？例如最早的犹太教周期性禁欲的法则，包含着性不洁净的概念，建立在《旧约》三个章节基础上。"为了让希伯来人在西奈山上接受神的启示，摩西要求他们在两天内远离女人（《出埃及记》19，14）。祭司亚希米勒（Ahimelek）在确定大卫好几天没有与女

---

[1] 米歇尔·福柯，《性史》第二卷，"快感的享用"，同前。
[*] 古代巴勒斯坦的南部地区。——译者
[2] 约瑟·艾森伯格，《圣经时期的妇女》，同前。

人有关系后，才把被祝圣的面包给了他（《撒母耳记》21，1—6）。最后，根据《利未记》（15，18），夫妇直到'房事'后的晚上都是不洁的。"[1]

犹太教与家庭

在实际生活中，性的各种禁忌是非常强硬的。约瑟·艾森伯格写道："死刑非常普遍，对性禁忌的侵犯被认为是最严重的：除了通奸以外，各种乱伦是最重的，还有同性恋和恋兽欲。"对通奸的惩罚，《利未记》（XX，10）中记载得很清楚："与邻舍之妻行淫的，奸夫淫妇都必治死。"关于同性恋的问题，《利未记》中的记载同样是严厉的。"不可与男人苟合，像与女人一样，这本是可憎恶的。"（XⅧ，22）还有"人若与男人苟合，像与女人一样，他们二人行了可憎的事，总要把他们治死，罪要归到他们身上。"（XX，13）

与众多的女祭司、供奉灶神的贞女或者异教的女占卜者不同，女人不能参与礼拜仪式和充当圣职。与女人的月经相连的不洁原则使形势对她们不利，她们挑起不信任，其起源无疑就是性。彼得·布朗写道："犹太人的民间习俗和异教徒的一样，强调女人的诱惑和借口怀着男人的孩子并需分娩而要求权利引起的混乱。不要忘记，'简洁的心灵'，由衷地讲是属于男性的：正直的男人素性倾向于认为女人是'双重心灵'的真正起因。女人背着挑起淫荡和嫉妒的名声，令男人彼此隔阂。"[2]

另外《塔木德》（Talmud）毫不客气地指责女人的诱惑力，它控告女人"思想轻浮"，好几次将其类比为巫觋。它确凿地说："最出色的女人是

---

[1] 乌塔·兰克-海纳曼，《天国的宦官。天主教与性》，同前。
[2] 彼得·布朗，《拒绝肉体》，同前。

女巫。巫术在女人中间更为普遍。"[1]

至于普遍的放纵现象，它经常引用先知的话。比如先知奥希（Osée）就谴责以色列的道德腐败："聆听上帝的话语吧，以色列的孩子们，因为上帝与国家的居民起了争执：这个国家既没有真诚，也没有爱、没有对上帝的认识，却充满背信和谎言、谋杀和偷盗、通奸和暴力。"耶利米在著名的段落中（《耶利米书》V，8），使用了更为严厉的说法来谴责他同时代的人："他们像喂饱的马到处乱跑，各向他邻舍的妻发嘶声。"

性的禁忌在《旧约》中比比皆是，不过它还是将对家庭和生育的高度评价置于一切之上，起到缓和性禁忌和重新确定方向的作用。在犹太教中一切都赋予家庭、母性和给予孩子的教育——非常好——以特权。这种要求使得独身和贞洁变得难以想象。一个做了母亲的女人，人们说她是"创造的"。"儿子"（ben）这个词是从动词bnh（意为"创造"）派生出来的。"《创世记》几乎是强迫性地被不育和生育的主题贯穿着。[……]三位族长的女人罹患不育症。这就是为什么《创世记》以她们为生育而进行的艰苦斗争为脉络，甚至，我们说，是不育和生育在圣经的初期成为重大的事情。"[2]

在《箴言》中，人们找到一个非常强调女人持家的长篇颂词："她在天还没亮时就起身，为家人分发食物，给女仆发号施令［……］优雅是骗人的，美貌没有任何用处！明智的女人，这才是应该夸耀的。"彼得·布朗总结道："在犹太教中，女人被隔离在以法学博士为中心的活动之外：除了几个明显的例外，女人从不参与通过对摩西五经的学习实现的传统继承。作为交换，已婚妇女保证以色列生物学的延续。她维持着家庭，法学博士和学

---

[1] 艾迪特·卡斯特尔（Edith Castel），《永恒的女性。宗教中的女性》，Assas-édition出版社，1996年。
[2] 约瑟·艾森伯格，《圣经时期的妇女》，同前。

者的儿子从那里走出来。"[1]

这种对家庭和生育的绝对突出是如此强烈，使得《旧约》有时也容忍某些对性禁忌的侵犯，包括最严重的，每次都是生育和种族的延续起了作用。罗得的女儿们的传说就很能说明问题。故事发生在所多玛被天火烧毁后。罗得和女儿们处在几乎是末世般的环境中。于是女儿们决定为了生育与父亲犯乱伦之罪。"大女儿对小女儿说，我们的父亲老了，地上又无人按着世上的常规进到我们这里。来，我们可以叫父亲喝酒，与他同寝。这样，我们好从他存留后裔。"（《创世记》，XIX，31—32）。然而，对圣经的禁忌极其严重的侵犯（乱伦！）在文中没有受到任何惩罚。

至于三代之后亚伯拉罕家族的俄南（Onan）的故事，则具有同样的意义。他玛（Tamar）嫁给了犹大的大儿子珥（Er，亚伯拉罕的重孙子），但珥没有孩子就死去了。根据叔接嫂制的法律，他玛转嫁给小叔子俄南。后者没有让自己的妻子怀孕，而是把精液遗在地上。他受到严厉的惩罚，甚至被判处死刑，是因为他拒绝生育，而不是因为他孤独的乐趣。"犹大的长子珥在耶和华眼中看为恶，耶和华就叫他死了。"（《创世记》XXXVIII，7）[2]

法学博士的强硬

在耶稣基督之前的最后几个世纪里，犹太教经历了内部的演变，转向清教徒般的强硬。从称之为《崇拜耶和华者》（公元前八世纪）的古老文献以及三个世纪后《祭司档案》中一神教的吹毛求疵和非常教权里，已经可以

---

[1] 彼得·布朗，《拒绝肉体》，同前。
[2] 我借用了约瑟·艾森伯格对圣经的翻译。

察觉得到这种转变,[1] 而且会越来越强烈。在称为第二法规的书籍中,加大了对通奸的责备。出现了一个新概念,Yetser Hara,意为:"恶的倾向",让·丹内洛(Jean Daniélou)则将冲动、性欲解释为恶的精神,但也是性的本能。他写道:"性欲似乎与人的恶相连。从那时起,人们对犹太基督教的禁欲有了其他的理解。除了洗礼外,人们还发现教徒(ebionite 和 elkasaïte)中有了净礼浴,但在其他地方也能遇到,并且与同一原则联系在一起。"[2]

其他明显的强硬信号:基督纪元最初时期某些犹太典籍中包含着比《旧约》更刻毒的反女性的段落。约瑟·艾森伯格举了两个例子。《耶路撒冷的塔木德》(《沙巴篇》Ⅱ,6)有这样关于女人的文字:"她们流血是因为夏娃令亚当流血,并将死亡带到世上;她们应该抽取面糊,因为亚当是世界的面糊;最后,她们还得点亮夏巴的灯,因为她们弄灭了世界的灯。"在《创世记》(17,88)中,还有更强烈的段落:"为什么女人要薰香而男人不用?因为亚当是用泥土做的,泥土没有臭味,而夏娃是用骨头做的。然而当你把肉不加盐放三天,它就会臭。"

犹太教的这种转变主要是受直接源自波斯或者印度的叫作灵智(gnose)[3] 的一股悲观思潮的影响,这股思潮声称所有存在皆为虚无,拒绝婚姻、吃肉喝酒。他对犹太教的影响尤其表现在主张彻底严守性戒规教派的增多上。1947年死海手卷的发现以及随后的破译,使得我们更多地知道这些团体对早期基督教的影响是决定性的。禁欲派或者库兰(Qumran)教派(源自附近干涸河流的名称)——让·丹内洛将其理解为"犹太教的边缘",将成为最激进的部分。他们被看作以色列战士,就像一只可以打仗的军队,但他们要求教派中的

---

1 这个观点借自让·伯特洛(Jean Bottéro),高等研究院学习导师(亚述学):"亚当和夏娃:第一对夫妻",《西方的爱与性》,同前。
2 让·丹内洛,《早期的教会》,"历史观点"丛书,1985年。
3 在公元一世纪末犹太教与基督教截然分开之后,第一位诺斯替大师是巴西利德(Basilide),他主要在125到155年之间活动,写下了24本对《圣经》的注释。

男性成员发愿独身，甚至保持贞洁。在他们眼中，再次借用彼得·布朗的话，"不应该听任自己迷失在单纯世俗的无节制状态，在与妻子愉快生活的同时却让精液自由地流淌"。与异教传统相反的是，无论如何，他们培育了对杂乱、赤裸和古代城池中年轻人间风行的同性之爱的绝对厌恶。他们对支配妇女月经周期的净身仪式和男人射精表现出极高的警觉。

关于这个清教教派，人们找到了老普林尼（在他的《自然史》中）的一个判断。那个时代异教徒的想法相当说明问题。"世界上最为奇特的唯一的部落，没有女人，弃绝一切爱情的快乐［……］就这样持续了若干世纪（不可思议的事），一个没有生育的种族永存下来。"实际上，这些描述相当接近犹太历史学家弗拉维奥·约瑟夫斯（Flavius Josephus）的记载，他死于公元100年，写过《犹太战纪》。他写道："禁欲派教徒远离生活，就像躲避某些坏事，接受禁欲就如接受一种德行。他们对婚姻抱有不利的看法。［……］他们不信任女人的善变，认为她们没有一个能对丈夫忠诚。"

在性道德方面，基督教的诞生和随后四个世纪受三重影响，**异教的斯多葛主义、法学博士的新严守戒规和受东方玄秘学影响的犹太教派**。今天人们归咎于教会的神父的这些性的禁忌，实际上来自这一决定性的交汇。[1]

一位象征性的人物对这一切做了总结。他是基督同时代的人，名叫亚历山大的菲洛，是受过良好的希腊化犹太教教育的奇特代表，热衷于将犹太法典与受斯多葛主义影响的希腊哲学结合。然而他讲授的性道德——甚至在基督教独立之前——非常严厉。菲洛认为生育是婚姻的唯一目的（反对寻找感官享乐）。他走得比希腊人还要远，谴责与不能生育的女人发生关系，因为这种关系只是出于对快感的渴望。他还痛斥避孕并以难以想象的言辞指责同性恋。他嘱咐说："杀死他，不要犹豫［……］娘娘腔的男人是自然

---

[1] 在关于犹太—希腊—基督教影响的最新著作中，请看斯特拉斯堡大学讲授《新约》的名誉教授埃提安·托克美（Étienne Trocmé）的迷人的小书《基督教的童年》，Noêsis出版社，1997年。

扭曲了的作品［……］促进了沙漠化，又以精子的浪费而加重了城市人口的减少"。

"禁欲派"的颠覆

那么，《新约》没有任何创新吗？这不完全是真的。和基督教一起，对"肉体"的认知出现在一世纪沸腾的东方，它不是与犹太—斯多葛主义清规戒律（实际上是一种延续）的一刀两断，而是一种很大的改变。在随后的世纪里，这种改变远没有作为教义而取得胜利，却一直不停地**受到争议**。实际上，直到今天，这场关于起源的争论在人类历史上从未停止过，这样说毫不过分。

为了描述这场由基督教引入的重要改变，保罗·维纳用了一个很好的比喻："肉体与罪恶的年代替代了对肉体享乐管理的年代，人不再是合理控制每件事情细节的管理者，或者一米一米尽可能详尽地计划路线的驾驶者：而是通过蛮荒地带的一个旅行者，一个开拓者；这个开发者应该保持警惕，严防随时会突然扑过来的猛兽，猛兽的名字就叫罪恶的诱惑。其中'一只身躯轻巧、矫健异常的豹子蓦地窜出'[1]，要知道，淫荡几乎在地狱的第一曲时就吞噬了但丁。"[2]

今天的人很难想象"拒绝肉体"的计划，它在所有的教育之外，突然鼓动起叙利亚和巴勒斯坦所有团体的男男女女。其实最早既不是神学家，也不是祭司，将绝对贞洁的思想从一个省带到另一个省，而是流浪讲道者引导的混合群体。他们很贫穷，围着地中海边走边唱，陶醉于绝对的禁欲和天国

---

[1] 此处原为意大利文 la lonza leggiera e presta molto，引自但丁《神曲》。——译者
[2] 保罗·维纳，《罗马的情色颂歌》，同前。

的期待。在异教徒不信任的目光中,他们描绘了一幅令人惊叹的时代画面,这是一个"恒久宁静的时代,两种性别之间存在一种纯洁的友谊。[在他们的眼中],圣灵监视着那股可怕的还没有流遍他们身体的激流是否被截断。从此在充满电荷的男女两极之间不会迸发任何火花"。[1]

这难道是一种神秘疯狂的方式吗?是否一种可与我们即将结束的二十世纪的宗派现象相比的精神错乱?这种处在禁欲派和东方玄秘派既定路线上的运动很快就会理论化和组织化。从一世纪末开始,教会的神父中出现了持这个观点的神学家和改宗者,他们与那些支持婚姻和生育的神父相对立。这样,或者在早期的基督教会内部,或者在其外部(就像异端摩尼教的情况),形成了一个性问题极端分子的极点,堪与公元前犹太教的犹太宗派相比。人们称这个运动为 encratisme,该词来自希腊语 enkrateia,意为禁欲。十二世纪的纯洁派将是禁欲主义遥远的继承者。

这些最早的禁欲主义者的意图是什么?首先,确信他们生活在世纪末的时代,就是说接近天国的建立。更明确地说,这些男人和女人相信——就像保罗本人——他们将活着看到这个世界的末日。任何一种对禁欲主义的解释,如果没有首先提到这个末世的景色,都是没有意义的。这样,在选择禁欲的同时,这些最早的基督徒没有想要建立"道德",或者我不知道叫什么的长久的"文明"的明确意图,像通常想的那样。(再有,没有生育,这一切都是虚妄的。)相反,他们希望加速——甚至将此作为一个责任——"此世"的崩溃,一个即将"被救世主(Messie)的海啸卷走的世界"。[2]

面对异教的世界,致力于尘世修会单调的永存,他们的行动具备了颠覆的最强意义。就像马吉安(Marcion)、塔提安(Tatien)和瓦伦丁(Valentin)三位最早的禁欲主义大师将要表达的那样,要阻断"造成宇宙

---

[1] 彼得·布朗,《拒绝肉体》,同前。
[2] 借用古叙利亚语传奇《托马斯行传》的表述,在埃德萨城,220 年。

恐慌的火灾"和这"来救助世界"的"可怕的火"(性欲)。自我控制,就是接通转换器,阻止"人类倾泻的洪流",并为了另一个王国而加速"尘世王国"的灭亡。

这种颠覆不仅仅是被以极为抽象的方式指引着颠覆这个尘世。它同样指向古代的城市本身,当然是指罗马帝国。禁欲主义的基督徒不仅弃绝生育,还拒绝暴力,因而也拒绝服兵役。正是这种对家庭和军队的双重拒绝,在三世纪初,尼禄之后,引起反基督教迫害的回潮。第一个直接针对基督徒的司法行为是塞维鲁(Sévère)皇帝于202年颁布的诏书。"在塞维鲁皇帝改革关于婚姻的法令以加强家庭时,这些基督徒指责婚姻并号召所有的兄弟禁欲。在帝国的边界东面被安息人、北面被苏格兰人威胁的时刻,需要动员一切力量,基督徒却劝说拒绝服兵役。"[1]

"这一切的原因"……

但是,其他因素也起了作用,至少在最初,这股禁欲主义潮流初起的时候。这些原因中,应该提到的是——因为这将是历史中的恒量——早期让基督徒避免受到放纵指责的意愿。生活在混合群体的事实,就是说杂处,男男女女混在一起举行仪式使他们遭到放荡甚至淫荡的怀疑。众多异教作家,其中就有塔西佗(Tacite)和老普林尼,反常地指责基督教纵容性的放纵,其中包括同性恋。颂扬和切实实行禁欲将成为对这些指控的回答。

出于同样的原因,异教自愿阉割的传统(实际上可以追溯到很早)在基督教初期也受到恢复的鼓励。好几位福音书著者都曾提及。路加(Luc)

---

[1] 让·丹内洛,《早期的教会》,同前。

回忆那些已婚者,耶稣基督的学生"为了神的国,离开了房屋、妻子、兄弟、父母和儿女"(《路加福音》XVIII,28)。马太(Matthieu)补充说,某些男人"为了天国而自阉",他们肩负的重大使命而不能结婚(《马太福音》XIX,12)。早期基督教僧侣的来源有好几种,失败、流血和绝望的自阉僧侣。新约外典的《约翰行传》(53—54,2,241)记载了一个年轻人以惊人的方式用镰刀一边自阉一边大喊:"这就是榜样,这就是一切的起因。"

在查士丁尼(Justin)时代,亚历山大的一个青年向庄严的行政长官请求允许他自阉,因为他希望说服异教徒,基督徒不想在他们的"姐妹"身边寻找什么性的优待。至于奥利金,他在206年秘密地来到一个医生家接受阉割手术,以回击(据他的信徒所说)他和女基督徒过于亲密的诬告。

自愿阉割不是个别现象。这种趋势增长很快,甚至到了至少有两位皇帝采取措施予以禁止的地步:图密善(Domitien,死于96年)和哈德良(Hadrien,死于138年)决定对自阉者处于死刑,为其做手术的医生受同样的处罚。

但是禁欲主义者所作的禁欲选择——不一定总是走极端——有其他更多从教义角度考虑的目的:区别于犹太教,明确表明今天文明称之为"身份"的东西。为了让群体留存下来,自一世纪末,当时犹太教和基督教联系非常紧密,禁欲主义者希望拥有和犹太法典一样清晰可辨的规则。查士丁尼断言耶稣为他们带来了"代替它前面那一部的法律[……]"(《与特肋弗的对话》,11,2)。

然而,这些经过详细规定和批准的性禁忌成为直到那时区分犹太人和市民的原则。禁欲主义的基督徒自认为在这个领域看涨。在他们看来,性欲不仅要被规范,而是应该作为人类堕入束缚的症状干脆被排斥。例如,自二世纪起,查士丁尼(他本人也被阉割)介绍,基督教以在性规则方面的严格而与其他所有宗教相区别,已婚的教徒都看得到。

彼得·布朗写道："单方面集中在禁欲和性英雄主义上，查士丁尼时代的基督徒找到办法，以平等和真正万有的宗教面目出现：强调人类在性欲望方面是多么脆弱，他们甚至发现或者发明了一个复杂的［……］基础［……］，［这］派生出混乱的简单。"[1]

基督教的第一个世纪（在这个时期，最好说犹太基督教），禁欲主义的思潮尤其强大，享有特殊的威信。他的信徒被看作精神的运动员、禁欲高手，能够平和面对肉体的诱惑以及暴力和折磨。但他们并不是**全部**的基督徒。正是在这一点上发生了最严重的误会。保罗的《使徒书》实际上表现了在基督教群体中对于性欲、婚姻和生育的**多元态度**已经到了何种地步。

圣保罗的"妥协"

犹太聚居区改信基督教的法利赛犹太人——在"大马士革的路上"——保罗·德塔斯（Paule de Tarse，和奥古斯丁一起）经常被认为是基督教真正的创立者，不管怎样，他是所谓天主教苦行主义的第一个负责者。确实，他的某些注释者，即使在教会内部，应该对被认为过度的圣保罗教义解释承担部分责任。例如，四至五世纪的哲罗姆，《圣经》的译者，应对保罗教义过分严格和不准确的校订负责。保罗相当多的文字被篡改和充当某种有目的的工具，尤其是在作者死后。例如在关于妇女的问题上，一位当代的基督教作家劳拉·埃奈尔（Laure Aynard）自问："人们可以假想，圣保罗会相当吃惊（我们可以想象，很伤心）地得知，他某天对一些科林斯妇女的不检点所作的良好行为的规定，竟然在十九个世纪中成为整个西方世界一半

---

[1] 彼得·布朗，《拒绝肉体》，同前。

人类地位低下的理论依据。"[1]

事实上,从保罗改信到他于大约 67 年罗马的监狱中殉难,他的一生在性欲问题上,毋宁说是一连串的**妥协**,或者,也可以说,是在禁欲主义的极端态度和小亚细亚西部(即现在土耳其和希腊所在区域)的异教共同体和异教家庭向基督教转变进程中的节制态度之间不懈地寻找**折衷**。

和犹太人一样,保罗非常清楚《利未记》中的禁忌和禁欲派的主张。作为向异教徒传播福音的人,肩负着将异教徒领入天国的责任,他并非不清楚这些科林斯、以弗所或塞萨洛尼基新基督徒的要求,也很关心在"我主耶稣和所有圣人降临"之前的无限漫长时期指导他们的家庭生活。他在很多书信中透露出被后来的注释者匆匆遗忘的一种和解的考虑。同样,人们还会习惯性地忘记,保罗,尤其是当他谈到禁欲问题时,是在——一直是——末世般的氛围中。保罗相信决定性事件的紧迫性,就是说天国的来临,他希望在有生之年能见到。

这种确信在他的书信中多次明确地表现出来。"愿每个人停留在听到上帝呼唤的地方"(《哥林多前书》,7,20)。"我们这些活着的人,我们将看到天主的降临"(《帖撒罗尼迦前书》,4,17)。"根据现下的不幸"(《哥林多前书》,7,26)。"世界的面目将会消逝"和"时间短暂"(《哥林多前书》,7,31)。

再者,近代专家们声称有一千零一种近似的可能致令保罗显得像凄惨清教的发明者。让我们举几个例子吧。保罗在这方面被强调的语句摘自哥林多人书信的第七篇。内容如下:"最好不要结婚"(7,8)。"如果他们不能禁欲,就让他们结婚吧,因为结婚总比被烧灼好"(7,9)。"如果一定要有自己的妻子,那是为了避免不洁"(7,2)。"不要彼此拒绝,如果这只是为

---

[1] 劳拉·埃奈尔(Laure Aynard),《女性的圣经》,Éd. du Cerf,1989 年。

了更好地祈祷的一时之约"（7，5）。

当人们列举这些语句，却忘了说明，其中一句，他是回答禁欲主义者的书面提问。（"男人最好不要碰他的妻子"，不是他，而是他的对话者所说的话，和哲罗姆的观点相反。）还有，在他的对面，是哥林多青年，其中几个赞成卖淫，其他几个则对乱伦表示了宽容。还有一些人有宗教幻想或者本人就是禁欲主义者。他的回答是对禁欲主义的谴责，并表示这里面有些真理。他大体上回答了这些对话者：想当天使的人是蠢货。

格扎维埃·莱昂-杜弗（Xavier Léon-Dufour）总结说："他仅仅是表达了他的良知，而且坚持禁欲主义是扭曲的立场。最好不要碰他的妻子，您这样说吗？当心！如果这是一个约定，'交响乐般的'（希腊原文如此），并且是一时的。尤其最后，不是纯粹的苦行和令现实极为可笑的性体操问题：这种节制只在独自祈祷时找到意义所在。"

再有，人们一般都会忘记说，在同一篇书信中，这些语句是在下面的话语之后，其意义完全不同："丈夫完成对妻子的责任，同样妻子完成对丈夫的责任。妻子不能支配她的身体，丈夫可以。同样，丈夫不能支配他的身体，妻子可以。你们不要彼此拒绝"（7，3—5）；还有"结婚的人担心［……］没有办法满足他的妻子。已婚的妇人担心［……］没有办法满足她的丈夫"（7，33—34）。[1]

面对异教徒的混乱……

在古希腊罗马后期决定性的几个世纪中，可以称作神父的那些人不是

---

[1] 在这里，我受扎维埃·莱昂-杜弗的分析的启发，《圣保罗理解的婚姻与贞洁》，Christus 出版社，n° 168，1995 年 11 月。

都赞成源自禁欲主义的严守戒规。如果没有过度简单化的危险，人们甚至试图将这些早期的基督教大师分为两大组。在《贞洁的告诫》一书的作者德尔图良（Tertullien）彻底的清教阵营这边，有塔提安、哲罗姆、奥利金、尼斯的格列高利，与夫妻、家庭之爱以及合法快乐的辩护者相对。

自三世纪，一位伟大的基督教理论家起来反对禁欲主义的严酷，他将夫妻有规律的性生活无可争辩的合理性与之对比。亚历山大的克雷芒（150—215）在两篇主要的文字中大篇幅地谈论性欲问题——《导师》和《杂俎》——第三部是对婚姻的强烈辩护。对于克雷芒来说，身体不是敌人而是"灵魂自然的同盟者和路上的同伴"。受斯多葛主义和柏拉图形而上的启发，他理想中的生活摆脱了一切情欲达到了斯多葛主义的 apathéia（内心的安宁）。这并不妨碍他不接受对身体的所有责骂或禁欲的思想。

同样，人们在圣约翰·克里索斯托那里——安提基亚城基督教雄辩的演说家（金嘴约翰），这个城市还受异教控制，挤满乞丐和沉醉于饮酒狂欢的人，被描述成被异教城市包围的乱糟糟的受保护的城堡——发现对家庭、特别是基督教家庭始终如一的颂扬。在他看来，年轻人的婚姻本身包含着颠覆的性质。不再应该将其视为使夫妻的能量服务于城市的简单手段（在异教的观念中如此），而是相反，作为彼此帮助来控制自己身体的同盟。反常的是，年轻人的身体蒙受性危险的观念将基督教夫妻连成坚实的一致关系。

在实践中，主教每天都接触正在形成中的基督教社会，他们自愿地倾向于这种适度，而不是苦行主义火焰般的、骄傲的严厉。"人们在主教们那里看到对绝大多数人的拯救的极大关心，关怀他的教民的牧师，对实在的基督教的追寻，与权力达成和谐的愿望。"[1]

---

[1] 让·丹内洛,《早期的教会》,同前。

与这种节制相对的是,摩尼教的门徒主张来源于诺斯替教派的旧传统和波斯禁欲主义的严格的禁欲。一位犹太基督教的禁欲主义者,摩尼,216年出生于底格里斯河畔(276年被波斯国王处死),被厄勒克塞派(Elkhasai)的信徒养大,他在性欲中看到应对"地狱"蔓延负责的冲动。他表达自己对肉体的厌恶所用的词汇使人想起让-保罗·萨特的《厌恶与呕吐》的某些段落:"这血,这胆汁,这股胀气,这些可耻的粪便,这污浊的痕迹……"摩尼教徒遭到教会(和罗马帝国)的谴责,很快会与基督教分离。但他们组成了一个半宗教的自治体,成为很普遍和流传甚广的异端邪说,其中包括非洲,其影响长达几个世纪。奥古斯丁在他年轻时对它也不是无动于衷的。

沙漠的神话

但是初期极其复杂的理论冲突(还将看到其他异端邪说的出现,像多那教派或阿里乌斯教派)受到多种条件共同作用的调控:来自没落的罗马权利的反基督教迫害,罗马随后被野蛮人包围而越来越"极权化"。如何面对死亡、痛苦和折磨的考虑在当时基督教所有的篇章里都有表现。面对死亡表现出的勇气和控制欲望的能力之间的联系一直被人们提及。异教徒对基督教关于 virtus(道德)的解释也不是无动于衷。盖伦,马可·奥勒利乌斯(Marc Aurèle)[1]著名的异教医生,祝贺基督徒能够"有时像受到哲学的指引那样行事。他们对于死亡与后果的蔑视一直有目共睹,还有他们的禁欲"。

人们更经常忘记的是,事实上,最初的那些基督徒需要多么平和的勇

---

1 马可·奥勒利乌斯(Marc Aurèle,121—180),罗马皇帝。——译者

气——当问题与性欲相连时。"对死亡和肉体痛苦的恐惧，是基督徒急需学会控制的敌人，而不是对性尝试的刺激。对于基督徒控制受世界无限的痛苦束缚的肉体来说，控制性欲只是一个例子——不太重要。对于迦太基的西普里安（Cyprien，248 年）而言，'追随基督'无异于日常的殉难。"[1]

然而，这些迫害的现实、迫害衍生出来的末世气氛以及人们称作教会圣师的著作——就是说神父的教导，尤其是与"肉体"相关的内容——之间显然存在着直接关联。亨利－伊雷内·马鲁（Henri-Irénée Marrou）写下了该问题富于启示性的篇章。[2] 反基督教的迫害，在 67 年尼禄皇帝之后，于三世纪又连续出现了，间杂着暂时的平息，这时候基督徒与异教徒之间的关系重新变得平静，且比人们想象得更加紧密。最后一次大迫害是 303—304 年由戴克里先皇帝（Dioclétien）的四份敕令发起的。其猛烈程度无与伦比：拆毁教堂，逮捕教士，革除基督徒的公职，搜查、处死他们，对他们施以酷刑，把他们大群驱逐到矿区等等。

大部分基督徒在多少个世纪里，为"尘世"的残酷而痛苦不安：最初，女基督徒对预示圣人圣物的殉难的崇拜、对英雄的处女和贞洁的崇拜（哲罗姆写道："婚礼给大地带来人口；贞洁带来天堂"）、对异教的嘈杂和混乱的厌恶，与所有肉体妥协和社会表现出的衰退等都保持着距离。一些实行极端苦修的教会神父的教育，和奥利金的教育——他本人在恺撒里亚（Césarée）受酷刑和被处死——都与这种压迫的氛围不可分。

这还没有完结。将会产生基督教君主主义的六世纪大规模的逃离运动，可以从这些迫害中找到部分原因。"沙漠之父"（圣安东尼、赫马、约翰·克里马克等）与饥饿、寒冷、孤独和性欲望的斗争产生了真正的创立神话：沙漠的神话。从公元 400 年开始，大约 5000 僧侣只在尼特里

---

1 彼得·布朗，《拒绝肉体》，同前。
2 马鲁（Henri-Irénée Marrou），《古希腊罗马晚期的教会》，"历史观点"丛书，1985 年。

（Nitrie）立住脚，其他好几千人散落在尼罗河沿岸，甚至到了红海之滨光秃和缺水的山区。[1]

马鲁写道："这些隐遁者采取的生活方式不是他们的发明：隐修，从字面上理解是'到沙漠去'，用现代语汇讲是'到丛林中去'，在当时的埃及是所有有充分理由逃离社会的人，罪犯、强盗、欠债无法还清者、被税务机构追捕的纳税人、因各种理由不适应社会生活的人共同的解脱方法；在迫害中，信徒会帮助他们；僧侣出于精神动机选择了逃离。"[2]

但是，如果说这次隐修者们隐入孤寂的沙漠中，不仅仅是为了逃避，而是"为了与恶势力特别是魔鬼及其诱惑、攻击斗争；这就是为什么在《圣安东尼行传》中这些魔鬼占据了如此大的篇幅，在丰富了布鲁盖尔（Breughel）的想象力之后，经常令当代读者惊奇，但应该理解其深刻的理论意义"。在一些异教徒（叛教者于连）的眼中，这些人是疯子，即使一些当时非常伟大的主教也加入了他们的队伍。

不可思议的"冲突"

其余的，重大理论、形而上学和古希腊罗马晚期道德辩论的深度和性质很容易相互理解。若干世纪以来，异教、犹太教和基督教在社会中紧密联系，有可能家庭中的一个成员改信基督教而其他成员继续进行异教的浇祭和牺牲。就像奥古斯丁的家庭一样，他的母亲莫妮卡是虔诚的基督徒，父亲是异教徒。就一般规律而言，是妇女将基督教带入家庭，儿子继续信奉——

---

[1] 相当奇特，埃及这种逃到沙漠的传统今天仍然留存下来，还有 Hijrat（拒绝），开罗的年轻市民自我流放到埃及的山洞中，与"渎神的社会"决裂。
[2] 马鲁，《古希腊罗马晚期的教会》，同前。

至少公开地——父亲的异教。在罗马，人们甚至可以说在贵族妇女和基督教士之间存在一个同盟。这种日常的对抗、不可思议的"冲突"当然出现在思想领域：教会圣师的著作中如此丰富的各种争论由此而来。

随后，基督教在罗马帝国内部不可逆转地发展壮大起来，直到324年君士坦丁大帝皈依基督教，在他周围逐渐吸引了社会精英，尤其是今天称之为"知识分子"的人。在三世纪初，基督教已经不再像它诞生初期那样是帝国的穷人和贱民的宗教，这曾为它招来塞尔苏斯（Celse）这样的异教作家的嘲讽。它赢得了统治阶层、省督、大法官、宫廷的某些达官显贵甚至皇家自己。

马鲁写道："面对被时间磨损的异教，基督教代表了积极的成分、上升的因素、四世纪文化氛围的领导原则。[……]从统计角度来讲，基督教赢了；基督教文化的新理想集合了当时绝大多数精英，怎么能不惊奇呢？"[1]

然而，在性法典或者普遍风俗问题上，这个时期的基督教徒并不总是最道学的。在四世纪左右，经常是异教徒极为强烈地表达了重整秩序、减轻罗马社会混乱的需要。当320年君士坦丁大帝颁布一条针对通奸和拐带少女的非常严厉的法律时，他援引了奥古斯丁时代坚定而严格的往昔风俗，为罗马提供了"新法律[……]来改良风俗和压制罪恶[……]"。为他狂热叫好的是一位异教的演说家纳泽尔（Nazaire）。

相反，基督徒——包括奥古斯丁本人——自愿地求助于适度严格的古代风俗来建立同盟的相关观点，并表明他们不要求不可能的事：对流产和离婚的敌意变得太过容易，比如塞涅卡就这样说过。马鲁写道："四世纪和五世纪初教会的神父曾在一时之间代表了对古代的继承与基督教自身的逐渐丰满之间相当完美的平衡，这种继承还未被衰落所伤，还没有很好地同

---

1 马鲁，《古希腊罗马晚期的教会》，同前。

化。"¹关于风俗的问题，其实并不存在真正的对立。

当然，在 303 年西班牙南部埃尔维拉（格林纳达）召开的第一次主教会议，大部分精力用于风俗问题，因为主教们将 81 条决议——总之还相对缓和——中的 34 条用于解决婚姻和性的不端行为；决议的四分之一要求对基督教妇女的控制前所未有地加强。再有，第一次，主教会议没有强迫教士独身，但要求他们不能生育。他宣布："所有主教、教士、修士应该避开自己的妻子并不生孩子。"禁止教士结婚要一直等到……8 个世纪之后拉特兰的数次主教会议。

尽管如此！在皇帝皈依基督教后的罗马风俗几个世纪漫长的进化过程中，不仅关于性的问题不再令基督教与异教明确对立，而且，尤其他们不再如今天想象的那样是根本问题。基督教与异教文化的冲突是在其他领域：在乡村消灭多神教的牺牲和禁止异教的牺牲［他们在 391 年被狄奥多西（Théodose）监禁的残酷斗争］；由罗马军队实施的对大众的密集报复²；对杀婴、决斗士斗殴的惩罚（第一次禁止是 325 年）；改善奴隶条件的尝试等等。

由罗马基督教承担的用城市规则完成的进化过程，需要今天称作"妥协"的东西。比如在军队问题上。在德尔图良时期对战争不可遏制的厌恶，我们现在说，当他们是被压迫的少数时，就是自觉的反对者，当他们必须对受各方向野蛮人进攻威胁的帝国负责时，基督教徒们变得更加"现实"。马鲁写道："我们看到地上的城市与天国的城市之间出现了对立的要求。"³ 410 年 8 月 24 日，奥古斯丁因恐惧罗马被西哥特人占领，在当时的背景下，发明了正义战争的理论。

1　马鲁，《古希腊罗马晚期的教会》，同前。
2　最残酷的报复是 387 年弗拉维乌斯皇帝屠杀塞萨洛尼基 7000 叛乱居民的决定，屠杀前先把他们驱赶到竞技场中。
3　马鲁，《古希腊罗马晚期的教会》，同前。

圣奥古斯丁，"西方之父"

对奥古斯丁而言，"肉体"属于首要问题。他在公元386年皈依基督教（著名的米兰花园的那一幕！），在度过了相对放纵的青春期之后，受自我狂热性情的困扰，这个来自非洲的罗马的柏柏尔人——他出生于阿尔及利亚塔加斯特——今天变成了原罪的"发明者"，宿命的不妥协的博学者和禁欲的性道德的发起者。人们通常引用的他的话都属于这种阐释。尤其是："我断定再没有比与女人的关系更应该躲避的了：我认为再没有比女人的爱抚更能降低男人的智力的了，没有爱抚就不算有妻子"（《独白》，I，IX）。

实际上，奥古斯丁的思想经常被——现在依然如此——过度简化，比圣保罗的还要夸张。大量著作的作者（几百篇文章、手册和书信！），易怒而好战的性情，奥古斯丁确实授人以柄。马鲁，他值得敬佩的传记作者不是最后一个承认这一点的人："如果，像受他影响的历史表现出来的那样，对他的真实思想的严重误解经常出现，奥古斯丁本人是大部分这类误解的首要责任人。"[1]

声称在这里来综述他关于性伦理的教诲显然是荒谬的。人们只能举若干例子，说明这位"西方之父"的作品是如何处在大论战的交点，这场论战直至今日还没有真正停息。

奥古斯丁早在改宗之前，首先受维吉尔、西塞罗和新柏拉图哲学的滋养，接受了摩尼教的性严格理论，后来他却改变腔调。在一篇著名的抨击文章中，他弃绝了摩尼教的禁欲邪说，和保罗起来反对禁欲派的方式一样。然而，成为伊波的主教之后，奥古斯丁是在对立面上进行战斗，就是说反对佩拉纠（Pélage）和他假定的宽容——尤其是在另一篇论战文章中。佩拉

---

[1]《圣奥古斯丁和奥古斯丁主义》，色伊出版社，1955年。

纠最早是来自大不列颠的僧侣，主张人类的拯救不只依赖于上天的恩惠，尤其依赖于人的自由意志。他在实践中否定原罪思想和苦难的坏榜样，进而发展到了乐观主义和拯救的意志论。奥古斯丁满腔热情地起来反对佩拉纠学说，就像他大肆攻击当时被清查的大量基督教的邪说（总共有88个之多！）。

尽管有无数的论争和驱逐，尤其处在漩涡的中心，处在长达千年的基督教内部共存的两大"倾向"的交叉点上，奥古斯丁在不同的战线上斗争，马鲁将他比作"基督教传统最坚定和最可靠的代言人"。在苦行方面，实际上，严厉的禁欲派和摩尼教的潮流在若干个世纪中以不同的形式不断出现，纯洁派、阿尔比教派、清教甚至冉森教派。在十七世纪初，比利时主教冉森、《奥古斯丁》一书的作者，依据的肯定是对奥古斯丁极为严格的阐释。他考虑的是反对"极为著名的享乐辩护者"（耶稣会士）。冉森将当时低下的道德水准归咎于在他之后远离奥古斯丁和教会神父的"新神学"，他称之为热衷于 delectatio carnalis（肉体快感）的 saeculum corruptissimum（最堕落的世纪）。波尔罗亚尔的冉森派和帕斯卡本人都将极为合乎逻辑地援引对奥古斯丁的阐释。

至于佩拉纠教派的见解，文艺复兴时期的人道主义或者某些耶稣教派适度的道德对其并不觉陌生，尤其是托马斯·桑切斯（Thomas Sanchez），后者是十七世纪最著名的婚姻与性的神学家，发表过有名的巨著《婚姻誓约论》(*Disputationes de Matrimonii Sacramento*)，该书在1602到1669年之间出版过12版完整版和众多的简写版。在该书中，桑切斯竟然承认，既然夫妻"可以通过触摸来平息身体的肉欲或者提供相互爱情的证明"，那么爱抚具有合法性。[1]

---

1 让-路易·弗朗德兰引用，《农民的爱情，十六至十九世纪》，Gallimard-Julliard 出版社，"档案"丛书，1975年。

令我们羞愧的是……

第二个例证：奥古斯丁赋予意愿的概念以基本的重要性，这使他成为现代个人主义的基督教创立者。对于奥古斯丁而言，如果性欲望是一种既有爆发性又令人担忧的力量，那是因为它从定义上讲，逃过了意志。人们在他的著作中可以看到关于勃起和阳痿的令人惊奇的论述。男人明确不是这个器官的主人。他在《上帝之城》中写道："有时，这种热情来得不是时候，未唤而至；有时它战胜了欲望；灵魂是火焰而身体是冰。奇怪的事！〔……〕至于生殖器官，色欲令其如此低下，如果它刚刚衰退，无法勃起，无论自发还是受刺激，它们一动不动。这就是令我们羞耻的事，在众目睽睽之下羞红了脸躲到一边去。"[1]

这种被摧毁的人类意愿、这种在我们身上受精神控制而释放的兽性，对于奥古斯丁而言构成了堕落的定义本身。这种我们的意愿对性欲的生理自律的嘲笑揭示了根本的断错，有害的不和谐（discordium malum），"自堕落以来存驻于人身上的持续不和的原则"使它最终成为"死亡微缩的阴影"。[2]

"堕落"的思想是根本的。对于奥古斯丁来说，与快感相连并结合了生殖的性快乐在世上天堂可能并不缺少。但它**完全与意愿吻合**。原罪以及堕落（不是性欲方面）的后果，就是这种悲剧性的断错：意愿无法"完全抓住身体"，男人是无能的。色欲，带上了否定的记号，从此成为留驻在男人身体上的奇怪的力量。抗拒肉体，就是在他原有的尊严中重新安放——在圣恩的帮助下——人类的意愿，因为"令精神感觉耻辱的，是反抗它的这个身体，这个身体，臣服于它的下等天性"。

---

[1] 圣奥古斯丁，《上帝之城》，色伊出版社，"智慧观点"丛书，三卷，1994年。
[2] 我借用了彼得·布朗的说法，《圣奥古斯丁的一生》，色伊出版社，1971年。

奥古斯丁赋予这种个人意愿以优势，他在《上帝之城》中揭示了异教道德中针对妇女的极其野蛮的要求。在西哥特人劫掠罗马时，成千上万的妇女被侵略者强暴。如果是已婚妇女，异教道德强令她们自杀。奥古斯丁谴责他们在提出这个与身体灾难对立的意愿问题时的不作为。他写道："像某些人提出的，德行，美好一生的重要原则，在灵魂的高峰俯瞰着身体的各个部分，身体通过神圣意愿的行使变得圣洁。只要意愿是坚定不变的，无论身体怎么样或遭受到什么，如果实在无法无罪而归，那么这个身体的主人无论如何对于它遭受的东西而言是无辜的。[……]这样，对于那些因为不能忍受此类冒犯的不幸者来说，什么样的心肠忍心不原谅她们呢？而那些因为害怕用自己的罪行为别人的罪行辩护而不愿自杀的妇女，谁又能指责她们而不被斥为疯狂呢？"[1]

这个辩护不仅与异教的逻辑不一致，而且历史性地带上了决定性的"优先"：与一个整体社会的专制要求**对立**的个人意愿的优先。路易·杜蒙（Louis Dumont）从中看出了超出性欲问题之外将要引领整个西方的巨大文化断裂的开端：个人主义。他写道："人们可以在奥古斯丁身上从细节中找到超前细微的个人主义。"[2]

直到那时，各种"智慧"（从印度思想到斯多葛学说）不允许个人的解放，只能短暂的"放弃"或者遁世。就像印度"被抛弃的人"，实际上，"斯多葛主义者应该是宽松的，应该无所谓，即使面对他想平息的痛苦"。[3] 我们时代最伟大的社会学家之一，埃利亚斯（Norbert Elias），清晰地表述了这个古代哲学思想对现代西方意义上的个人主义概念的无能为力。"一个独立

---

[1] 《上帝之城》，同前，第一卷，第XVI部分。
[2] 路易·杜蒙（Louis Dumont），《个人主义评论。对现代意识形态的人类学观察》，色伊出版社，"思想"丛书，1983年。
[3] 路易·杜蒙，《个人主义评论。对现代意识形态的人类学观察》，色伊出版社，"思想"丛书，1983年。

于所有团体的个人，一个存在，男人或女人，脱离'我们'所有的参照系，作为孤立人的个人，人们赋予它以这样的价值，即任何一个团体，无论是氏族、部落或者国家的参照，似乎都相对不重要，这样的概念在古代世界的社会实践中还是完全不可想象的。"[1]

唯有基督教，尤其是奥古斯丁，用路易·杜蒙的话来描述这个不可思议的计划就是，"整体主义将要退出舞台，世俗生活将可以完全遵照最高价值设计，出世的个人将成为现代的个人。这是奇妙的原初性设计的历史性证明"。[2] 基督徒是可以自主地拒绝的个人，但这次却是**在现世上**。

对于即将到来的世纪而言，这是一个棒极了的因素，仅仅是个人的发明。"人们会说，有了奥古斯丁，帝国统治下的末世观点——教会最初的神父们曾致力于此，并且还远未完成——开始改变某些东西，就像现代对进步的信仰。"[3] 我们应该记住滋养了汉娜·阿伦特（Hannah Arendt）的理由，她同样对奥古斯丁极为关注，尤其是他的《上帝之城》，她曾多次引用。对于阿伦特而言，奥古斯丁是"唯一伟大的思想家，他生活在一个很多方面与我们相似的时代，他的文字能够感觉出末世的气氛，这种气氛其实与我们所熟悉的没有什么不同"。[4]

1　埃利亚斯（Nobert Elias），《个人的社会》，法雅出版社，1991年。
2　路易·杜蒙，《个人主义评论》，色伊出版社，"思想"丛书，1983年。
3　同上。在该段落中，杜蒙参考了彼得·布朗的分析。
4　汉娜·阿伦特（Hannah Arendt），"理解与政治"法译，《思想》，1980和1985年。

第八章 清教的真正发明

我们一厢情愿地想象过去的十五个世纪见证了我们的社会逐渐——和痛苦地——从性的道德主义中解放出来的进程。从中世纪初期的蒙昧主义到文艺复兴，然后是启蒙时代，最后是工业革命，随着宗教控制的节节后退，西方人逐渐获得了自主权和"享乐的权利"。这大体上（grosso modo）是共同的观点。然而，这是不确实但异常顽固和根深蒂固的偏见，甚至历史学家关于古希腊罗马的否定也没怎么得到重视。

其实，说演化在很多方面**恰恰是相反**的也不为过。中世纪时期，无论是哪种宗教，对于性欲都没有过度压制。一位中世纪研究者认为："[再有]对肉体享乐的拒绝并不是基督教思想所特有的。我觉得这印证了人类思想中非常普遍的面对肉体的焦虑感。[……]因为中世纪有它自己的禁忌、自己的修辞和社会习俗，所以中世纪并没有比其他时代更多地感受到这种焦虑。"[1]

至于有时近乎强迫症（尤其是有关手淫时）的清教和道学的潮流，它们的出现反常地与十七世纪的启蒙时代、尤其是十九世纪资产阶级的胜利吻合。这还没完。在启蒙时代之前的漫长世纪中，宗教的分量——特别是基督教——并没有人们想象的那样压抑。在很多情况下，不可知论的思想与思想家将在性欲问题上表现得比教会更为严厉。

让-路易·弗朗德兰还有很多人都提到"放纵者"布朗托姆（Brantôme）在他著名的《贵妇名媛》中对当时天主教神学家允许的某些爱情观点表示愤慨。他同样提到1614年阿让省第三等级议员在他们陈请书的第54条要求——与教会的观点相反——更严厉地惩处通奸。他们写道："对那些被充分证明的通奸者处以极刑，法官不得以任何理由和考虑减刑。"[2] 至于约翰·博斯韦尔，他记下了关于同性恋的内容："几乎没有例外，十三世纪前颁布的极少针对同性恋的法律是民事机构制定的，既没有教会的参与也没有教会的支持。有时，主教会议或者教会机构批准这些法律文件，经常是对强大压力的让步，但教会的文件规定很轻的处罚甚至不规定任何处罚。"[3]

认为性欲在旧制度下长期受教士压迫、但被启蒙运动和现代理性解放的诠释与事实不符。

亲吻的时间……

事实自己会说话。中世纪初期，教会逐渐控制了欧洲，随后在九世纪彻底替代了加洛林王朝之后的短命政权。当时主教的更替是由皇权控

---

1 雅克·罗西奥（Jacques Rossiaud），里昂二大的中世纪史教授，《历史》，n° 180，1994年9月。
2 让-路易·弗朗德兰，《性与西方。态度与行为的变迁》，色伊出版社，1981年。
3 约翰·博斯韦尔，《基督教，社会宽容和同性恋》，同前。

制的。然而教会主宰的社会大部分还是异教的。"野蛮"民族中严厉的性规约，尤其是日耳曼民族，经常比基督教奥古斯丁教派更为压制。教会依据这些规约和传统来解决争端，或者与这些规约和传统作斗争。例如：异教关于身体的概念经常起到压制影响。中世纪历史学家米歇尔·鲁什（Michel Rouche）例举了撒利克法兰克人（七世纪）除自己的妻子外不准碰任何女人的法典。

他写道："如果一个享有自由的男人碰了一个女人的手，他要被罚15个苏；碰肘部以下的胳膊，罚30苏；肘部以上，35苏；如果他最后碰到了胸部，45苏。女性的身体于是成为禁忌。为什么？一些忏悔规条告诉我们，在异教的仪式上，少女或者年轻妇女完全赤裸，通过这个行为来祈祷丰收、祈雨等。碰触女人就是损害生命的进程。女人和男人只能在一个地方赤裸，人们生育的地方：床。从此，赤裸变得神圣了。"[1]

然而女性裸体胆怯的神圣化与基督教对裸体的肯定形成对比，这种肯定来自"美好但依赖于上帝、可以有或没有原罪的"造物的快乐。直到八世纪，在每个天主教堂附属的八角形洗礼池中，男人和女人在神圣星期六完全赤裸行洗礼，如同创世纪时的亚当和夏娃。当时赤裸没有任何性的意味。正是在**异教象征主义的影响下**，赤裸获得了这个含义，以致使一些耶稣基督表现为裸体[2]的十字架因此而消失（从六世纪起）。

其他的例子：在勃艮第人中，如果说乱伦得到相对的宽容，通奸则被认为是不能补赎的罪恶。人们谈论"私通的臭味"，有罪的女人会被休弃然后勒死扔进烂泥塘。在法兰克人中，"习俗更为严厉，因为不仅丈夫而且他

---

1 米歇尔·鲁什（Michel Rouche），《私生活史》，色伊出版社，第一卷，1985年。
2 12个世纪之后，在十八世纪，教皇克雷芒十三世下令用铁锤砸碎雕塑的生殖器，招致了情色诗人乔治·巴福（Giorgio Baffo）作诗反驳："如果他乐于以这种方式摧毁／所有的雄性器官，我毫不犹豫地告诉他／只要他还活着世上就还会存在这种器官。"

的家庭和私通女人的家庭认为这种行为是满门的污点，应该处死有罪的女人"。[1]在更大范围内，一些尚带有部落特征的野蛮世界中，对女人休弃或者绑架的残忍传统依旧得到允许。查理大帝本人就有好几个女人，他休掉了出身伦巴第的第一任妻子。教会需要花费大量精力来终止这些习俗的实行。

伟大的中世纪学者雅克·勒高夫（Jacques Le Goff）曾说明中世纪著名的教会忏悔条规，就是说为信徒列举很大程度上**受野蛮民族法规启发**的各种错误及其惩罚（罚款的数目）的性行为法规。

在那些依然处于异教状态的社会，基督教信仰确实长期停留在表面。星相术、魔术和巫术很流行。日常生活按照祖先的历法进行，教会逐渐用自己的历法取而代之。"人们选择利于出行、织羊毛的日子；有的人等待星期五金星日结婚；星相术很流行；新月是人们盖房或联姻的重要时段"。[2]

沿袭自漫长的人类学记忆，这些古老的时间节奏的采纳、基督教专有的仪式历法的确立以及休息的节日、守斋日和忏悔期，在中世纪早期，都是重大事件。正是通过这些方面——以及与异教和犹太教历法的竞争——中世纪的基督教会在九世纪初加洛林统治时期安排了基督教民众的社会和道德生活。同样是通过仪式历法的渠道，教会力图限制局部暴力的战争，并且令夫妻生活体系化。

当时主要的性禁忌与**时间的精细安排**有关，让-路易·弗朗德兰曾做过权威的研究和阐释。[3]周期性的禁欲在中世纪基督教占据了重要的位置。性关系在某些期间是被明令禁止的，或者是仪式时间（休斋期、复活节等），或者是女人的生理期（月经、怀孕……）。《传道书》的引文中当然突出了这些规则："诸事皆宜。/ 可以爱、可以恨。/ 可以亲吻，避免亲吻。"

---

1 米歇尔·鲁什，《私生活史》，同前，第一卷。
2 诺埃尔-伊夫·托奈尔（Noël-Yves Tonnerre），《中世纪的基督徒》，色伊出版社，1996年。
3 让-路易·弗朗德兰，《亲吻的时光。西方性伦理之初》，同前。

只有当人们明白罗马帝国基督教化后通过历法实现的**社会生活时间表**所具有的文化和象征意义时，对于世俗性欲和一般日常生活的规定才体现了它的全部意义。弗朗德兰写道："为了消除所有异教的痕迹，有必要用基督教的历法替代异教的历法——同样替代国家的和社会精英的历法，就像替代我们不甚了解的帝国各个地区的农民历法一样。因为并不存在中性的历法：任何历法都承载着宗教内涵，以致观察一种历法，在某种程度上就意味着观察它所承载的宗教。"

除了世俗的禁忌以及周期性的禁欲，还不要忘记基督教本身的力量（就像其他宗教具有的力量）一直以来在于它的这种能力，可以使无边的象征性律动延续下去，这种律动经常与自然和人类的脉动相契合、使约束内在化并赋予约束以意义和调节整个社会。相反，阿尔封斯·杜普隆表明，在现代性即时的不确定性中，社会节奏的稀释是如何削弱了当代的基督教。

他写道："人们相信，天体周期与一年的礼拜周期之间明白的对应关系——今天几乎被忘却；相信神圣星期六的降福仪式；相信洒圣水或驱魔的仪式；相信清晨祈求丰收的程序，还有被教会规范了的各种各样的火的崇拜。"[1]

既成习俗

本义上的性禁忌的表达，在中世纪既非常庄重，又极为琐碎。天主教神学家区分了十种没有危害的淫荡行为（其中三种是违背天性的：手淫、鸡奸和兽恋)，例如，他们觉得私通（与妓女的交易）不比伤风败俗（无意娶一位处女却使其失去童贞）和通奸（与偷盗同罪，因为犯罪人窃取了他

---

[1] 阿尔封斯·杜普隆,《天主教的力量和潜伏》,同前。

人的荣誉）更应受责备。一些主教会议的教谕，比如1120年的那普鲁斯（Naplouse）主教会议大部分教谕都是关于肉体罪恶的详细法规。

但是，这些形式夸张的谴责远不是实际的压迫。雅克·罗西奥（Jacques Rossiaud）这样的历史学家更强调我们有必要在神学原则严格的戒规与"比社会伦理更为细微的现实——基督教教育的后果和社会—经济的复杂性、习俗及其既成的风俗对它的反作用"[1]之间加以区分。

中世纪对于性欲的态度实际上并不复杂，不如说是逼人的放肆。说教不得不顾及这种放肆，并以与当时韵文故事相契合的生涩令我们的现代感受大为惊奇。甚至忏悔的语汇有时也以解剖般的精细反映了这种直截。深思一下，就会发现，说教尤其是以实用主义和刚刚批准的和缓的处罚触及各类肉体罪恶。处罚主要有禁食、苦修或封斋期斋戒（参看框内内容）。

你是否私通？

下面可以看到一些摘自十一世纪沃尔姆主教、德国教规学者布哈德（Burchard）撰写的极为著名的处罚规定的片段。它也是教会法25卷的第19卷，更为人熟知的名字是《教谕集》。人们会注意到一些相对平和的制裁。

120. 你是否私通，将性器放入另一男人的后部？如果你已婚，并且你只做过一两次：被判10年内在祭礼日禁食，只准喝水吃面包。如果习惯如此：12年。如果是与你的亲兄弟：15年。

122. 你是否私通，用手握住他人的阴茎，让他握住你的阴茎，轮流摇动阴茎，并且通过这种乐趣射精？如果是：30天只能进食面包和水。

1　《历史》，n° 180，同前。

> 123. 你是否独自握住自己的阴茎，拉起包皮，你是否摇动阴茎直至通过这种乐趣射精？如果是：10 天。
>
> 124. 你是否将阴茎放入有洞的木板，或其他类似的东西，进而通过动作和乐趣射精？如果是：20 天。
>
> 126. 你是否与男人或牛、驴及其他动物犯下鸡奸或兽奸？如果你做过一两次并且还没有娶妻来满足你的色欲，40 天内只进食面包和水——一个封斋期——你必须一直苦修。如果你已婚，你在 10 年内固定的日子禁食。如果你习惯犯这种罪恶，你斋戒 15 年。如果你是年少时犯下的罪，你在 100 天内只能进食面包和水。
>
> 166. 你是否吞吃了丈夫的精液，以使他因为你魔鬼的行为而更爱你？如果是：7 年苦修，并在固定的日子里只能进食面包和水。
>
> 172. 你是否像那些女人一样：她们将一条活鱼放入她们的性器直到它死亡，然后将它煮食或烤食，或者交给丈夫，以使他们狂热地爱她们？如果是：2 年斋戒。
>
> 雅克·勃辽兹（Jacques Berlioz）引用和翻译
>
> 《中世纪的道德败坏者与补赎》，Ed. Du Cerf, 1969

还需要提醒一下吗？直到 1123 年拉特兰的第一次主教会议，教士结婚或者同居——尼古拉主义——还十分盛行。不仅在实际禁止后很长时期内延续，而且民众的良知会过分严格地嘲笑教士们有时的"弱点"。按照当时的观点，一个醉酒的教士甚至受到比同居的教士更严厉的评判。让-路易·弗朗德兰看到，说明问题的是，"当时人们谈论'教士的女人'，就像后来'士兵的女人'。1536 年，一个叫让·米耶的人拒绝娶未婚妻，在法庭上说'他不会娶尼科尔,因为她行为不端并且和教士有关系'。被问了四五回他是否愿证明她和他以外的人有肉体关系,他总是回答她和教士有关系。"[1]

同样还需要提醒一下,教会对卖淫相对宽容吗?卖淫在当时被认为是不可避免的缺点,圣路易国王徒劳地想要禁止。雅克·勒高夫曾提及一个颇能反映当时氛围的轶事:"大约1170年,巴黎妓女们提议向巴黎圣母院教士会捐献一幅献给圣母的花窗,教士们只是问她们捐献的钱是否诚实所得,就是说有没有欺骗客人(使用脂粉等),妓女们说这是诚实所得。但卖淫本身在伦理上是值得责备的;人们最后还是宽容地接受了。"[2]对于卖淫的宽容甚至到了制定法规以达到将儿童、已婚妇女和修女排除在外的目的。

教会在性禁忌的实践中表现出的相对宽容——与它对高利贷的严厉形成鲜明的对照——自然因时代不同而不同。这种宽容在十一和十二世纪前文艺复兴时期——欧洲大部分社会开放和宽容的时期——更为明显。有时教皇甚至自己用这种自由主义反对某些伪善者过度的道德主义。最为著名的例子就是1049年圣彼得·达米安(Pierre Damiens)向利奥九世递交的备忘录《蛾摩拉书》,谴责世风日下,要求加强尤其是对"鸡奸"的惩罚力度。收到抨击文章的教皇冷淡地收下了这份请求,并请文章作者放平和些。总之,这远不是一个过分害羞和被性原罪烦扰的基督教社会,也就是它后来将成为的那个样子。

如果说中世纪表现出性方面的强迫症,其实并非人们一般想象的那样,表现在压制上,而是表现在对无能和不育的忧虑,人们一般将之归咎于女巫的勾当。"十三世纪初之后,无数主教会议起来打击'用魔法迷惑夫妻,阻止其完成夫妻行为'的女巫:1217年索尔兹伯里,1235年卢昂,1243年弗里茨拉尔,1255年瓦伦斯(Valence),1268年克莱蒙,1296年格拉多,

---

1 让-路易·弗朗德兰,《农民的爱情,十六至十九世纪》,同前。
2 《历史》,n° 180,同前。

1300年巴约，1329年维尔茨堡，1332年费拉拉，1434年巴塞尔等。"[1]

关于"bougres"（意为"同性恋"）与bougrerie（同性恋现象），人们无疑不能毫无保留地接受美国历史学家约翰·博斯韦尔对中世纪基督教的所有分析。作为同性恋的斗士，他本人也承认他的行动是有倾向的。他的目的在于为同性恋平反，包括在信徒的眼中，想证明同性恋在当时得到教会的宽容，甚至是接受。因此他表现出强调这样或那样例子的热情。他的一些观点还是不容易辩驳的。

533年同性恋遭到查士丁尼皇帝合法镇压时，这根本不是出于教会的要求。博斯韦尔写道："没有任何文字显示，教会的高层人士曾建议或支持皇帝针对同性恋的措施。相反，唯一被大量提及反对对同性恋行为施加惩罚的是一些睿智的主教。"[2] 同样，650年，西班牙的西哥特人首领采纳了理论上对同性恋极为严厉的法律，因为它规定对犯罪者施以宫刑。但是，博斯韦尔写道，这是一项纯民事的法律。教会没有在采纳这项法律中发挥作用。

约翰·博斯韦尔补充道："[十一和十二世纪]教会多次和明确地拒绝将惩罚加诸同性恋身上或者实施已存在的惩罚规定，大多数教士干脆拒绝倾听基督教反同性恋者的少量抱怨。"[3] 同性恋没有被忽略，只是被当作一个微小的错误。

根据法律文献记载，同性恋行为实际上自十三世纪开始受到处罚。但是文字与事实相去甚远。人们只有极少的关于这些措施被实际执行的信息。博斯韦尔认为，一切令人以为这种情况极少。"出版的文献告诉我们，只有极小数量仅因为'鸡奸'的罪过而被处死刑的实例。"[4]

1　乌塔·兰克－海纳曼，《天国的宦官。天主教与性》，同前。
2　约翰·博斯韦尔，《基督教，社会宽容与同性恋》，同前。
3　同前。
4　同前。

婚姻、自由和女性快乐

到了十二世纪格列高利改革之后，教会终于成功地将它的婚姻概念推广开来，婚姻变得神圣而牢不可破。约1150年，皮埃尔·隆巴德（Pierre Lombard）最终将婚姻列入七项圣事。现代人皆记住了这项改革桎梏的一面。实际上，当时不是这样的。虑及异教习俗依旧盛行，这不啻为个人主义重大的胜利。

这个概念使婚姻中自罗马法继承来的双方同意即为合法婚姻（consensus facit nuptias）得到承认。于格·德圣维克托（Hugues de Saint-Victor，死于1141年）写下了第一份系统陈述，将婚姻解释为"男人和女人通过自愿和合法的同意彼此成为负债人"。皮埃尔·隆巴德则强调配偶通过"灵魂相与和身体相交"完成双重结合。

这样，教会直接反对社会上通行的包办婚姻。当时的社会，不是男人或女人选择配偶，自上古时代起，就是父母来决定，从贵族到农民都是如此。教会给予个人意愿以优先权，这就颠覆了历史。"婚姻所体现的同意，原则上不再是两个家庭的赞同，而是两个人的赞同；对社会秩序而言，这是一个根本的和危险的新鲜事物。基督教婚姻的概念与传统的（异教）家庭概念相对立。"[1]

基督教坚定支持个人反对社会整体主义有时到了与俗权公开冲突的地步。皇权将反复寻求捍卫家庭的权利来反对这种个人意愿的自由。让-路易·弗朗德兰写道："十六至十八世纪的法国，教会教义与国家主义之间关系极度紧张。后者一直在寻求巩固家长权利而损害子女的自由和夫妻关系

---

1 米歇尔·索（Michel Sot），"基督教婚姻的起源"，《西方的爱与性》，同前。

的神圣性,绕过教会的法律但做出极为遵从的样子。[……]如此巩固了父权的最著名法律是亨利二世 1566 年颁布的关于家庭子女婚姻的法律。"[1]

同样应该想到,婚姻的神圣化给了教会以惩罚一些皇家类似休妻、强迫通奸行为的理由,在后一种情况中,女人成为受害者。"接受教会对于夫妻和家庭的控制,国王们就等于接受了他们的隐秘和私生活被曝光和被严格管制。"[2] 从此开始了天主教教皇与法兰西君主们关于通奸问题的无数争吵:腓力一世和乌尔班二世在 1094 年,腓力·奥古斯都二世与英诺森三世在 1200 年,美男子腓力一世与卜尼法斯八世在 1595 年,路易十四与克雷芒十世等等。

基督教的婚姻概念比它所表现出来的更具颠覆性,尤其是在类似通奸等问题上,**比起罗马法律或日耳曼习俗来,较不鄙视女性**。教会实际上平等对待夫妻双方,认为丈夫的通奸行为与妻子的同样应受到谴责。"相反,在世俗的眼光中(因而在民法中)只有已婚妇女的不忠才是问题:它被看作是对家庭平衡的威胁,因为可能有不同血统的孩子侵入家庭。这个概念来自一般只压制通奸妇女的罗马法和对通奸的丈夫除了罚款以外没有任何惩罚的日耳曼法。"[3]

与行吟诗人和骑士爱情同时期的神学家们在捍卫"家庭和集体财产"的同时,还对爱情相当宽容。最著名的例子是皮埃尔·隆巴德,前面已经讲过,他的《格言》直到十六世纪依然受到大学生们的议论。

但是,尤其是关于女性的快乐和性高潮,中世纪的基督教会坚决地站在了十九世纪羞羞答答的资产阶级和教权主义的对立面。基督教神学家实际

---

[1] 让-路易·弗朗德兰,《农民的爱情,十六至十九世纪》,同前。
[2] 克里斯蒂安娜·奥利维埃(Christiane Olivier),《俄瑞斯忒斯之子或者父亲的问题》,弗拉玛里翁出版社,1994 年。
[3] 雅克·勃辽兹(Jacques Berlioz),《历史》,n° 180,同前。

上站在了竭力捍卫已婚女性"快乐权利"的位置上。这件事相当奇特，值得讲出来，因为在专业历史学家圈子之外极少为人所知。

应该知道，直到十二世纪，医学知识都可追溯到古希腊罗马时期一位伟大的医生那里：盖伦。盖伦（Claudius Galenus，希腊文写作 Klaudios Galenos）公元131年生于帕加玛，与希波克拉底一起被看作医学方面的重要学者。他的作品被大量翻译，甚至被译成阿拉伯文，虽然他不是基督教徒，而是自然神论者，但教会关注的是他的训导。在15个世纪中，医生以及神学家们将自己的思考建立在盖伦的成就之上，人们竟然会说："反对他的理论，就是反对教会。"[1] 然而盖伦——和希波克拉底一样——与亚里士多德在明确的一点上有分歧，而且后果严重。

在其代表作（《论生殖》，第二卷，第1和第4章）中，他解释说生殖需要两个种子相遇，男人的种子和女人的种子。但是，他认为，为了让女人产生种子，她需要感受到一种"完全的性交乐趣"，并达到女性性高潮（Voluptas plena mulieris）。只让丈夫享受"好处"的性行为，根据盖伦的观点，不能达到生育的目的；这样做将必然导致不育。神学家们采纳的这个观点与亚里士多德的正相反，后者在《动物繁殖论》中提出，生育是与月经现象相连，与快感没有任何关系。

直到文艺复兴时期——甚至以后，盖伦的观点一旦被认定，就**意味着教会要为女性的高潮辩护**。实际上，神学家承认当性行为以生育为目的、并且只以生育为目的时，它就具有合法性。然而，从严格的神学意义而言，一个忽略配偶快乐的笨拙丈夫就是对抗生育，于是他就错了。

如果人们以为这只是个插曲就错了。让-路易·弗朗德兰记述了调动神学家参与的大量相关争论，还有一个附属问题：性高潮来临滞后的妻子

---

[1] 我在这里引注了《万有百科全书》中有关盖伦的内容。

是否可以用手来自我刺激以"追上"丈夫。弗朗德兰统计的17个思考过这个问题的神学家中，14个允许，只有3个禁止。弗朗德兰写道："在一个女性完全依附于男性的社会，神学家一直宣称妻子在丈夫身上拥有的权利与丈夫在她身上拥有的权利一样。"[1] 他们中的大多数甚至认为夫妻中快的一方用亲吻和抚摸刺激慢的一方是合法的。鉴于"女性天生的羞耻感"，丈夫甚至必须理解妻子爱的隐晦要求。

为了支持自己的观点，神学家不仅在盖伦的医学中寻找依据，他们还引用圣保罗的观点。在《哥林多前书》中，前面已经提到，其中的提醒势在必行，它似乎在说："让男人还给女人他欠她的一切，让女人也同样对待丈夫。女人对自己的身体没有任何权利，丈夫才有；同样，丈夫对自己的身体没有任何权利，妻子才有。"还应该像彼得·布朗那样加一句，这种"优生的"性欲，从女性的快乐中看到了成功繁殖的抵押，实际上在犹太人的传统中早有体现。但反过来，"优生性欲的概念将男人和女人置于法典之下，这个法典将公众的礼仪延伸到了床上"。[2]

无论如何，与一般观点相反，说存在着**真正的中世纪基督教色情**并不过分。反常的是，倒是那些世俗的和异教的作者对女性的快乐表现得耿耿于怀。其中一些人相反认为过度的快乐（"过于火热的"爱情）会损害生育。弗朗德兰写道："似乎快乐/生育矛盾的影响大大**超出了教士的圈子**·（是我这样强调）。"为了成功地生育，这种以神学的名义对赋予**女性必要的**快乐的关注将在集体记忆中延续下去。历史学家阿兰·科班（Alain Corbin）强调，在十九世纪末，还不难找到女性"为了避免一切受孕的危险而努力不去

---

1 让-路易·弗朗德兰，《亲吻的时光。西方性伦理之初》，同前。 在这个问题上，J.-L. 弗朗德兰以一份88页的手打回忆录为依据："世代理论及其对十六至十八世纪性伦理的影响" A.-C. 杜卡斯·克里斯佐斯基，巴黎八大，1972年6月。
2 彼得·布朗，《拒绝肉体》，同前。

享受快乐"的证据。很多女人在得知怀孕的消息时都极为惊讶，因为之前没有任何快感的经验。[1]

总之，中世纪的这种"色情基督教"，在普歇（Pouchet）和尼格里耶（Négrier）发现了排卵的机理（七月王朝时期）和快感与生育之间没有直接关系之后，与贯穿整个羞答答的和资产阶级十九世纪的极端**个人主义**形成鲜明对比。一些医生，像痴迷清教的莫罗·德拉萨尔特（Moreau de La Sarthe），甚至声称一个冷感的女人比性事过多的女人更容易怀孕，因为"她更善于保存精子"。科班补充说："男人，可以完全安心地忘记对方的反应。这是一个对女性而言消极的时期，在此期间，女性快感的必要被正式否认了。还要再过几十年，大部分医生才重新催促丈夫们使对方享受快感。这要等到战后和新性学的飞跃。"[2]

人们当然会遇到一些当代的女性主义战士、西蒙娜·德·波伏娃的弟子，在要求女性"快感权利"的同时，表明她们不知不觉中在圣保罗的教诲中发现了古已有之的神学关注。她们确实这样做了——根本的区别在于——把快感的考虑与生育的考虑根本性地区分开来。

自然思想的回归

我们已经说过，中世纪关于性的相对的自由主义，自十二世纪起表现更为突出。这种变迁，从整体上包含了神学——尤其是托马斯·阿奎那的神学——与人们称作教会和基督教对自然思想的重新发现密不可分。若干个因素在这个变化中竞相发挥作用。伊斯兰教的影响——将希腊思想重新引

---

[1] 阿兰·科尔班（Alain Corbin），"年轻夫妇的圣经"，《西方的爱与性》，同前。
[2] 同前。

入西方并建立了骑士爱情,并不陌生。但同样重要的是——尤其是?——教会与鼓吹拒绝生育和遁世的日益壮大的宗派影响的斗争。

例如纯洁派,就像纪元初年的禁欲派——纯洁派是其后世的继承者,否定种族延续的思想。对于他们而言,婚姻是永恒的原罪状态。他们否定生育更甚于快感本身。这就是为什么他们被宗教裁判所指控为同性恋的原因。毕竟,"bougre(同性恋)"一词,在中世纪指同性恋的鸡奸行为,是"bulgare"或者"bogumils"的派生词,后两个词是指保加利亚的纯洁派。

奠定这些世纪、尤其是十三世纪主要神学基础的,是十字军对阿尔比纯洁派的战争。作为间接后果,教会与大学受到这个影响,甚至夸大了自然的好处。"十三世纪的大神学家,包括托马斯·阿奎那都是自然主义的神学家,而如让·德莫恩(Jean de Meun)这样的诗人讴歌自然之神,方济各会修士与太阳兄弟或者月亮姊妹对话,植物图案充斥了哥特式建筑。"[1]

正是在这个重新发现和歌颂自然的背景下,动物寓言集从十二世纪开始成为西欧最通俗的作品。大量普通人和教士都能看懂的插图到处可见,动物寓言集成为一种善意守护力量对自然的特殊认知的载体。人们重新发现了亚里士多德关于动物的伟大篇章。对"自然之母"的歌颂,必然带来更具体、更没有顾忌的性欲概念。雅克·勒高夫阐释道:"确实,自然思想诞生于十二世纪,被托马斯·阿奎那理论化,在十三世纪得到传播,相伴而生的还有人的自然思想,其中包含了某种快乐权利的要求。同样,在十三世纪,婚姻重新得到尊重;使得合法的性欲有了一席之地。于是人们参与了一场在某种限度内使肉体之事获得合法性的活动。"[2]

相反,某些禁忌将假借它所触犯的"自然秩序"之名再度合法化。尽管预想会有美好前景,存在"违逆自然"的罪恶思想成为与现实相遇的代价。

---

1 雅克·罗西奥,《历史》,n° 180,同前。
2 同前。

托马斯·阿奎那将原罪定义为一种不尊重大自然假定的法律的无政府主义。"就这样覆盖了手淫、兽交、同性恋和鸡奸，违反自然的罪过（vicium contra naturam）首先是对特殊秩序的不尊重，这个特殊秩序与认同和差异有关。"[1]

在十三世纪初，安德烈·勒夏普兰（André Le Chapelin）所写的《论爱情》获得巨大成功，后来被译为意大利文和德文。该书分为三卷：Ⅰ）如何获得爱情；Ⅱ）一旦得到爱情，如何保持；Ⅲ）如何恢复爱情。如果说这本书在1227年被巴黎主教埃蒂安·勒唐皮埃（Étienne Le Tempier）谴责，主要是因为它支持两个事实，一个是理性和哲学的可解释的事实，另一个是信仰和圣经的事实。

自十三世纪开始，某些像理查德·米德尔顿（Richard Middleton）或者皮埃尔·德拉帕律（Pierre de La Palud）这样的神学家大胆地允许在某些情况下（比如妻子怀孕时）可以有不以生育为目的的性行为。两个世纪后，其他像保罗·盖森（Paul Gerson）或者马丹·勒迈特（Matin Le Maître）这样的神学家走得更远，他们接受完全脱离生育考虑的性快乐的想法。

"就像魔棒一挥，十一和十二世纪，爱情一下子侵入田野、城市和欧洲的寺院。[……]它将沙漠中神父们的苦修改造为圣贝尔纳所描写的神秘主义[……]，使人们忘记了性关系纯粹的功能概念——这个概念传承自教会圣师的理论，并随着基督教小说的出现，扫荡了之前的一切。"[2]

对于雅克·勒高夫而言，圣路易王成为这种——有分寸的——自然和性欲的狂热的象征人物。用现在的话说，他"性欲很强"。当他1248年出发去十字军远征，他带着妻子以保持肉体关系。玛格丽特王后在圣地有四个孩子。然而，圣路易却异乎寻常地尊重礼拜历上的禁止。在勒高夫看来，"他身上最好地体现了十三世纪的另一个思想：力量，就是分寸的思想：他成功地

---

[1] 阿兰·德里贝拉（Alain de Libéra），《思考中世纪》，色伊出版社，1991年。
[2] 约翰·博斯韦尔，《基督教，社会宽容与同性恋》，同前。

过着有分寸的性生活。他树立这样的观念，将基督教放置在距离天使和野兽同样远的位置。在这个意义上，圣路易为他同时代人树立了一个榜样。"[1]

光明与大片阴影

中世纪极度的放肆、十二世纪爱情的自由主义和文艺复兴时期生活的欲望将在随后的世纪中黯淡下去。基督教改革产生清教之后，在十七世纪，产生了天主教旨在与教会对风俗的宽容、对某些僧侣或宫廷的放荡及亵渎神灵的放纵进行斗争的反改革运动。这个反改革酝酿于卡特琳娜·德·梅迪契摄政时期，在路易十三时期（人们称之为"圣人世纪"）猛烈指责拒绝基督徒信条的放纵者。历史记录了作家维奥（Théophile de Viau）的例子，他写下了25首色情诗诗集《讽刺诗》，在1625年7月1日被关进巴黎宗教裁判所监狱。还应该提到的是，相当耐人寻味的细节，他的主要指控者，拉弗莱什修院的耶稣会士安德烈·瓦赞（André Voisin）也被判放逐。**人们既想惩罚放纵者亵渎的行为，又要警告极为严厉的清教的过激行为。**

在宫廷投毒事件之后，由路易十四和他的"火刑法庭"发起了针对放纵的大规模镇压运动。自1684年起，在曼特侬夫人（Maintenon）的支持下，伪善阵营胜利了。这并不意味着贵族的放纵行为消失了。简单地说，只是不再那么嚣张了。

反常的是，清教只是在十八世纪初开始的启蒙时期才真正地表现出来。确实，启蒙时代和百科全书派的哲学家们在性问题上远没有人们想象的宽容。举个例子，伏尔泰用激烈的言辞表达他对同性恋的厌恶。在第19个词

---

[1] 雅克·勒高夫（Jacques Le Goff），《圣路易》，伽利玛出版社，1996年。

条（"sodomie"），他对被他称作"无耻、卑劣、不齿于人类的"行为极为无情，在最后承认使他憎恶的这些垃圾"更适于裹挟在遗忘的昏暗中，而不好在公众的眼前用柴堆的火焰来照亮"[1]。在《论法的精神》（第七卷，第6章）中，孟德斯鸠自己也从中看到了"反自然的罪恶"。卢梭也将同样表达对"鸡奸"的"厌恶"。

在对自然的信仰（出于对反自然的厌恶）、对贵族的这项放纵特权的否定意愿之外，加上了一些百科全书派的反教权主义，这种倾向引导着百科全书派去谴责僧侣的放荡行为。当时大部分具有放纵倾向的作家——当然有萨德！——和教士与淫荡自然地连在一起，教士的"虚伪"就这样得到证明。"最早的是让-夏尔·热维兹·德拉图什（Jean-Charles Gervaise de Latouche），他在当律师之前，于1741年出版的《Dom B，查尔特勒修道院看门人的历史》是一部淫秽小说，很快被警察局查封。这本书后来一版再版，获巨大成功，蓬巴杜夫人（Pompadour）拥有1748年的版本，波尔米侯爵（Paulmy）则用画有28幅色情细密画的羊皮装饰他拥有的版本。"[2]

大革命的启蒙在性问题上表现得相当暧昧。一方面，人们讴歌人的自由、对教条的叛逆、解放甚至放纵（比如恐怖时代之后的督政府时期）。另一方面，人们以过度羞涩的言辞否定贵族的卑劣或者教士的放荡。是不是应该提醒一下，在大革命之前的年代里，无数抨击文章曾以道德家的口吻攻击路易十六、宫廷——尤其是——玛丽-安托瓦内特（Marie-Antoinette）？人们揭露了她的轻浮、骄傲，同时也有她对女同性恋的所谓殷勤。这些诽谤因为革命的到来而变得更为可怕。《玛丽-安托瓦内特自失去童贞至1791年5月1日的可耻和放纵的私生活》分为两卷，1792年出版，1793年再版，

---

[1] 在这里应该向孔多塞（Condorcet）的自由主义致敬，他在伏尔泰撰写的词条下面做了如下的注释："鸡奸，当没有暴力时，不能施用刑法。它没有侵犯任何人的权利。"
[2] 亚历山德里昂，《情色文学史》，同前。

为公众做好了对王后执行死刑的准备。是否还需要提醒对王后最令人厌恶的指控？尤其是雅克-勒内·艾贝尔（Jacques-René Hébert）的"证词"暗示了她与儿子想象中的乱伦。

大革命时期"涤罪的"和道德家的论调延续下去，并产生了后果。福盖-丹维尔（Fouquier-Tinville）在对杜巴里（Du Barry）的控诉中，甚至将女性的放纵与卖淫相提并论，将对性的宽容看作暴君手中的武器（在二十世纪颇有市场的论据）。他写道："专制一直都是公共习俗的敌人，卖淫是它用来巩固政权和通过放纵和荒淫的诱惑来延续对公民奴役的手段；人们不会再怀疑妓院成为反革命者通常的避难所，庇特（Pitt）的钱被他们用来买春。"[1]

至于对女性的厌恶，大革命的一些世俗作家，当他们明确地援引"自然法则"时，已经超越了所有的限度。这样，皮埃尔·硕迈特（Pierre Chaumette），狂热的反教权主义者，关闭了巴黎所有的教堂，意欲重返恐怖时期。在国民公会法庭上，他就女性问题指出"这些卑微的生灵想超越和**侵犯自然法则**。[……]他在思考，从什么时候开始，她们被允许放弃自己的性别成为男人了"？[2]

米歇尔·佩罗（Michelle Perrot），无可争议的妇女历史专家，特别强调，法国大革命不仅将女性排除在公众生活之外，与旧制度的某些习俗和传统相比，反而反常地**缩在后面**了。法国大革命仍旧是以"自然、社会使用"和生育限制的名义，认为女性好幻想、不稳定、脆弱和易激动，把她们重新贬谪回家务中。[3]

---

[1] 奥利维埃·布朗（Olivier Blanc）引用，《放纵者：启蒙时代的享乐和自由》，Perrin 出版社，1997年。
[2] 艾芙丽娜·苏尔罗，《有其父必有其子？》，同前。
[3] 参见米歇尔·佩罗（Michelle Perrot），《妇女史》第三卷，十六至十八世纪，Plon 出版社，1991年。

尽管有习俗的惩罚，同性恋在恐怖时期仍受到巴黎公安委员会的追究。还是这个机构激发了公众对"淫秽机械制造者——英国礼服和其他成人玩意——的关注，人们知道1794年组织了对皇家花园的大搜捕。找到最后被砍头的妓女并非偶然（塞文事件，哈勃格事件等）。或多或少失业的卢瓦剧院的年轻女演员勒华小姐在夜晚因没有身份证件而被收容，并在穑月和热月的监狱秘密协议中被执行死刑，反映了恐怖时期血腥的整体主义"。[1]

但是清教面对肉体快乐和性概念的转变却极具戏剧性。也最具灾难性地长久持续下去。

手淫和科学家的狂热

简言之，可以说当时三个重要因素结合起来促成了羞涩的胜利，直到梵蒂冈二世的主教会议，教会才开始承担这个角色：医学科学，盎格鲁—撒克逊清教徒的影响，工业社会和资产阶级精神的诞生。在医学问题上，不是十九世纪，而是自十八世纪，一种自称科学的言辞——就像道德理性的一个诡计，开始关注风俗和性的领域。最明显的例子无疑是关于手淫的说法。当然，中世纪的忏悔者和十七世纪的一些讲道者已将手淫冠以"软弱"之名。例如1640年，理查·卡佩尔（Richard Capel），莫德林学院（新教清教的圣地）的讲道者在伦敦，在他的著作《论诱惑及其本质、危险和治疗》中宣称手淫是违逆自然的最严重罪恶，它会带来身体的软弱，不能结婚、缩短寿命和引致自杀。但是，到了启蒙时期的医学，指控发生了本质性的转变。手淫不再是一个"错误"，它成为一种病态。

---

[1] 奥利维埃·布朗引用，《放纵者：启蒙时代的享乐和自由》，同前。

在1710年，似乎是一位叫作贝克的英国道德家第一次将医学的论据与"软弱"的传统批判混在一起——但相对有节制。他名为《手淫，或者自污的十恶不赦的罪孽及其对两性的可怕后果，以及对所有已经因这种可怕的恶习而受诅咒者的建议》(《*Onania, or the Heinous Sin of Self Pollution, and all its frightful Consequences in both sexes considered with Spiritual and Physical Advice to those who have already injur'd themselves by this abominable Practise*》) 获得巨大成功，一版再版，直至……今天。

让-路易·弗朗德兰很好地表述了："手淫作为一种严重的疾病会不可避免地导致疯狂或死亡的说法是十八世纪医学的发明"。人们往往举出出生在洛桑的著名瑞士医生提索的例子，他在1760年出版了同样一再被重印的论文集《手淫，论手淫带来的疾病》。[1] 但人们一般不知道这些反对手淫的论述实际上在十八和十九世纪非常多。弗朗德兰在研究国家图书馆医学文章的目录时，画了一个图表，使我们可以形象地看到1750至1850年间这类文章的数量之众。而且，更精确地，在两个确定的时期内：1760—1785年（最高是1175年发表了10篇文章）之间和1805—1850年之间（最高是1830年12篇）。[2]

到了十九世纪，这种对手淫的医学恐惧近乎于谵妄。它解释了各种各样给年轻人的建议、告诫和威胁。它甚至使某些医生到了给女性做割礼的地步——就是割除阴蒂——就像今天在阿拉伯或非洲的某些地方依然存在的风俗。"十九世纪的欧洲提倡阴蒂割除术，以治愈人们不无担心地称之为'女人太过淫荡'的症候。即使医学权威也毫不犹豫地施行。伊斯坦布尔的医生迪米特里乌斯·赞巴克（Démétrius Zambaco）曾咨询过几位权威。他还读了著名保健医生和向'恶习'公开宣战的 J.-B. 封萨布里弗

---

[1] 最近的版本是1980年 Le Sycomore 的版本。
[2] 让-路易·弗朗德兰，《农民的爱情，十六至十九世纪》，同前。

斯（Fonsabrives）教授的病例，在伦敦拜访了医学院的朱尔·盖兰（Jules Guérin）医生：后者宣称治愈了好几个有手淫恶习的年轻姑娘，把她们的阴蒂用烧红的铁灼烧。"[1]

这种荒谬的恐怖行为，根本不是来源于宗教，它将成为后世欧洲人内心的东西，直至二十世纪。这伴随着一股人们不知道来自何处的力量，因为即使那些最伟大的人物也受到影响，以为手淫对听觉和视觉有所谓的害处（手淫令人聋和盲等）。举两个出人意料和相当有趣的例子。邦雅曼·贡斯当（Benjamin Constant）在日记中描述了他每次手淫都一边颤抖着一边惊呼"我可怜的眼睛！"至于尼采，艾泽·弗兰克弗（Eiser Francfort）博士于1877年为尼采看病（后者承认经常手淫），博士直截了当地写给瓦格纳（Wagner），"鉴于这个罪恶的顽固"，尼采几乎没有希望找回视觉的平衡了。[2]

除了轶事的一面，还值得记住的是滋养这种恐惧的性的概念："说出性的真相"的科学意图（实际上非常天真），令性科学（scientia sexualis）战胜希腊罗马时期的情色技巧（ars erotica）；但尤其是经济和节省生命力的完全占主流的概念，阿兰·科尔班曾深入地分析过。

占上风的是**消耗精液的恐惧**。阿兰·科尔班写道："法国的学者规定了节省精液的要求，维多利亚时期的英国医生也表现得很担忧。这种精液，用雷维耶－帕里斯博士（Réveille-Parise）的说法是'液体状态的生命'，用亚历山大·梅耶（Alexandre Mayer）博士的话说，是'血液最纯粹的精华'，需要极大的力气。加尼埃博士（Garnier）写道，难道人们没有计算，丧失30克这种物质，'相当于丧失1200克血液'？首先必须避免浪费，就是说不要冒失地射精。"[3]

---

[1] 罗杰－亨利·盖朗（Henri Guerrand），"见鬼手淫！"，《西方的爱与性》，同前。
[2] 亨利·吉尔曼（Henri Quillemin）引用，《审视尼采》，色伊出版社，1991年。
[3] 阿兰·科尔班，"年轻夫妇的圣经"，《西方的爱与性》，同前。

资产阶级话语的胜利

实际上，这种医学的说辞反映了正在成为新统治阶级的资产阶级的幻觉。它强加了一种对性欲的经济的、管理的、算术的视角，我们在整个二十世纪都可以碰得到。它同样解释了在二十世纪二十年代何以威廉·赖希会起来反对这种精神压迫。阿兰·科尔班写道："避免浪费成为压倒一切的考虑。因为知道节省这种力量可以延长寿命和产生天才。"这中间表达了刚刚替代贵族阶级的资产阶级的**积累**的意愿，不仅是物质（财富、资本等）的积累，同样包括象征意义和文化的积累。人们以为，掌控了性会有利于创造。金赛报告在1948年提及，性欲的数学"物化"找到了起源，还有**数量**的纠缠。科尔班补充说："这适用于社会整体。而妓院的老板则更关心顾客不要'增加得太多'，维克多·雨果记录下他的各种战绩，米什莱在日记中回顾了他整年的性事。"

再一次，医生们赶来用"科学的"论据巩固资产阶级这些新的强迫症。某位公开宣称自己是教会敌人的律铎博士（A. Lutaud）写道："明智的人不应该没有间隔地行房事，这个间隔根据年龄或者体质可以是一天到几天不等。"

中世纪的理论规定离——必要的——女性快乐还很远很远。"这一系列的指令与人们知道的十九世纪**夫妻性交时间的短暂**相吻合。1906年，一部在知识阶层广为流传的著作《有教养的成年人谈论性问题》（Auguste Forel, Paris, éd. G. Steinheil, 1906）中，作者得出结论，在他的资产阶级顾客群中，平均的性交时间为3分钟；众所周知，几十年后，金赛得出的结果大致相同。"[1]

---

1 阿兰·科尔班，"年轻夫妇的圣经"，《西方的爱与性》，同前。

资产阶级的话语同样——或许尤其——与工业革命和资本主义的出现密不可分。就这一观点来看，它与盎格鲁—撒克逊新教中清教的联系是毋庸置疑的。马克斯·韦伯的分析使我们可以了解其尺度。韦伯强调，在资本主义创建者新教清教的内部，理查德·巴克斯特（Richard Baxter，十八世纪）的思想和特别是他的伟大著作《基督教指南或者实践神学及良心实例总结》(*A Christian Directory or a Summ of Practical Theology and Cases of Conscience*)（伦敦，1677年）具有决定性的影响。

"巴克斯特的代表作充满连续的预言，有时甚至是狂热地鼓励艰苦和持续的**劳作**，不论是体力的还是脑力的。两个主题在这里相遇。首先，劳动长久以来证明着自己是**苦行的方式**，一直受到西方［新教］教会的高度评价。这不仅与东方明显相对，而且与几乎全世界僧侣的规则对立。尤其是工作成为预防清教称之为**不洁生活**所有**诱惑**的特殊治疗方法，其作用相当沉重。［……］医治这些性诱惑以及对宗教怀疑或者道德卑微的情感，除了粗陋的素食和冷水浴，人们只有这句格言了：'用力地干活吧'。"[1]

在马克斯·韦伯看来，清教徒**希望**成为贞洁和辛劳的人。从某种程度上讲，他们强迫自己这样。"因为当苦行进入僧侣生活的细胞，并且开始控制世俗道德，这是为了参与建造现代经济秩序下的宗教的宇宙。与技术和经济条件相连的命令，具有不可抵挡的力量，所有个人的生活方式都来自这个机制——不仅仅是直接关涉到经济获得的机制"。

韦伯还解释说，资本的形成应归功于被迫的和苦行般的节俭。同时，正在形成一个对生活的"理性"管理的模式，直至六十年代中期处在我们现代性的中心，而且在某些方面，今天依然如此。"人们可以说清教关于存在的概念影响如此深远——这远比仅仅简单地鼓励人们积累资本来得重要——

---

[1] 马克斯·韦伯，《新教伦理与资本主义精神》，同前。

这个概念有利于向资产阶级的生活方式发展，从经济角度讲更加理性；它成为最重要的因素，尤其是，唯一一以贯之的因素。"

这位撰写了《新教伦理与资本主义精神》一书的人顺便强调了清教的资产阶级道德与天主教对于穷人的传统的差异。自十二世纪开始，中世纪的旧天主教颂扬"免费"、乞讨的秩序和贫穷的誓言。对于清教徒而言，正相反，"安于贫困就等于希望疾病，这在关于圣经的著作中是应受谴责的，会损害上帝的荣誉。尤其是，一个处于工作状态的个体如果乞讨，除非他很懒惰，根据使徒的话，同样是对爱他人责任的强暴。加尔文已经严厉禁止乞讨，荷兰的主教会议发起了反对乞讨许可的运动。"[1]

资产阶级绅士综合征

但是，不提及资产阶级在整个十九世纪所处的复杂关系，还有他们急迫地要取代贵族的方式——他们既痛恨又羡慕——人们就无法理解资产阶级话语越来越强的霸权倾向。这包含着模拟性的紧张和模糊的幻觉行为。资产阶级精神首先通过与贵族对立而区别于贵族。在多数历史学家看来，"诞生于启蒙时代的疯狂的反手淫倾向是资产阶级发明的一种想攫取所有权利的新'价值'。它要摆脱贵族这个没落的阶级，这个阶级曾出现过像萨德侯爵、拉克洛（Choderlos de Laclos）这样可耻的人物，是资产阶级家庭奉若神明的'体面'的卑鄙无耻的对手。它针对所有不被生育需要的性形式的斗争也进入了它经济的考量，即它在整个十九世纪反对的'工人的缺乏远见'的另一个强迫性的价值"。[2]

---

[1] 马克斯·韦伯，《新教伦理与资本主义精神》，同前。
[2] 罗杰-亨利·盖朗（Henri Guerrand），"见鬼手淫！"，《西方的爱与性》，同前。

米歇尔·福柯使用了一个更有说服力的比喻，如果说多少个世纪以来贵族阶级通过"血统"的主旋律延续自己的身份，就是说通过直系亲属和结合的价值，上升的资产阶级则相反，遭受它自己的后代、生育、"健康的"管理和性生产力的纠缠。"资产阶级的'血统'，就是它的性。资产阶级［……］在十八世纪将贵族的血统转换为具备强健的身体和健康的性的机体；人们理解为什么它用了如此长的时间和如此的保留来承认其他阶级的身体和性——正是它利用的这个阶级。"[1]

但这些与陈旧的贵族模式的模拟关系悄悄被欲望还有模仿代替。资产阶级情妇画像和通奸的幻影占据着时代文学的主流，成为这种模仿贵族意愿的最好例证。自第二帝国末期起，"贵族的榜样对资产阶级甚至小资产阶级产生难以抗拒的吸引力。对于这个阶级来说，他们需要为自己取得合法地位。炫耀时髦的情妇，与交际花招摇过市，甚至，在外省包一个咖啡馆歌女，都成为这类象征价值的积累，进而使得收集荷兰大师作品或出入高级饭店成为高雅之举"。[2]

十九世纪维多利亚式虚伪的私通症候，成为对"丑闻"（"毋宁说是错误，而不是丑闻"）、异化、完全过时和完全资产阶级的羞耻心的憎恶。十九世纪为此发明了妓院。"如果必须向不合法的性欲让步，让他们到别处去引起轰动：这样就可以将其纳入生产的循环，至少是有收益的。妓院和疗养院将是宽容的场所"。[3]

清教在性欲方面以这种方式在整个欧洲取得了胜利。它将其强加给社会，因为它使得"全民投入工作"。狭隘、过分羞涩、俭省、不原谅错误，实际上人们已经失却了这个阶段的记忆。1830年左右，一位历史学家可以这

---

[1] 米歇尔·福柯，《性史》，第二卷 "快感的享用"，同前。
[2] 阿兰·科尔班，"通奸的诱惑"，《西方的爱与性》，同前。
[3] 米歇尔·福柯，《性史》，第二卷 "快感的享用"，同前。

样写:"风俗是如此纯洁,在夏多布里昂的家人中,如果一个年轻姑娘不幸屈服了——在那个地区极为少见——过错的回忆将一代一代传下去。人们会惊奇地听到这样谈论一位姑娘:'她很乖,但真遗憾她的祖母破产了!'很可能没人认识这位丢脸的祖先。"[1]

在十九世纪贫穷和社会不稳定的前提下,民众阶层确实赋予家庭和家庭事务以特殊的价值。用菲利普·阿利耶斯(Philippe Ariès)的话说,家庭成为"逃避世界的"避难所。1801至1846年间,巴黎的人口成倍增长,从55万到超过100万。在里昂,1875年,本地人占人口的大约20%。像乐普雷(Le Play,《欧洲工人》,1855年)或者维莱姆(Villerme,《丝织、棉织和毛织作坊雇佣工人身体和精神状况图画》)这样的作者曾向时人揭示了这部分人口极端悲惨的生活。"面对十九世纪这个充满变化、征服、介入但对穷人和弱者而言却是艰苦的社会,夫妻们从此更多地考虑幸福问题和关注家庭。"[2]实在反常,工业革命致力于摧毁家庭,却赋予家庭以极端的主要性。

退后些看,有个现象令人深思:教会与资产阶级方式的匆忙联合,竟至到过分抬高清教主义的地步。在被革命重创之后,它将用几个十年的时间与革命联合,得到推翻了革命改革的复辟的保证,和复辟恢复了教会的特权,后者**成为本意上的反革命**,教会与道德主义结合直至把它牢牢包裹在基督教内部。我们将在后面看到,从十九世纪中叶至二十世纪上半叶,教会致力于传播、保卫道德主义,为其提供教会的神父、忏悔、布道和教理的帮助。这样,近代的清教带上了原来没有的宗教色彩。

教会,在摆脱了它自己的传统的同时,从此不再看重财富,行为做事就像失去了记忆。

---

1 阿贝尔·雨果(Abel Hugo),《风景如画的法兰西》,让-路易·弗朗德兰在《农民的爱情,十六至十九世纪》中引用,同前。
2 路易·胡塞尔,《不确定的家庭》,同前。

第九章 自创世以来……

应该想象一下埃尔南·科尔特斯（Hernan Cortes）和他的伙伴们1519年7月7日登上新大陆阿兹特克帝国时的惊奇。他们很快（11月）受到了蒙特祖玛二世（Moctezuma）的迎接，后者将这些头戴金盔的白人看作上天派来的使者。惊奇？这些征服者，在大地尽头发现了一个强大的文明，后者建造了城市和宏伟的宫殿。他们观看了祭祀天神的骇人仪式：东方是 *Quetzalcoatl*，南方是 *Huitzilopochtli*。他们的惊奇仅仅流于表面，事实是：比起人种学来，科尔特斯的雇佣兵更操心征服和掠夺。很难相信他们有时间甚至意愿，去发现那些除了语言的差异和仪式的宏伟之外，自己与那些阿兹特克人奇怪的共同点。相似点肯定令他们大吃一惊。惊奇甚至会让位于惊愕。

后来考古学家将这些共同点公之于众，其中一些"秘密"涉及既普遍又私密的性欲问题。这些来自非常正统的天主教国家的西班牙士兵和水手，日常听到的都是主教乏味的训诫和神父的布道，禁忌首先体现在非常神圣的礼拜仪式日程上，它组织了每天、每月、每年的事务。对于一个十六世纪的西班牙基督徒来说，首先是日期、时刻和时期成为判断［丈夫对妻子］接吻的欲望是否合法的标准。人们是否会就此说，有某种风俗——某种怪癖？——不是基督教的，就是西方民族的。然而，一个奇怪的细节，在西班牙占领的前夕，阿兹特克人遵从的性规则、禁忌、指示没有什么大的差异。他们有自己的礼拜仪式日程，同样压制住自己的欲望。在守斋期间，男女都没有性生活的权利。人们肯定，青春、音乐、鲜花之神 Xochipilli 会处罚那些胆敢违犯禁忌的人，让他们感染花柳病、痔疮或者各种湿疹。

以为有非法爱情关系的男人或女人，就像被施了永恒的魔法，会传播 tlazolmiquiztli（因爱带来的死亡），还有，小孩或者家长会感染忧郁和肺痨。这就像伦理和身体上的污点，人们只能用蒸汽浴、净化仪式来治疗，并求助于爱情和欲望女神 tlazolteteo。[1]

一个完全的社会现象

专有名词的古怪不应该带来歧义。在很多地方，阿兹特克人的禁忌和净化仪式，与基督徒的完全吻合，而基督教的禁忌和仪式又来自犹太和希腊罗马的传统。自人类有记忆以来，新大陆与旧大陆之间没有发生过任何交往、任何交流。难道在文化与差异之上，还有一个性禁忌的普世性吗？历史学家举了很多其他例证来说明这个问题。

---

1 苏斯戴尔（Jacques Soustelle），《西班牙征服前夕阿兹特克人的日常生活》，阿歇特出版社，1955年。

为我们留下书写文字的最古老的文明是埃及法老时期美索不达米亚文明。可追溯至公元前3千年的大约50万块楔形文字泥板向我们展示了这些安顿在底格里斯河和幼发拉底河流域的苏美尔人的城市和帝国的情况。其中一些文书是精美的诗篇,用赤裸裸的语言歌颂爱情和性欲。"刺激你!刺激你!勃起!勃起!刺激你像一头雄鹿!像野牛一样勃起![……]像岩羊一样和我做爱6次!7次就像雄鹿!12次就像雄山鹑!和我做爱,因为我很年轻!"很明显,爱情和情色行为不会引起负罪感。

其他楔形泥版则或多或少揭示了一系列严厉的约束和禁止。独身会受到驱逐和蔑视,严格的一夫一妻制婚姻成为金科玉律,保存生育能力的考虑无处不在,而宗教性的卖淫受到详细规定。"在美索不达米亚,就像在我们中间一样,爱情的冲动和能力被集体约束的传统加以引导,以保证作为社会细胞的东西:家庭,以及维持家庭的延续。每个男人和女人的固有使命,他(她)的'命运',就像人们说的,把自然交托给天神的根本意志,这就是婚姻。"[1]

医学篇章探讨了被认为是亵渎的——也是被禁止的——爱情关系,与"保留给天神的"女人,或者与近亲、母亲和姐妹乱伦的关系。阶段性的禁欲在这里得到强性规定,虽然考古学家无从找出原因。人们只知道,在一年中的某几天——例如塔什里月的6日——禁止做爱。在遥远的美索不达米亚,一切都不允许,远不止如此。

研究者的好奇走得很远,一切都令人相信,人类社会总是关心规范和组织性欲——这股既令人着迷又令人担忧的力量!更有甚者,诸文明似乎使对欲望的驯化同时成为自身文化的基础和产物。乔治·巴朗杰(Georges Ballandier)评论道:"人类的性欲是一个完整的社会现象。[……]它显然是

---

[1] 让·伯特洛,"一切自巴比伦始",《西方的爱与性》,同前。

自然的一个数据。[……]但同样明显的是，人类天性的这个方面，最早也最完整地折服于社会生活的影响。"[1]

一切皆表明，无数在地球上和历史上出现的人类集团，各自都不得不将不同数目的对立因素调和起来：个人面对快乐及其升华的自发让步，种族延续的必要，欲望爆炸性和颠覆性的特质，克制相匹敌的欲望产生的暴力的考虑等。让－路易·弗朗德兰强调这一历史的恒定，提到激情这种欲望升华的表现："因为它推动着人们和无论谁、以无论什么方式、在无论什么地方、无论什么时候去交媾，激情对人和社会都是危险的。它是社会动乱的根源，还会造成个人的不幸。这就是异教的古希腊罗马时期道德家们共同强调的内容，不仅是斯多葛派的人。他们一起谴责了这种野蛮、不合理的行径。[……]这牵涉到普世伦理观的闪现，既然所有的社会形态——也许我们的后浪漫主义社会除外——都或多或少地感觉到爱情的危险。"[2]

这些合乎情理的思索将我们大部分关于性道德、禁忌的沉重或者欧洲道德假定的狡黠的论争归于可爱的土气。实际上，这些性欲的反复迸发存在于最有种族优越感的民族。似乎要将问题引向西方清教与放纵者、世俗与宗教、右派与左派等等之间小气的争斗。而即使是对于人类学资料轻微的关注，都能扩大视野并缓和论争。

摆脱了发情期的人……

在《爱弥儿或爱的教育》中，让－雅克·卢梭提到——提前了两个世纪——关于性的思考的一个中心点。将人类的行为与动物相比较，并提到

---

1 乔治·巴朗杰（Georges Ballandier），《性》，《社会学国际手册》特刊，1984年。
2 让－路易·弗朗德兰，《亲吻的时光》，同前。

女性的羞涩和与女人相关的必要的保留，他写道："如果雌性动物没有同样的羞涩，会怎么样？它们是否像女人一样，用羞涩来抑制无限的欲望？欲望只是出于需要才会降临它们身上；需要一旦得到满足，欲望便会停止；它们不会通过伪装来推动雄性，而是该怎样就怎样：它们的举止与奥古斯丁的女儿们完全相反：一旦船上装了货，它们就不会接待过路人了。"

卢梭观察到女性与雌性动物这个奇怪的不同点：她们永恒的爱的可能性，她们的欲望——并不比男人的多——从来不是通过这种动物身上的冲动进行**自然**调节的，动物则相反，人们称之为**发情期**。就是说，欲望强烈的时期，被雄性的对抗和暴力主宰，但与时间紧密相连。这还不是一切。在人类中，女性的欲望不仅仅在一年的某个时刻才会出现，在理论上没有生理的限制——而勃起的限制可悲地加在了男人身上。在卢梭之前，很多色情作家曾对男性的这个缺陷谐谑地添枝加叶，在爱情上，这个缺陷使得女性成为真正强大的性别，也大部分解释了女性性欲引起的忧虑。

在波焦（Poggio）的《笑话》中，文艺复兴前期的这位意大利伟大的放纵作家叙述了一场男女的对话："为什么，男人和女人做爱同样会有快感，却总是男人乞求女人呢？"女人回答道："我们女人，我们总是准备好做爱，并且身体状况也是，你们不是；当你们没准备好的时候请求你们，就是在浪费时间。"[1]在中世纪，男人面对在性方面无法掌控的女人所体验到的忧虑强迫症，是色情韵文故事无尽的主题。"中世纪民众认为女性的性欲是灼热和令人担忧的。另一种乞求女人的方式，就是将女人抛到恶的一边。女人被当成婊子，'善舔的动物'，就像母狗或者母狼。比如埃尔桑夫人（Hersant），伊桑格兰（Ysengrin）的妻子，当狼出去后，就赶着找列那狐来耕种。但实际上，尽

---

[1] 波焦（1380年生于特拉诺瓦），意大利伟大的情色诗人，在他身上已经能感觉到文艺复兴的气息。他在《笑话》中，嘲讽教会道貌岸然的教士。他在1402年被梵蒂冈卜尼法斯九世任命为教廷书记。

管使用了所有这些手法、传奇和算计,中世纪的男人一直是焦虑不安的。"[1] 中世纪一篇韵文故事的标题在这上面非常明白:《保持阴茎挺直的环》……

但是人类学家认为,以随时可以进行性行为来区分女人与雌性动物,这是人类进化的一个结果。有人说,女人"摆脱了发情期"。还有人说女人"丢掉了发情期"。这个词来自希腊语 oistros,意为猛烈。它指的是动物产生卵子和发情的阶段。这个重复的循环,既规律又具限制性,在动物身上起到性道德的作用。一个动物群体暂时受到失控的发情期威胁的和平,随着发情期的结束将会自己恢复。在动物中,雄性不再要求,雌性只在固定的时间里是受到追逐的……

人类摆脱了这个强制的调节,后者依靠的是巨大的生物钟,必须由**文化**替代**天性**来承担规范和组织性欲的任务。正是出于这个观点,一些人类学家说:"是性造就了社会。"[2] 还是参照这些基础材料,人们会不停地提到——即使这在今天还无法被理解——性不是一个功能,而是一种文化。或者更确切地说,它处在生理与文化的结合处;在著名的天赋与习得的对立中心,在由自然**提供**的和通过文化**得到**的两种方式之间。

然而,十九世纪由弗朗西斯·高尔顿爵士(Francis Galton)发起的这场关于天赋与习得的巨大争论,六十年代,首先在美国,然后在欧洲重新复活。为什么?因为它是一些类似种族隔离(在美国)**尤其是妇女解放运动**问题的根源。一个社会禁忌的普世性以及它与另一个社会的禁忌几乎完全相似,说明所有对于性欲的文化规范都建立在弗朗索瓦兹·埃利杰(Françoise Héritier)称之为男女之间的"思想差异"上。这个所谓无法克服

---

[1] 克洛德·加涅白(Claude Gaignebet),吉尔·拉普日和玛丽-弗朗索瓦兹·汉斯引用,《女性,淫秽和色情》,同前。
[2] 这是阿尔伯特·杜克鲁斯(Albert Ducros)引用他和米歇尔·帕努弗(Michel Panoff)主编的论文集(《性的界限》,PUF 出版社,1995 年)中的说法。

的生理区别一般会导致对女性角色贬低、次要的认识。从一般意义而言，人们理解女权主义和西方的性自由是对这种沉重的区别观的抗争。

蔑视女人的菩萨

正是这个"思想差异"，以及因女性性欲难以餍足和没有确定的生理限制引起的恐惧，才是人类文化中顽固的鄙视女性的原因。可以举出很多例子。这里我们只举一个例子，因为这是最出乎意料的一个：佛教。是的，即使温柔平和的佛教，把性视为"虚幻和无常的"，在其主要的文献中，也带有对女性极深的敌意。在菩萨与他最喜欢的弟子阿难陀（Ananda）的对话及其他古老文献中，人们可以找到许多相当暴力的段落。"女人应该认为她的身体充满错误……这个身体是不洁的汇合体，充满令人作呕的污秽。它就像是大便池……就像有九个洞的马桶，从里面溢出各种秽物。愚蠢和狭隘的男人才会留恋这个躯体！……这个躯体应该是鹰隼和豺狼虎豹的食物；所以她被扔到坟墓里。这个身体是痛苦和苦难的复合体。"[1]

即使是很久远的时期（吠陀时代），妇女还处于相对有利的地位，是婆罗门教将古老的反女性怀疑引进来。在后来的印度传统中，这种怀疑体现在雪山神女（Parvati）的神话中，雪山神女是湿婆（Shiva）的一个妻子，被作为一个诱惑、淫荡和不洁的生命。评论者强调菩萨对接受女性成为他的弟子很有保留。"然而，在女性因为她的诱惑力而令人担心的同时，她的母亲和妻子的角色却受到歌颂"。[2]

毫无疑问，性别差异是世界上最广为接受的"思想"。尽管有某些保留，

---

1 汉娜·哈弗尼克（Hanna Havnevik），《西藏修女的斗争》，Ed. Dharma，1995年。
2 艾迪特·卡斯特尔，《永恒的女性。宗教中的女性》，同前。

弗朗索瓦兹·埃利杰认为，"在男性至高无上的广泛性问题上，存在着极大的统计学可能性"。就此，这个从历史和人类学的角度被证实的至高无上只能被作为一个不变的条件接受，在它的面前，必须拒绝一切"进步"。拒绝这一祖传的屈服则是西方女权主义运动的荣誉和功绩。这类事实状态可维持的和持久的转变的真正机会是什么？这肯定就是表面纷争之外提出的巨大问题。换句话说，习得可以完全超越天赋，还是应该与其结合起来？

在弗朗索瓦兹·埃利杰这样一丝不苟的科学家身上，看到女性战斗的希望与人类学家的怀疑态度如此完美地结合真是令人触动。她写道："我怀疑，人们从未在任何领域达到一种理想的平等，至少整个社会只能建立在这个彼此紧密连接的框架整体上，对乱伦的禁止、性角色的分配、一个合法或公认结合稳定的形式，我插一句，性的差异价。如果人们接受这个结构，尽管这是无法证明的，只是具有极大的可能性——因为这个概念的框架在不变的数据中找出依据，那么男人看到了其永恒性：他们的身体和环境，是的，通往平等的最大困难在于找出能够摧毁这些联盟的手段。"[1]

摧毁这些联盟？唯有言辞，以其略显挑衅的激进，能够理解上述关于天然／文化对立的论争。这是一场本来可以胜在更广泛和更富教育性地得到普及的论争，并使得对某些当下的争论重新在自己的视角中定位成为可能，比如，定额的建立（"积极的歧视"）有利于妇女参政。一位人类学家，米歇尔·帕努弗（Michel Panoff）将得失描述得很清楚。"如果人们能够认为，最初两个性别之间存在平等的情况，人们就有理由希望通过改变目前支持男性统治地位的社会关系来恢复这个状态。如果，相反，已证明男性一直统治着女性，并且是出于强大的生物学原因，任何有利于女性的恢复平衡的努力都将是反'自然'的，需要相当可观的努力来改造这个社会"。[2]

1　弗朗索瓦兹·埃利杰，《男性／女性，差异的思想》，同前。
2　阿尔贝·杜克鲁斯和米歇尔·帕努弗，《性的界限》，同前。

男人狩猎女人采摘

当然，我们在这里只想极为扼要地讲述这个争论所依据的科学资料。这就是理解为什么人类学家表明的分歧，今天依旧与问题的政治层面相连。

如果我们听听帕努弗的分析，本世纪二十至六十年代的主要思潮，它夸大"社会"的解释而低估"生物"的解释。这种考量具有结构主义的乐观和当时进步主义的性质；坚信人类的意愿可以改变世界，即使违抗所谓生物的限制。同样还是与根深蒂固的"固有观念论"作斗争，后者认为企图超越现实是天真可笑的。在美国，不论是抱持这种观念的人类学家还是社会学家，表现得就像瓦斯普（Whasp）现存秩序的捍卫者和种族主义思想的宣传者。

人类学家玛格丽特·米德（Margaret Mead），著名的《男人与女人》（1949年）的作者，就是"生物唯上"论者誓不两立的对手。以她的观点，以及意识形态的乐观主义，人们是否会走得太远，到了"社会唯上"的地步？人们是否为了不给对手以武器而过度低估生物的重要性，就像米德本人所说的那样？唯一确实的是，六十年代固有观念论重新回到美国舞台的前沿[1]，就在公民权和女权运动——出于反动？——日益显露的时候，按照帕努弗的说法，针对女性的生物决定论在四十年的默默无闻之后找回了科学见解的赞同。这就是六十至七十年代关于性差异的科学争论的出处。

当时，两部对立的著作概括了争论的内容和尖锐。第一部是R. 李（R. Lee）与I. 德沃尔（I. De Vore）合著的《男人狩猎》（Man the Hunter，芝加哥，1968年）。两位作者是激烈的固有观念论者，运用所谓狩猎的论据来

---

[1] 1994年，随着两位坚定的固有观念论者的书《钟形曲线》的出版，这个问题在美国重新浮现。书中坚持认为遗传在智力的转移中起决定作用，社会的学校援助计划是无效的。

说明狩猎才是人类进步的起源。实际上，就是狩猎——因为显而易见的生理原因属于男人——使男人成为文化的创造者，将女人置于附属地位。

1971年，作为对这本书的回答，斯罗康出版了一部引起轰动的女权主义著作《女人采摘》(*Woman the Gatherer*)。作者意在说明女性（在男人狩猎时的）基础角色，她们采摘和收集的技术，她们制造最早的容器以及装运婴儿的篮子，所有这一切，从定义出发，都是文明的起源。"女人因与男人相比的不利条件而受到贬低，她们本来有能力承担历史赋予她们的角色，《男人狩猎》的作者们否认了这一点。很简单，只需要了解文明的意图"。[1]

总的来说，女权主义问题专注于人类学和其他几门学科。人们还将看到，关于同性恋的要求，重读和重新评价我们认知的相当刺激的计划正是同性恋理论[2]之一。问题在于了解什么是热衷唯意志论的界限。今天，一些像帕努弗和杜克鲁斯（Ducros）这样的人种学家或人类学家对于**否定理性之外的生物学**的意图持相当严厉的观点，这个意图曾在很长的时期内被当作规则。

帕努弗写道："为了证明它符合自己的原则，我们的学科中女权主义表达的不满，在今天似乎起到相反的作用，扭转了生物学的束缚和不相容性的注意力，进而赋予性差异的社会现象以优先地位。这种导向的消极意义尚未结束。我们只举一个例子：人种学家在以社会生物学的研究基础上发起的意识形态运动面前毫无科学准备。"[3]

像帕努弗这样的批评家提到，玛格丽特·米德本人本应该开倒车并承认性差异主义既非来自社会，亦非来自生物学，而是来自两者的辩证。无疑应该在这个相互作用的思想上停留片刻。

---

[1] 阿尔贝·杜克鲁斯和米歇尔·帕努弗，《性的界限》，同前。

[2] 参见第十三章。

[3] 阿尔贝·杜克鲁斯和米歇尔·帕努弗，《性的界限》，同前。

从猥亵到吝啬

弗朗索瓦兹·埃利杰在对非洲社会的研究中汲取了几个具体的有关性欲的例子，似乎表明，生物学不是唯一的和无懈可击的条件。在像血统这样基础的主题上，社会和文化结构的角色——就是说自愿的选择——似乎与生物条件同样重要。布基纳法索萨摩（Samo）人共同体是最有说服力的例子之一。

在合法的婚姻中，根据父母的某些喜好和厌恶，一个小姑娘从一出生就被许配给属于某个门当户对群体的丈夫。一旦姑娘到了青春期，就要在同样是门当户对的群体中寻找一个情人——当然不能在未婚夫婿所在的那个群体里。她将在某个时间之后与合法丈夫团聚：如果她没生孩子，那么最长三年，否则就是在她生第一个孩子的时候（孩子的父亲是这个情人）。这个孩子将被当作合法丈夫的第一个孩子，无论生物现实如何。任何时刻他都不会被看作他真正父亲的孩子。**于是，确切地说，血统是社会的血统。**[1]

还有更令人惊奇的。萨摩集团中，合法妻子有时会出走，发生婚外情，并生下私生子。如果丈夫设法找回出走的妻子，她带回的孩子将被看作与丈夫的其他孩子同等的孩子。人们**发明**了不具备一切生物学事实关系的**血统**。

萨摩人的社会并不是过分宽容，也不是漠视性禁忌的思想。正相反，在禁忌方面与很多自称清教的社会同样严格。它们根据确定的渐进划分为四大类：比如 tia yè la（无礼），当孙儿辈已经开始生育，而祖母还在生孩子；gagabra（猥亵）指在丛林中交媾，人们会说她阻止了下雨；dyilibra（吝啬），就是乱伦或与兄弟的妻子通奸，会带来疾病和导致绝育；最后是 zama（恋

---

[1] 弗朗索瓦兹·埃利杰，《男性／女性，差异的思想》，同前。

尸狂），代表了绝对厌恶的极致。

在亚滕加（Yatenga）的莫希人（Mossi）中，兽交，尤其是男人与驴的交媾，代替恋尸狂占据了憎恶最坏的等级。在布基纳法索的布瓦人（Bwa）中，是乱伦。至于女人自慰，纳瓦霍（Navaho）人将远古妖怪的诞生归咎于此。最后，奥吉布瓦（Ojibwa）人认为两个已婚妇人过去的同性恋关系会导致以后所生孩子患脑积水。

在这些传统社会中，禁忌的严厉并不能阻止专断意志在血统或亲缘关系上可能的介入。换句话说，社会没有处在生物学冰冷的控制之下。为了说明这个留给"习得"的重要空白，人类学家也举了一些例子——确实不多，但无可置疑——在母系社会里，女人操控大权的事实。玛格丽特·米德和布罗尼斯拉夫·马林诺夫斯基（Bronislaw Malinowski）使太平洋上的特洛布里恩群岛的情况闻名于世，在那里，性的主动权似乎是女人的特权。加拿大易洛魁六民族的例子更为经典。这些例子自1724年就被耶稣会士拉菲托（Lafitau）研究，后来在1970年，朱迪斯·布朗（Judith Brown）又开始研究。

在这些印第安民族中，女人享有的权利和权力，在世界上没有什么对手。她们可以确立例如血统的规则、决定居住的地点等。集合了同一族脉的女人、男人和儿童的大家族由"女族长"领导，她同样管理耕作、在属于女人的集体土地上共同实现女人的特权。女族长本人负责把不同家庭所煮的食物分配给家族。

"女族长通过一个男性代表，或者在易洛魁六个民族的总委员会，或至少在每个民族的元老院，代表她们说出她们的意见。这个声音实际上并非无足轻重，因为如果这些女族长不同意的话，她们拥有对战争的否决权。"[1] 总之，她们可以禁止妇女为战士们提供必要的干粮以阻止这样的

---

[1] 弗朗索瓦兹·埃利杰，《男性/女性，差异的思想》，同前。

计划的实现。

在弗朗索瓦兹·埃利杰看来，教训是清楚的：建立在性别上的差异——这个著名的差异思想——不会**必然**达到对男性有利的权力等级。这样一个假设的统计频率抵不上命运的捉弄。所谓的规则也会有例外。

除了这些论据，我们还想强调来自涂尔干的演进思想。在1893年出版的名著《社会分工论》中，涂尔干假设原始的人类不知道女人和男人行动或行为中存在任何差异。伴着随之而来的进化，出于效率的考虑，必然在两个性别间出现分工。这个进化论观点的特性在于它的**可逆转性**。一个演化所做的，另一个演化有可能根据社会效率观念的不同而将其推翻。全部问题，就对儿童教育的某些需要而言，转移到上述对效率的定义上。总的来说，问题呈开放的态势。

在性的问题上，**禁忌的演进特征**无疑是人们一旦开始长期研究便最受震动的。任何一个文明都没有一劳永逸的固定的性道德。物质从来不是静止的，而是运动的、演进的，随时间而变化，总是臣服于特殊的历史环境。两个奇特的例子可以证明：中国和伊斯兰教。

中国的房中书

没有任何一个文明能像中国文明那样持久。持久到了令人眩晕的地步。延伸几千年，被分成若干个长期的统治和延续几个世纪的王朝，中国的历史近乎永恒。我们相关的知识，如果说最远古的那部分是支离破碎的，却可以使精神跨越广阔的无法想象的时空。然而，中国的性道德属于最不稳定之列。至少两个重要事件造成中国性道德的彻底紊乱，在限制和羞耻感的问题上：公元前四世纪儒家学说的断裂，以及后来十二世纪的复兴；清兵入关，在十七世纪结束了明朝。

如果我们相信高罗佩这样的汉学家，中国性道德的原则，从理论上讲，**达到了同时关注性快乐和生育的程度**。在中国的性差异观中，众所周知，两大原则互相对立和互相补充：阴，消极的和女性的；阳，积极的，男性的（但有时，消极的阴被认为高于积极的阳）。性行为使得男性通过吸取女性阴的精华而提高生命力，包括对女人的鸡奸，这是允许的。女人这边，通过交媾，看到她"沉睡的天性"即阴活跃起来，获得身体上的好处。

总之，于中国古老的传统而言，精致的性生活是幸福和身体健康的保证。高罗佩写道，古代中国人关于性的立场非常明白："……在快乐中毫无保留地接受人类各异的生殖形式，从肉体交缠最微小的细节到最高境界的精神之爱，这种交缠盖上了精神之爱的印记并表明了现实。因为它是宇宙繁殖进程的人类对等物，人们提及性交易，从未将其与道德的羞耻感连在一起，没有觉得有一丝罪恶。[……]在滋润田野的雨水与使母腹受孕的精液之间，人们看不到任何区别；在肥沃潮湿、准备好播种的土地和随时可以进入的滋润的阴道之间也是如此。"[1]

因为他们非常在意性"成功"的思想，古老中国的臣民习惯于在《房中书》中记录他们的感想，这本手册意在教会一家之主管理他与妻子之间关系的最好方式。这些用于教育目的的情色论著不计其数，已经流传了两千年；直到十三世纪的中国，人们还在研究它们。

但我们还不能总结说，这个在快乐方面谨小慎微的社会不存在性禁忌。它们首先源自绝对要求——优先要求——这调控着中国性问题的要求：生育子孙后代以延续供奉祖先的香火。每个男人都承担着对逝去祖先的这个神圣义务，因为只有活着的后代能够以周期性的祭祀保证另一

---

[1] 高罗佩，《中国古代房中术》，同前。

世界里的人的幸福。生育——尤其是生个儿子——是这种本体论的需要。这也解释了一夫多妻制：如果一个妻子不能生儿子，其他女人应该接她的班。

出于这个原因，禁欲以及女人不嫁受到蔑视，人们会怀疑她怀有罪恶企图进而加以迫害。同样受到禁止的——和蔑视的——是男人自慰，这会造成生命精华的流失。"医书中只在男人没有女性伴侣以及'精液失活'时才接受男性自慰，败精（pai-king 就是说有活力的精子在身体内停留过久），会逐渐失去性高潮。人们对梦中遗精深表忧虑。不仅是因为这是生命活力的丧失，而且因为有可能是出于不正当的想法。"[1]

在以生育为目的的关系之外，男人还要掌握一门技巧：**有保留的交欢**，就是说不射精。此行为很困难，不能获得满足但非常有理由，完全不是为了女性的快感考虑，就像中世纪基督教那样，而是出于不可避免的阴（yin）与阳（yang）的辩证法。"根据这个原则，男人应该学习尽可能延长交媾的时间而不达到高潮；因为器官越是在体内停留长久，男人就能吸取越多的阴的精华，从而提高和加强生命力。"[2]

口交，同样，如果能在阳"浪费性的"喷射之前停止，才被允许。相反，女性的手淫没有任何问题，因为女人被认为拥有和保存着无限多的阴。出于同样的原因，人们对没有什么恶果的女同性恋表现得相当宽容。对于中国人而言，极端的羞耻在于亲嘴，被认为是性行为的一部分，在公众面前是无可想象的。[3] 极少的同性恋现象根据时代的不同，或多或少得到容忍，除非它转变成一种感情敲诈的工具，这在宫廷中相当常见。

---

[1] 高罗佩，《中国古代房中术》，同前。
[2] 同前。
[3] 这个关于接吻的奇特观念最初是一个顽固的误解。到中国的西方人得出的错误结论是，中国人从不接吻。而中国人看到西方妇女当街与男人接吻，认为她们都是娼妓。

道德主义、反教权主义和淫秽

伴随着儒家学说，社会需要一个坚固的家庭系统的思想甚嚣尘上。孔子的教诲确实——就像斯多葛学派或基督教会最初的神父一样——被部分解释为当时对败坏风俗的对抗，"被同时代人的爱情习性所震动，他特别强调仁，将仁慈作为道德力量。[……]家庭的神圣纽带松弛了：孔夫子成为孝道的捍卫者[1]，倡导严格组织和有序的家庭，这是国家的根基。"[2]

女性并未从儒家学说的胜利中得到好处。人们在一些非常古老的文字中，例如著名的《春秋左传》，字里行间带有明确的蔑视女性的痕迹。例如："女德无极，妇怨无终"；或者："女人是魔鬼的造物，足以扭曲男人的心灵。"据称孔夫子的语录带有更强烈的藐视妇女的意味。在《论语·阳货篇》的第17章中，孔子说："惟女子与小人难养也，近之则不逊，远之则怨。"

由此派生出的对付女人的方法与西方通行的大体相似。理想的妻子是内人（nei-jen），字面上可以解释为"里面的"，就是说照管家务，不包括公众事务。如果一个女孩子想做正室，那么童贞是必不可少的。另外，在公元纪年初年，有规定女人在月经期不得参加家庭仪式。（她应该在额头点朱砂来表明她不洁的状态。）

儒家学说鼓吹日常生活中男女严格分开（包括夫妻），为后来众多写给女人的道德说教提供了灵感。最古老的似乎是班夫人（二世纪），她写了《女诫》，劝告妻子要顺从和敬畏丈夫。在1405年明朝统治时期，有一位仁孝皇后，著有《内训》，还有后来的姜皇后所写《女训》提供分娩前的建议。这两篇著述在亚洲广为流传，十九世纪日本仍然对其加以研究。

---

1 实际上，儒家学派教导的是八种道德：孝、悌、诚、信、礼、义、廉、耻。
2 高罗佩，《中国古代房中术》，同前。

然而，对于经常令人窒息的儒家道德，中国社会给予某些精致的侵犯形式以宽松环境，以此作出回应，比如情色文学、绘画和诗歌。中国很早就产生了丰富的情色文化，但或多或少是不公开的。人们以此来嘲笑儒家学说想加诸性领域的规则和禁忌；以此和身为儒家弟子的道德学家论战。这就像中世纪西方的色情韵文故事，明朝（1368—1644）的小说或淫秽诗公开描述假想中和尚还有尼姑的无耻行为。还是在中国，人们乐于将寺院想象为放纵的场所……

关于这种演变，总之，尤其是1279年蒙古的入侵，后来是蒙古东部的女真部落（后来他们改称满族，在1644年推翻明朝），令中国人一改最初的清教道德。随着明朝的覆灭出现了某些无忧无虑的享乐主义。对于禁忌或多或少自由的掌握让位于将所有与性有关的事务——私人事务——用吹毛求疵的谨慎包裹起来的道德教条。当西方人登陆中国时，中国人以同现代相同的方式回应。对于外来的举动和好奇，他们竖起了羞耻和高罗佩称之为"性玄秘"的不可逾越的高墙。"这就是一种对身体的嫌恶，遏制一切与性有关的暴露，一种在后来的四个世纪中成为中国人行为特征的嫌恶。"[1]

中国印证了多次被人类历史证实的人类学原则：所有被围攻的社会，遭到来自外部（或内部）威胁的时候都在性道德方面趋向于强硬。路易·杜蒙（Louis Dumont）强调的整体主义机械地重蹈个人主义的覆辙。另一个著名的例子当然就是印度。

无边的高潮……

很少有如此伤感的反常之举：伊斯兰原教旨主义体现了——尤其是在

---

[1] 高罗佩，《中国古代房中术》，同前。

七十年代初——为妇女蒙上面纱并放逐性欲的漫画似的清教,但也没有任何一个宗教能像先知那样如此抒情地——而且坚定地——歌唱肉体爱情和肉体幸福。这不是文体的问题。一位专家写道:"根据伊斯兰教义,全部生活沐浴在一种性的氛围中。有时甚至达到强制的地步。必须结婚。必须交媾。父母必须给孩子娶亲,在孝道中有让鳏寡的父母再婚的义务。做爱是不可推卸的责任,不得以任何借口推诿;甚至对真主的虔信也不可以。"[1]人们自然地引用先知《圣训》中的话语:"他教我热爱这个世界上的女人和芳香。"

奇特的细节:在伊斯兰教看来,与其他很多宗教或传统智慧不同,性行为证明了"生活的严肃性",没有被引向生育这唯一的目的。性游戏(mula'aba)被《古兰经》热切地提倡着。从《一千零一夜》到奥玛尔·加亚姆(Omar Khayam,1050—1123)的《四行诗》,再经由《快乐宝典》(*Jawami'al ladhdha* 或 *Arrawdh al âtir fî nuzhatil khâtir*,十六世纪),在法国更广为人知的名字是《香园》,[2]再有,人们以诗意和欢快无双的语句歌唱快感。伊斯兰教描写快感的文学和诗歌是无与伦比的宝藏。先知说:"当男人凝视自己的妻子,她也凝视着他,真主祥和的目光会落在他们身上。当丈夫握着妻子的手,妻子也握着丈夫的手,他们的罪孽将从指缝间流走。当他和她共同生活,天使环绕着他们从凡间到天国。情欲和快感拥有山岳般的壮美。"

丰富的情色文化带有印度影响的痕迹,好几位作家的作品都能证实。人们知道比如《一千零一夜》直接来自印度的传说,还有好几位伟大作家的作品例如玛库迪(Macoudi)的《金草地》都是受其影响。

总之,人们在伊斯兰教中找到无数关于快感、情欲和享乐的隐喻及

---

[1] 阿卜代尔瓦哈·布蒂巴(Abdelwahab Bouhdiba),《伊斯兰的性》,PUF出版社,"四马二轮战车"丛书,1984年。
[2] 教长奈夫瓦齐(Nefzaoui)于回历925年创作,作者居住在突尼斯,应一位大臣的要求,该著作于1850年被首次译成法文。后来,莫泊桑对1886年修订后正式出版的译本深感兴趣。

撩人的画面。在《圣训》中，穆罕默德提到爱情的融合时，说这就像"畅饮某人的蜜"。肉体行为堪比一种道德，甚至一种恩惠（sadaka）。阿伊夏（Aïka），先知喜爱的妻子，担保说，交媾"令灵魂放松、令意愿加强、使精神清晰、改善视野、驱除疾病、预防疯狂和使身体柔软"。[1]

这些格言和这种乐观主义确实得到实施。伊本·西那（Ibna Sina）这位十世纪伟大的阿拉伯医学家在西方为人熟知的名字是阿维森纳（Avicenne），他在《医典》（Qânoun fit-tîb）中将性快乐作为医治精神和肉体痛苦的处方。"松开年轻人性关系的束缚，他们可以由此避免有害健康的疾病。"[2] 另外，人们还知道阿拉伯人对春药的特殊崇拜，或者，在阿拉伯文明中，某些极为色情的传统的重要性，诸如土耳其浴。（在很多阿拉伯国家中，去洗土耳其浴意味着去做爱。实际上，人们做爱之后去那里"大净"。）"十世纪的巴格达号称有2万7千个土耳其浴室，甚至夸张点说有6万个。科尔多瓦大概有5千到6千个。罗马的公共浴池全部集中在大城市里，土耳其浴室更广泛些。小镇或者村庄也拥有自己的土耳其浴室。"[3]

但更说明问题的，无疑是人对死后（post mordem）的情色认知以及伊斯兰教描绘的乐园。里面充满了神奇的造物——乐园中的仙女——身体散发着藏红花、麝香、龙涎香和樟脑的芬芳；有着"撩人性器"的性感尤物，供中选者随意享用。在著名的苏尤提（Cheikh Jalal Addin al-Suyûti，十二至十三世纪）的作品中，人们找到最诱人的描写，"勃起达80年以及无边的快感"。苏尤提写道："［在乐园里］人们日益美貌。胃口大增。人们随意吃喝。男人的生殖力也倍增。人们像在尘世一样做爱，但快感延续、延续，直到80年。"苏尤提补充道："［……］每次和仙女在一起都以为她是处女。再有，中

---

[1] 菲利普·阿济兹（Philippe Aziz），《观点》，1996年3月30日。
[2] 玛莱克·夏贝尔（Malek Chebel），《伊斯兰爱情百科全书》，Payot出版社，1995年。
[3] 阿卜代尔瓦哈·布蒂巴（Abdelwahab Bouhdiba），《伊斯兰的性》，同前。

选者的阴茎永远不倒。勃起是永恒的。每次交媾都会有快感，那种美妙的感觉在尘世是如此难忘，以致一旦体验到就会昏眩。"[1]

伊斯兰教明白描绘的极其性感的永生可与基督教非物质的、严格精神的天堂相比较，或者与犹太《法典》对另一个世界的刻板描述相比。"在来世既无吃也无喝，没有生育也没有贸易，没有嫉妒也没有仇恨、没有竞争，但义人端坐，头戴王冠，安享天国的光辉。[……]许下了某些东西，但却是看不见的。"[2]

遵从世界的秩序

《古兰经》规定的禁忌成为无数讨论和争执的目标，尤其是在原教旨主义将圣训做了最为保守的解释并加以执行之后，特别是叙利亚十三世纪的传统主义者伊本·泰米雅（Ibn Taymiyya）的解释。但这不能阻止构成这些禁忌的主要灵感——在表面上排除肉欲（mujûn）——受到质疑。伊斯兰教的一大领先之事就是遵从两种性别的区分，以及女性和男性世界的两极化。世界的统一将在了解原因的基础上通过性别的和谐来实现。"实现真主希望的调和的最佳方式，在男人来说就是承载阳刚气概，在女性而言就是表现女性气质。伊斯兰教对世界的看法消除了性别的罪恶感，但却是为了使他们能够互相调配。"[3]

从真主允许的这种两极化产生了伊斯兰教理论上对违背"性别对比和谐的"所有性欲形式的敌意：女性化的男人、男性化的女人、手淫、兽奸。先知

---

[1] 阿卜代尔瓦哈·布蒂巴，《伊斯兰的性》，同前。
[2] 约瑟·艾森伯格，《死亡之后的存在》，Labergerie 出版社，1967 年。
[3] 阿卜代尔瓦哈·布蒂巴，《伊斯兰的性》，同前。

说："真主诅咒改变尘世界限的人。"男同性恋（liwàt）和极小一部分女同性恋（musâh'àqua）受到35个诗句的谴责，分布在7个章节中。玛莱克（Malek）的仪式甚至从理论上预先规定用石块击毙同性恋者，而阴阳人（ghoulàm）遭到蔑视。在实践中，阿拉伯社会却表现得相当宽容，玛莱克·夏贝尔（Malek Chebel）称之为"同性淫荡"，即"在另一个性别不存在时，将过度的肉欲转到［同性］伴侣身上"。[1]这个传统允许男人互相拉手或拥抱，一起洗浴，甚至在未婚时互相手淫。

在历史的进程中，穆斯林被基督徒指责行鸡奸和强奸。无论谁研究了十字军那段历史，都不会不知道，在假托拜占庭皇帝阿莱克斯二世（Alexis Comnène）写给罗贝尔·德弗兰德（Robert de Flandre）求其帮助他打败突厥人的信中，人们看到穆斯林对基督徒犯下的性暴力的详细描写。[2]十一世纪的文字证明："他们对各年龄段的男人实施鸡奸，儿童、少年、年轻人、老人、贵族、仆人，更为恶劣和罪恶的，甚至教士和僧侣，噢！耻辱啊！这是自有教士以来闻所未闻见所未见的呀。他们甚至杀死了一个教士，就是为了干这罪恶的勾当。"

编造的控诉吗？1096年第一次十字军东征之前的这封充满政治"意图"的不可靠的信，很难说，而且很有可能。关于同性恋有一件事是确实的：严厉禁止我们今天叫做恋童癖的行为，就是与很小的孩子做的勾当。在伊斯兰国家，以毛被为标准区分。"看一个没有胡须的男人（amrad）的脸是非法的，即使目光中没有淫欲，而且处在一切fitna（对真主的反抗—诱惑）状态之外。"玛苏德·阿勒瓜纳维（Mass'oud al-Quanawi）写道："没有胡须的男人就像一个女人。甚至更糟，投在他身上的目光比看一个陌生女人更有罪。"

---

1 玛莱克·夏贝尔，《伊斯兰爱情百科全书》，Payot出版社，1995年。
2 让-克洛德·基尔博（Jean-Claude Guillebaud），《在十字军东征的路上》，Arléa出版社，1993年，色伊出版社，"观点"丛书，1995年。

正是出于对世界秩序的尊重，乱伦成为最严重的禁忌之一，题为"女人"的著名的第四篇受到强烈的指责："禁止与下列人发生关系（hourrimât'alaïkoum）：你们的母亲，你们的女儿，你们的姑母、姨母，你们的侄女、甥女，喂养你们的乳母，你们的同母姐妹。你们的岳母，你们监护的前妻的女儿。"

在另一个篇章（第二篇，228）中，圣训禁止流产："女人们不允许藏匿（yaktoumounna）真主在她们腹中创造的东西。"实际上，理论家们给予这项禁止以时限——与我们西方立法的前提条件相类似，从而减弱了禁止的严峻性。根据其中一个条款，Fatawa Hindyya，按照教规可以流产，只要胎儿的形状还不能完全分辨出来。按照伊斯兰教理论家的看法，表皮组织（头发、指甲）或者清晰的器官只在120天后出现。

至于周期的禁止，在原则上与犹太教和基督教的规定没什么根本的不同。一些是与在清真寺中的避静（在斋戒期间发生关系是合法的）有关，其他的与女人的月经有关。著名的"奶牛"（222—223节）即第二章写道："在女人来月经时不要接近她们。只在她们洁净时再接近她们。当她们洁净时，按照真主的命令去找她们。真主喜欢悔悟的人。它喜欢纯洁的人。你们的妻子就是你们的土地。自由地到你们的土地上去吧……"

一只手，《古兰经》……

用近代原教旨主义者中流行的不宽容观点来看，非常令人惊奇的是，《古兰经》和《圣训》中都没有明确蔑视女性的段落。在那个时候，圣训则相反，强制实施旨在反对前伊斯兰时期的残酷刑罚的改革。例如它对一夫多妻施加诸种规定，使一个好的穆斯林几乎无法实现，以减轻休妻或遗产等的危害，以及结束某些像广泛存在的溺杀女婴这样的罪行。《古兰经》的文字包含一些非常有利于女性的内容："乐园就在母亲的脚下。"在第四章《女人》中，它毫无疑义地宣布，男人和女人分享同样的**精华**。

似乎应该警惕过于理想化的视角。这是《古兰经》的译者丹尼斯·马松（Denise Masson）的观点。她写道："毕竟应该看到，男人还是比女人享有更大的自由。事实上，男人拥有一项特权，和一个女人生活三四天而不一定非要娶她。但有两个条件：给她酬劳，并且她不属于自己的家族。先知在晚年似乎对这项规定产生了些许犹豫。然而它还是实施至今。传统赋予男人以更大的性自由，只要不触犯穆斯林生活的两大准则：荣誉和家族的准则。"[1]

这并不能阻止《古兰经》关于女性的总基调与前面提到的其他某些蔑视女性的圣训文字（佛教、印度教等）形成对比。伊斯兰世界的社会现实甚至更为惊人。所有专家一致强调一条巨大的鸿沟分开了《古兰经》的文字与其在历史上的实践。在伊斯兰教中，对性的歌颂变得羞羞答答——尤其是——已经预见到的对女性变本加厉的蔑视。当然，同样的差异存在于犹太教和基督教中，但这不值得解释。"伊斯兰教最初平等和民主的美好原则有时只停留在良好的意图上，实际上阿拉伯—穆斯林社会并非不存在不平等、贵族特权和封建制。同样，完全可以先验地（a priori）想到，对生活的浪漫观念把伊斯兰引向一个谨慎和羞涩的社会。"

这种偏移原因何在？很有几个解释。对于大多数人来说，这些解释与历史的变迁有关。好几个因素不利于穆斯林女性促成在性问题上过于羞涩的观点：阿拉伯社会的同居现象，姘妇（最初是女奴）最终成为一个反配偶，热衷于肉体享乐，贝督因生活方式和文化的影响与更自由的城市传统相反。杰尔曼·蒂庸（Germaine Tillion）则认为："族内婚的经济基础使得堂兄妹

---

[1] 艾迪特·卡斯特尔，《永恒的女性》，同前。

结亲系统化，并由此抑制了女性循环以及所有不符合集团利益的爱情流露和表达。"[1]

尤其应该理解在旧的贝督因文化与新出现的苏菲派智慧之间的相互影响，后者与纪元初年沙漠里的基督教神父们同样仇视肉体享乐。苏菲派教义从严厉的贝督因文化——以及 udhrit（骑士）爱情——中吸收了将性欲升华为精神形式的对肉体的拒绝。像早期的基督教禁欲派一样，苏菲派教徒也自愿阉割，《圣训》不得不专门用某些章节来禁止。玛莱克·夏贝尔言之凿凿地说："一些苏菲派教徒，在他们疯狂的推理中，甚至到了不仅否认他们身上一时的欲望，并且驱赶所有形式的色欲，更有甚者，割除他们向激情屈服的最明显的器官：阴茎。"

伊斯兰社会对爱情的概念和实践在历史的不同阶段，随施加在伊斯兰社会的诸种影响而变化。仅限于神秘主义时期，苦行僧和美妙的爱情在十至十二世纪某些开明时期以及从格林纳达到伊斯法罕的伊斯兰地带的一些地区同时盛行。夏贝尔补充道："从此，艺术、礼仪、床上文化以及爱情诗歌持续衰落。可以说它们构成了阿拉伯—伊斯兰文明整体的组成部分。"[2]

如同在中国的情况，最终，外来的侵略对伊斯兰清教倾向的紧张发生很大作用，其中就有殖民占领。尤其是自这次感觉上类似强暴的入侵开始，阿拉伯世界开始闭关。"阿拉伯社会将披上铠甲，在家庭、女人、家园等公认重要的领域周围建造被动的防御结构。限制外在的殖民冲击，但粗暴地保留内在和私密的存在，这就是原则。[……]不论狂热与否，'狂野'和'不宽容'与否，伊斯兰信仰在自我与新主人之间竖立起一道有效的屏障，令所有类似的一时之念一败涂地。从此，阿拉伯妇女被赋予传统保护者和集体身

---

[1] 日尔曼娜·蒂庸（Germaine Tillion），《女眷和表兄弟》，色伊出版社，1996年。
[2] 玛莱克·夏贝尔，《伊斯兰爱情百科全书》，同前。

份维持者这个未曾预料到的历史角色。"

阿卜代瓦哈·布蒂巴（Abdelwahab Bouhdiba）在 1975 年伊朗什叶派革命之前几年写下了这些文字，他沉浸在对穆斯林世界的不宽容的研究中，这种不宽容在今天被认为是西方文化统一的侵犯，原教旨主义将其看作第二次殖民。在阿尔及利亚以真主的名义犯下的暴力行径、被幽禁的带上面纱或被谋杀的妇女、阿富汗或其他地区清教徒式的谵妄，这一切失控行为表明，在过去已形成的令人恐慌的反复已经到了极端，受屈辱的伊斯兰成为混乱怀疑的受害者竟到了狂怒地抛弃自己财富的地步。

* *
*

但与这一切相反的是，在这些所有宗教少见的极恶劣的屠杀中——当然也是伊斯兰极少见的，爱情的进犯和肉体幸福的顽强意念继续左冲右突。这也符合传统。从奥兰的通俗音乐到图阿雷格歌手放肆的把戏，从卡比利亚的伊兹立（Izli）到姆利利达·奈特（Mririda N'Ait）演唱的塔苏（Tassaout）的柏柏尔歌曲，从人们在土耳其浴室经常唱的下流小调到西迪贝勒阿巴斯（Sidi-Bel-Abbès）或者穆斯塔加奈姆（Mostaganem）* 下层人狂欢的音乐到摩洛哥 Chikkates（娼妓）淫荡的低吟，对下流和欲望同样的抵抗针对一切又反对一切，顽固而坚决地忠实于奥马尔·加亚姆（Omar Khayam）十一世纪写下的四行诗：

"我们，一只手，我们拿着《古兰经》；另一只手，我们举着酒杯。您会以为我们有时倾向于合法的行为，有时倾向于被禁止的行为。我们，在蔚蓝色的屋顶下，既非彻底忠实，也不是完全的穆斯林。"[2]

---

* 中世纪北非地名，现为阿尔及利亚城市。——译者
1 玛莱克·夏贝尔引注，他非凡的百科全书对本书的写作极有助益。

第十章　乌托邦与违犯

　　人类学、历史学、文学当然还有诗歌都是美丽教训的承载者。这个教训：就是在任何时间、任何地点，都充溢着对准则约束的顽固抵抗。准则在哪里，对准则的违犯也就在哪里；一种整体主义的协调一致被保留下来，但却是在词汇的机械意义层面上。一个空间出现在禁止的边缘，甚至超越了禁止的边缘。社会的记忆及其想象证明了性的反文化倾向、放纵者的神出鬼没以及与规则协调方式的持久性，其中包括最有共识的。如果人们向人类的冒险这阴暗和狂喜的一面让步，搜寻丢失的关于性的回忆只能是一场徒劳。

　　从一个世纪到一个世纪，如此发生着——到处！——同样的爱情故事。关于这个问题需要避免两个错误：悲伤的冷漠或者夸张的敬畏。这些放纵者的边缘状态实际上未能表现一种与（禁止的）**谎言**相对的英雄的（自由的）**真实**，也未能体现光荣地矗立在清教的恶对面的享乐主义的善，同时也没有地下出版物揭露暴君的言辞以及新闻检查的蠢行的功用。这毋宁说是历史表现出来的一种有远见的狡猾，即在禁止与违犯之间不停被一再发明的辩证法。两者都揭示了处在永久寻找中却总是被打断的无尽的社会**平衡**；社会不停地付诸计划但也不断质疑的终点，就像它在某种意义上预感到了稳定的不可能，或者在压制的整体主义中（对于整个集体！），或者在无政府主义的混乱中（对于所有个人！）。这是因为，社会是令我们着迷的性及其调整永不会完成的**循环**的关键。

社会从词汇最强烈的意义上表现了我们命运的人情味。

我们应该从这里出发；这种**不可能**，即一直被觊觎、但在时间上却是无法居留的性欲的乌托邦。巴塔耶写道："**肉体**是我们身上与礼仪的法典相抵触的过剩部分，[……]，如果，如我所想，因时间和地点不同，存在一种空泛而全面的禁止与性自由相对立，那么肉体就成为这种具威胁性的自由回潮的表现。"[1] 三十年来我们西方的宽容受到模糊、压抑的恐惧和无法预料的断错的威胁。要知道，我们既不是第一个也不是最后一个同时证明宽容乌托邦的诱惑和限制的宿命的人。

阿里斯托芬救了丑男

性乌托邦总是被社会想象纠缠着。最初，男人和女人就梦想有一个理想国，那里没有任何东西能束缚他们的欲望，肉体的享乐及其无辜占据

---

[1] 乔治·巴塔耶，《情色史》，同前。

上风。在《妇女公民大会》中，阿里斯托芬已经尝试想象这类共同体由女人——这是个信号——来治理。女主角普拉扎格拉（Praxagora），带领雅典人夺取政权，颁布建立财产和性欲的共同体的法令。此后将不再有穷人和富人，女子将按照自己的意愿和任何男人共眠。但是，阿里斯托芬过于关注公平的思想，以至未能理解这样的一个大会有可能成为严重不公平的载体：这将不可挽回地惩罚那些丑男和丑女，被解放的露骨欲望取消了他们的资格，而俊美和健壮的男人将独享这一新自由带来的好处。（确实，阿里斯托芬身上非常强烈的平等概念，在他的戏剧中得到具有嘲讽意味的强调，人们把屁股叫作 O Aristodemos——因为无论平民还是贵族都有一个。）

出于平等的考虑，妇女代表大会的领导人采用了一项补充法令，作出了有利于那些相貌丑陋和没有异性缘者的明文规定，我们称其为"积极的不公平"。允许女子自由地选择俊美和健壮的男子，**但必须在选择矮小和丑陋者之后**。同样，男人也要优先为年老和貌丑的女人服务。希腊人神奇的直觉甚至到了令我们现代人目瞪口呆的地步。阿里斯托芬通过简单的戏剧遗嘱提醒我们，在爱情一如在其他方面，过于没有边际的自由在解除了对幸运者的个人主义的抑制的同时加剧了极度不公平。

十七世纪的欧洲，性乌托邦——文学的或者哲学的——似乎随着道德主义的紧压而成倍增长。在托马索·康帕内拉（Tomaso Campanella）一本放纵的书《太阳城》中，泛神论的思想与重组爱情道德的计划结合起来。作者是多明我修士，他曾煽动谋反将卡拉布里亚人从西班牙的桎梏中解放出来，在监狱中度过了二十七年，被拷打过七次，最后路易十三赠给他三千利弗尔的年金，将他安置在圣日耳曼，他在那里度过了晚年。1725年，在《虫瘿的故事》中，提拜尼·德拉罗什（Tiphaigne de La Roche）表达了同样的精神："任何人都不拥有属于自己的东西；一切都是共和国的，一切属于所有人，人们永远不会说：这个女人是我的，因为每位妇女将是所有公民的妻子。"他理想的国家中禁止一切拥有爱情或者对爱情表示忠诚的思想。[1]

在十八世纪,这方面最引人注目的人物无疑是傅立叶(Charles Fourier),政治空想主义者和性自由计划的狂热宣传者。傅立叶1772年生于贝桑松,最初准备在南布斯当老师,后来他受到自己的创造性的过分鼓舞,失眠时在街上自言自语地散步,用开玩笑来消遣。作为坚定的独身主义者,他讨厌儿童,用米尺丈量巴黎的建筑物,从蒙马特尔一侧攀爬一座装满花盆的矮房屋,这位迷恋地理的人确信自己发明了一种解除所有压抑的道德束缚的社会原则。关于妇女及其解放,其中包括性解放,他的主张令我们深感亲切,他宣称:"男人在爱情上的幸福与女人享有的自由程度成正比。"同样,他为"年轻寡妇的幸福"而辩护,"尤其是当她们懂得保护自己的自由,而不是越来越倒霉,陷入一位在感情上爱吹牛的丈夫的桎梏,并且保持爱情的独立和更换情人的权力"。

他在《爱情新世界》(这也是他的一部书的标题)复杂的论据中预见了秩序及性的等级集团,小心翼翼地组织了一个多配偶制的"规约"。在这个完美之城中,为了在所有情况下保留最起码的礼仪,狂欢将以四对舞(omnigame)的形式出现。在傅立叶的思想中,这多配偶制的计划将通过他称之为"pivotale的感情"得到修正,就是说一种持久的爱慕之情。他以当时少见的勇敢歌颂当时人们叫作男同性恋和女同性恋的现象。作为坚定的科学主义者,他建议通过快感的各种频率来精确地评估快感的程度,就如同一个世纪后威廉·赖希发现了"奥格农(orgone)"一样。在若干点上,确实——例如关于某些宇宙的谚语——傅立叶是赖希的直接先驱。他不是提到过"星球的假两性畸形"并保证如同植物一样,它们彼此交尾来诞育生命的吗?

---

[1] 这里,我借用了亚历山德里昂的性乌托邦的几个例子,《爱的解放者》,同前。

寻找女救世主

圣西门伯爵（Claude-Henri de Rouvroy，1760—1825年）是法国经济学家和哲学家，其影响在十九世纪达到顶峰。他又提升了傅立叶的乌托邦思想。在他的思想中，应该围绕"教士伴侣"推广爱情和诱惑的神秘宗教——基督教多少有些异端的自然延伸。圣西门去世当年出版了他的代表作之一《新基督教》。在圣西门之后，他的弟子们聚成一派，重拾他的观点和学说，并要实践他的理论。他们的领头人就是普罗斯佩·巴多罗缪·安凡丹（Prosper Barthelemy Enfantin，1796—1864年），一位充满灵感的精神领袖、银行家之子、巴黎综合工科学校的学生。"父"和他的"使徒们"不懈地继续这个后基督教计划，主要为尤其是肉身在内的物质平反。

根据圣西门的信仰，作为美、甜蜜和魅力的辩护者，"教士伴侣"肩负着为社会调和——并从本义上调整——"稳定的"爱情和"不稳定的"爱情（这奇怪地令人想到让-保罗·萨特和西蒙娜·德波伏娃叫作"非主要爱情"的东西）的职责。普罗斯佩·安凡丹写道："有时，教士伴侣使无节制的热情平静下来，使感官失控的欲望缓和下来；有时则相反，它唤醒了迟钝的智慧，温暖了冷漠的感觉；因为它了解礼仪与羞耻的所有魅力，以及舍弃与欲望的优雅。"教士则被允许与女信徒有性关系。

这个乌托邦的宗教内涵是很显而易见的。亚历山德里昂写普罗斯佩·安凡丹时说："我们热衷于抛弃对肉体美的欣赏和人们的感官能感受到的所有快乐，这种热衷不应该再被视为道德演进的羁绊，而应被看作宗教自身的启示。宗教应该以这样的方式来组织，人们去教堂是为了看俊美的男人、美丽的女人，从中汲取感官的激动，就是人们通常去剧院和舞厅达到的目的。另外，与基督教的偏见相反，这样做不是激发肉欲而损害精神，而是寻求两者完美的调和。"[1]

一位时事评论者谈及未来社会时，在《全球报》上写道："人们会看到，男人和女人通过无与伦比的和不可言状的爱情结合在一起，因为这种**爱既没有冷淡**也没有**嫉妒**；男人女人和若干人结合，却从来不会彼此相属，相反，这种爱情将是一次美妙的盛筵，因为宾客的数量和选择增加其美妙程度……"

圣西门的乌托邦在1832年得到实践。安凡丹和他的弟子在梅尼尔蒙唐区他的家中安顿下来。他们在那里组成了一个智者的共同体，大家虔诚地分摊和从事所有手工劳动。使徒们蓄须，着装奇异（白裤、紫色内长衣和背后系扣的红色背心），招来路人的嘲笑。在十九世纪谨慎和小资的巴黎，这些嬉皮士的先驱引起了轰动。安凡丹在1832年8月遭到法庭传唤，他在法官面前揭露了资产阶级私通的虚伪和卖淫现象的羞耻，但还是被判一年监禁。

圣西门的门徒组织了一系列东方旅行，去完成寻找"女救世主"的预言。在伊斯坦布尔，人们看到他们身穿奇怪的衣着在大街和市场上游荡，唱着赞美歌，在遇到的任何一个妇女面前俯伏。在法国，他的伙伴走遍地中海的大街小巷高喊："妇女的统治即将来临，所有男人和女人的母亲就要降临。"他们得到的是无情的推搡和石块。但是在埃及，圣西门的门徒们停留在巨大的苏伊士运河工地上，那里的"堤坝小姐"不吝惜自己的魅力，留下了至今仍难以消除的回忆。[2]

退后些看，这种夸张的性神秘主义和他们的长途跋涉相当可笑。但每次长途跋涉都很有意义地**记录**了日期。爱情乌托邦似乎比转向清教的时期更

---

[1] 这里，我借用了亚历山德里昂的性乌托邦的几个例子，《爱的解放者》，同前。
[2] 罗贝尔·索勒（Robert Solé）在《埃及，法国激情》（色伊出版社，1997年）中详述了圣西门门徒在埃及的浪漫奇遇。

富创造力和更为积极。然而,这当然是十九世纪的情况。但是这个资产阶级的积极的世纪同样存在了不起的乐观主义,一种存在于进步和人类意愿的力量中固执的信念。圣西门门徒们的爱情乌托邦同时表达了对虚伪的新清教的愤怒和对未来不可动摇的信念。在这方面,它是典范。

颠覆的性

历史上一串串的爱情乌托邦,不总是具有这种纯洁、神秘或思辨的形式。人们很清楚,所有人类社会都阶段性地发生革命的、政治的、意识形态的或宗教的喧嚣,并——几乎总是如此——给性道德领域带来后果。直到当时实行的规则被打破的阶段、享乐主义放纵的爆发、类似节日的余兴总是与法律和秩序重新恢复的阶段交替出现。探索这个漫长的狂欢和苦行的接续过程,同时更贴近地检视正在运转的机制,则需要另一个时间和另一个地点。但人们总归可以借助一些范例思考遇到障碍的确切本质和派生出的混乱现实。在几乎所有情况下,人们会看到,这些事件都是以**无法控制的狂暴**收场的。

补充一句。乔治·巴塔耶是极敏锐地发现了欲望与暴力之间混乱关系的人之一。反常的是,他不停地强调禁止的重要安抚功用。他写道:"人通过其活动建造了理性的世界,但总是为它保留一个暴力的背景。大自然本身就是暴力的,尽管我们已经很理性,暴力还是能重新控制我们,这不再是自然的暴力,而是理性生物的暴力,它努力服从,但在它不能成其为理性时屈服。[……]禁止最根本的对象就是暴力。"[1]

---

[1] 乔治·巴塔耶,《情色史》,同前。

我们未曾预料到，当代的长篇大论——其中包括最无关痛痒的——都受到暴力—欲望沉睡力量的纠缠，这股原始的力量总是准备超越禁止的界限，完全可以在任何时候颠覆城市的秩序。时代付出如此高代价的著名幻觉有时就是招供。想想收录了妇女对淫秽现象证词的一本文集的某些段落吧。22岁的希尔薇低语道："一想到革命我就激动，这是历史上最色情的时代：人们恐惧，人们搏斗，里面肯定有暴力。我受不了纳粹主义，然而这令我极为激动。[……]这种无动机的暴力令我兴奋不已。看看人们对儿童、对妇女干的坏事吧。看看怎么折磨无辜者吧。"一位32岁笔名索菲的记者，在这个问题上说得更激烈："尖头桩是最令我狂乱的酷刑场面。这简直既恐怖又兴奋。[……]我想，确切地说，只有性折磨的场面才能令我混乱。"[1]

这些罪恶的念头都是幻觉，因为"人们没有想到痛苦"并且没有一分钟想到过付诸实施而更为肯定。然而它们还是在自己的天真中表达了亘古的威胁，当人们回首过去时应该警惕这个威胁。实际上，历史持续地受到这个威胁的冒犯，在这个威胁身上，人们遇到了大部分放任的乌托邦。

多少世纪以来，性放纵或者以指向既成秩序的抗议形式出现，或者作为政治崩溃前夜采取的报复。古代中国就经历过以性为释符的地下运动，这些运动使放荡成为一种政治武器。人们注意到，在公元三世纪的汉代末期，受类似的性神秘主义启发，出现了好几起道教起义，尤其是"黄巾起义"，虽然最终被血腥镇压，但加速了汉朝的灭亡。这些"神秘主义者"受黄书的启发，书中认为放荡是"获得生命精华的真正艺术"。在随后直到十九世纪，中国经历了其他性乌托邦的失败。1839年颁布的圣谕暗示了其中一个金丹教运动。唯一允许的是男人和女人成对修炼密宗。"他们晚上聚集起来，很多人在一个房间里，灯是熄了的。他们在黑暗中进行男女勾当。"

---

[1] 吉尔·拉普日和玛丽-弗朗索瓦兹·汉斯，《女性，淫秽和色情》，同前。

这个淫秽的颠覆传统在中国历史上是如此根深蒂固，以至今天还会出现，就在二十世纪。在1950年年底，毛泽东的人民共和国尽力消灭一个叫作一贯道的秘密道教组织。它的成员反对共产党制度，沉溺在狂欢仪式中。高罗佩曾就他们引述过1950年11月20日《光明日报》的文章。文章写道："这个组织的头领，这些不知羞耻的淫荡者，在组织内部的女性成员中组织'选美比赛'，在'道教学习班'上，挑唆成员在杂处中进行淫乱活动，号称参加者可以长生不老和百病不侵。"[1]

在法国大革命时期，就像人们看到的那样，对堕落贵族或真实或假设的揭发，总是与各种关于风俗解放的特殊抱怨相伴而生，例如同性恋。一群"袖筒骑士"（同性恋）1790年写了一篇题为"国民议会中索多姆的孩子，或者代表巴黎60个区所有同性恋"的稀奇文章。文章中强烈要求给予"同性恋"以某些自由，尤其是在巴黎一些热闹的街区。人们同样看到这个组织的成员诺阿耶公爵（Noailles）演讲的开始部分。"那些诽谤者嘲笑地称呼这些'反自然的人'（antiphysique）为bougrerie（同性恋），长久以来的无知，令我们直到今天还要将其作为不合法的淫荡行为，以后将成为一门在所有阶层所有社会教授的著名科学。"随后是一串议员名单，其中可以找到当时鸡奸社团的所有成员。

但这只是在督政府时期，在受消灭一切的清教主义控制的恐怖时期之后——尽管1791年的刑法废除了反自然的风俗概念，人们放任于对欲望的渴望和对放纵的炫耀，尤其因为它能帮助人们忘记绞刑架的恐怖而变得更加疯狂。然而，在这个时期，似乎最早的预警提出的是**对儿童犯下的暴力行为**。总之，巴黎的放纵不会持续下去。在这里可以引用的文件是警察局行政专员公民皮格纳尔（Picquenard）致督政府主席公民墨林的一份报

---

[1] 高罗佩，《中国古代房中术》，同前。

告——著名的墨林·杜埃（Merlin Douai），时间是第三共和国 6 年牧月 5 日。这份报告对整体腐化的气候和公众的堕落提出了警告。它提到皇宫出现鸡奸者（pédérastes），并肯定地说有人从街区把感染性病的男童带到警察局，其中最大的还不到 6 岁。不能再拖了，要控制一切。从 1810 年起，拿破仑修的刑法典规定，对 15 岁以下的未成年人犯下的妨害风化罪可处以监禁直至终身。[1]

十月革命和"性乱"

一出大戏将在布尔什维克俄罗斯上演。1917 年到 1922 年革命和内战的动荡，加上三年的战争，造成了社会和家庭的分裂，远远超越了共产主义者的期望。关于那些在大街上流浪的成百上千家庭、出走去远方寻找食物的整个村庄，有令人心碎的描写。抛弃了孩子的妇女偶尔去卖淫，然后是经常性的，为了生存，同样有男女少年去卖淫，构成"儿童帮"，以养活自己和那些无耻的剥削者、把自己暴露在经常性的强暴和暴力中：在二十年代末和三十年代初，一个声音在共产党的报刊上反复出现，就是"性乱"。因为害怕这个日益增长的混乱和经常是以性为动力的秘密暴力，人们指责年轻人陷入最不道德的过度行为；责备成年人失去了道德责任感。这个普遍的性乱的主题很快就会卷土重来和遭到打击，将以集体要求的名义被用来解释三十年代立法的新道德主义。

在《性革命》一书中，威廉·赖希断言人们故意过高估计了混乱的程度，目的在于使人们接受对旧秩序的回归：同性恋被禁止，家庭政策和鼓励多生

---

[1] 莫里斯·勒维引用，《索多姆的柴堆》，同前。

育。但他同样讲述（没有过分）一些俄罗斯青年的"公社"自发地重新发明了自愿调整的机制，以预防"性乱"。这样，莫斯科的年轻社员，自己投票通过了如下规则："在加入公社的最初五年里，性关系是不受欢迎的。"[1]

在这两次大革命（法国和俄罗斯）期间，当然是被认为对集体具危险性的暴力和混乱造成了乌托邦的失败。但同样表明了革命的双重性。两个相反的原则实际上在当时达到炽热的地步。革命首先计划着摧毁性的混乱。它就像疯狂的痉挛，寻求打倒道德和行为规则。关于1789年强烈的性狂热，人们写过很多，巴黎人民冲破旧世界；在这个式微的插曲中，可以看到腐化堕落的贵族秩序——人民**既厌恶又嫉妒**——沉沦的情形。

乔治·巴塔耶梦呓般地讲述了1789年7月14日前夜发生的奇迹般的场景，人们着手给关在巴士底监狱的萨德侯爵这个堕落的活生生的象征换监狱。萨德，实际上比那个沉醉时刻的任何人更为敏感，企图煽动路人，从他的窗子喊叫："巴黎的人民，有人杀死囚犯！"巴塔耶写道："人们什么都不让他带，《索多姆的一百二十天》的手稿在攻占巴士底狱后被抢走了。到处打听的人在撒满院子的所有值得注意的东西里翻找。1900年手稿在一位德国书商那里出现，他自己说为了实际上触及他人、触及人类的一个损失而'洒下血泪'。"[2]

但如果说革命是性混乱的蓄意提供者，任何革命都同时驱散了位于放纵两端的纯洁梦想和德行，那么梦想一般都不得善终。**在恐惧与德行之间存在着直接关系**。克伦威尔（Cromwell）居于梦想道德逆袭的圣人队伍之首，策划了很多杀戮。孟德斯鸠睿智地写道："是谁说的？德行本身也需要限制。"[3]

乔治·尼瓦提到，革命思想的这种双重性在托尔斯泰那里得到描绘。在

---

[1] 威廉·赖希，《性革命》，同前。
[2] 乔治·巴塔耶，《情色史》，同前。
[3] 《论法的精神》，第十一篇，第四章。

《复活》（1889年）中，托尔斯泰描写了很多被判苦役的革命者和恐怖主义者，他们彼此争论暴力和性的问题。"在他们看来，托尔斯泰作为非暴力的捍卫者，所持的模棱态度不无狡猾：他想将其区分为好的和坏的，将他们的暴力意图引向性的混乱（这在手稿中很明显，在定稿中依然清晰可辨），明显的是，他特别强调妇女，解释说'她们投身恐怖'是出于与引她们'投身宗教'的同样的性缺乏：看看人物玛莉亚·帕弗洛芙娜（Maria Pavlovna）吧。贞洁也是恐怖主义苦行的另一面……"[1]

有一件事是确定的：在重归秩序之前的时刻，混乱——真实的或幻觉中的——会威胁到集体的团结，产生一种漫射性的焦虑、一种隐晦的秩序要求，我们知道它为所有这类煽动者和"复辟者"所用。约翰·博斯韦尔看到："在西方历史的大部分时间里，似乎灾难都毫无困难地被解释为少数派集团该死的阴谋的结果；即使没有任何可怀疑的特殊关联，愤怒或者焦虑经常邀请我们通过偏离准星的攻击来补偿某种内心的不安，而这种攻击往往针对奇特的天性和社会标准的例外。[……]在四世纪罗马崩溃和危难的时刻，或者在十四世纪末的巴黎，一切远离标准都具有险恶、警醒的面貌，并与一系列阴谋消灭家庭的恶势力连在一起。"[2]

国王死了以后……

今天，我们习惯于用宽容的眼光看待问题，不仅是在发生革命的时候，而且在一个专制政权或者说保守政权被排斥的时候。这正是魁北克六十年代初在"静默的革命"之后的情况，这次革命结束了天主教对教育的垄断。

1　乔治·尼瓦，《俄罗斯神话的终结》，同前。
2　约翰·博斯韦尔，《基督教，社会宽容和同性恋》，同前。

1975年后，同样的事在后佛朗哥的西班牙发生了，绝对自由主义和放纵的节日莫维达（Movida）被停止了。在东欧国家就像在苏联解体时伴随着额外的肉体享乐、淫秽和卖淫的突飞猛进。

　　最近，人们的目光转向了南非。《独立报》在参观了约翰内斯堡最大的妓院之后写道："纳尔逊·曼德拉（Nelson Mandela）选举后的20个月，人们可以在《国际通讯》周刊上读到，妓院在国家的大城市里迅速增加。在约翰内斯堡的高尚郊区，可以找到越来越多具有启发想象力名称的俱乐部：色情，东方宫殿。基里纳尔旅馆有14层。下面，酒吧和长沙发占了4层。上面，女孩子就像雨水一样多。她们从莫桑比克、斯威士兰和其他地方涌来。她们的客人大部分是中产阶级出身的白人。他们花不到一百法郎来寻欢作乐。并且一而再，再而三。一位风俗侦讯组的官员分析说：'去妓院，就像是去打猎。如果您从没有杀死过一只羚羊，您绝对应该试一次。一旦有过一次，您只会有一个念头：再来一次'。"[1]

　　个人对集体、自由对规则、贪婪的无政府主义对城市严厉秩序的这些快乐回报，社会允许的这些享乐主义的"危机"并不比革命的过度行为更持久。迟早，极小的整体主义者会重新掌权，当然，我们尽量用政治的或者意识形态的词汇来诠释进步的胜利、保守势力的报复、各类阴谋等等。也许这有些短视。人类学和人种学——整合了长长的历史——无疑是最好的救星。

　　罗杰·凯洛瓦（Roger Caillois）在其《人与神》中提供的一个阐释吸引着乔治·巴塔耶。在好几部书中，《情色史》的作者参考他的朋友凯洛瓦关于某个特定团体中出现的过度性放纵现象的思考。他认为这种现象实际上反映了集体记忆保留着其印记的远古礼拜仪式。"有时，在死亡面前，在人类雄心的失败面前，一种无边的绝望攫住了身体。这时，似乎这些沉重的风暴和人类平时羞于向其让步的躁动的天性重占上风。在这个意义上，国王

---

[1] 《国际通信》，1996年1月4日。

之死很可能带来可怖的效果和最显著的爆发。[……]死亡事件一旦宣布，人们从各处跑出来，杀死所有遇到的东西，随意抢劫和施暴。性放纵，罗杰·凯洛瓦说，'几乎以突发事件的面貌出现……最微小的抵抗从来没有与群众的狂热对立过。在三明治岛（îles Sandwich）'，得知国王死去的消息，人们干了所有在平时被认为是犯罪的行为：他们放火，抢劫杀人，而女人们公开卖淫……"[1]

这种周期性消遣的想法令我们困惑，因为它似乎承载了反常的智慧，大量的格言中本能地发现和表达了这类常识：不是每天都是星期天，好事总有结束的时候，节日过去了，等等。好在这些插曲是暂时的。它们使乌托邦幻想的性质和我们很快就会意识到的责任提前内化了，这个责任就是与欲望进行计谋的较量而不是——危险地——在其面前退却的。这种智慧的另一个侧面就是人类群体面对**违犯**表现出来的不必细说的宽容和持久的善意。换句话说，各文化蔑视乌托邦，但也没有因此终止对大胆的情色或秘密或低声的庆祝，无论这情色是象征性的还是真实的。

情色的不变性

现代的埃及文明和美索不达米亚文明，经历了希腊罗马城邦、基督教初期、中世纪和启蒙时期，完全可以通过放纵文学的历史和艺术的违犯展现我们的过去。没有一个世纪、没有一个时代、没有一门艺术不拥有自己内容丰富的"地狱"。透过迥异的形式，人们发现同样的禁止科学、同样的在指定的同时却加以蔑视的方式。无论地下与否，这种情色文化就像是极度敏感

---

[1] 乔治·巴塔耶，《情色史》，同前。

的感光片，一张官方文化的底片，从另一面（a contrario）记录了所有变形、偏移或者紧张状态。

例如中世纪的情色文化确实比人们想象的更灵活——也可以说更狡猾。它重新阐释了时代的禁忌，在一段距离以外，帮助我们理解这些禁忌是如何造就了中世纪的欲望。一位中世纪研究者写道，禁忌"产生了幻觉、梦幻，鼓励人们违犯。由此，在当时的宇宙志，在这些**世界的影像**（Imagines mundi）中，也出现了想象的事物，这些影像当时非常繁荣，为我们展现了文明价值所在的世界中心；如果人们不幸远离了这个中心，就会到达被魔鬼占据的奇特荒诞的国度。这就是为什么中世纪的宇宙志专家描绘生活在宇宙边缘的部落——在最东方或最西方——在性方面实践所有的禁忌：他们多配偶制、鸡奸、兽奸……"[1]

情色，欲望的延伸，同样是一种反文化。因为它渗透了基督教，中世纪通过它的情色韵文故事自愿将教会和教士作为目标，但没有带来说明问题的反应。亚历山德里昂解释说，人们经常将中世纪看作蒙昧主义的时代，但那其实到处是既博学又爱开玩笑的善良的基督徒，他们会毫不犹豫和快乐地大谈淫荡之举。让·莫利内（Jean Molinet），诸如《圣比卢瓦誓言》礼拜祈祷的滑稽模仿者，在他的同代人中极受欢迎，马克西米连大公（Maximilien）请他作顾问并封他为贵族。"在1507年他过世时，比利时大诗人让·勒迈尔（Jean Lemaire）说他是我们所有法国天主教语言的演说家和修辞家的领袖（chief）和君主［……］并且在欧洲所有操这种语言的地方都是如此"。[2]

这些韵文故事在十二世纪末至十四世纪中叶之间广为传播，被放纵的书生（goliard）、还俗的僧侣、行吟诗人或陶醉的学生在小客栈和城堡朗诵，

---

[1] 雅克·罗西奥，《历史》，n° 180，同前。
[2] 亚历山德里昂，《情色文学史》，同前。

被社会的所有阶层所熟悉和欣赏。在猥亵之外，它们确实证明了诗歌的艺术以及诗歌中与粗俗的挑逗风马牛不相及的语言和隐喻的运用。影射的精湛艺术和象征性的解码在文艺复兴后大面积消失。"中世纪因为语言只要遵守规则就可以说出任何东西而激动不已。《玫瑰传奇》并不是园艺的历史。然而，从笛卡尔开始，人们开始尽可能直接地说话，尽可能少用隐喻。而性欲不能直接说。[……]在我们中间，语言以可悲的方式萎缩了。"[1]

至于十一世纪盛行的骑士爱情，它远没有人们说的那样脱离世俗。如果人们相信《行吟诗人的爱情》的作者勒内·内利（René Nelli）这样的专家，从字眼的本义来说，它相反强加了一种肉感的、精致的和情色的代码。在女士被征服之前，一系列加诸情人身上的考验之后，会出现一个不再柏拉图的阶段。"最高的奖赏就是尝试（asag），男人的自制力将受到考验。需要知道他是否可以做到骑士爱情必不可少的自我控制。女士邀请她的朋友与她共眠；他们整晚赤裸身体躺在一起，允许相互抚摸，但不能成'事'。如果男士未能抵住诱惑，这证明他爱得还不够；他将被宣布不配这种有节制的爱情（fin's amors）而被抛弃；相反的情况下，他将获得出类拔萃的名声。他可以希望很快转换为身体的情人（drut）。"[2]

根据中世纪研究者霍华德·布洛克（Howard Bloch）的看法，人们有时将韵文故事与中世纪最艳情的文学形式、和他们最理想的女性形象及陪侍骑士艰苦等待的持久痛苦对立起来是错误的。实际"现实主义的和理想主义的两种文体都具有情色强迫，这种强迫仅只以各种面貌和如此不同的文学形式表现出来"。[3]

---

[1] 克洛德·加涅白，吉尔·拉普日和玛丽-弗朗索瓦兹·汉斯引用，《女性，淫秽和色情》，同前。
[2] 勒内·内利（René Nelli），《流浪诗人的爱情》，Privat 出版社，图卢兹，1963 年。
[3] 霍华德·布洛克（Howard Bloch），《爱情韵文故事》跋，口袋丛书，1993 年。

新闻检查的失败

对情色文学的压制不仅局限于中世纪。我们知道，多少世纪以来，一些下流诗作者或感官享受的拥护者（奥索尼乌斯［Ausone］，阿波利奈尔［Sidoine Apollinaire］，圣让·达玛塞纳［saint Jean Damascène］，马波德·德莱纳［Marbode de Rennes］，圣阿尔弗雷德·里沃［saint Alfred de Rievault］，保罗·勒斯朗台［Paul le Silentaire］等）同时也是诚信的基督徒。新闻检查只是在十七世纪初，在人们习惯将性放纵的想法与无宗教信仰思想联系起来之后才真正开始。这不是最初的情况。"libertin"（放荡者）在罗马指被解放的奴隶的儿子——出生时是自由的。后来被加尔文用来指称一个不信教的人，一个将自然的伦理与启示的伦理、将自然与基督教信仰对立的人。放荡在当时完全是另一回事。

"对情色文学的压制起因于放纵总是将反宗教的考量与淫秽的描写混为一谈的现象。如果没有滑向亵渎，人们本来可以继续在国王的特许下出版淫秽诗画集。但人们怀疑，如果容忍性放纵的表达，就会出现亵渎神明的话语。放纵者的大敌，弗朗索瓦·加拉斯（François Garasse）神父（《时下美好思想的奇异学说》的作者，1624 年）曾经说，美好思想破坏性的学说包含两个分支，放纵和不信教。［……］因为放纵有堕落成无神论的危险，人们决定禁止文字激起放纵的乐趣以预防更大的害处。"[1]

当然，这些压制的想法和新闻检查没有任何效果。甚至相反。从十七世纪起，情色文学比以往任何时候都表现得更加丰富、才华横溢和被民众喜闻乐见。狄德罗在《关于书店生意的通信》中讽刺了新闻检查这种确凿的无

---

1 亚历山德里昂，《情色文学史》，同前。

能。他写道："规定越是严格，书价就越高，就越是激起阅读的好奇，买的人越多，读的人就越多。"他说很多院士和书商希望对法官说："先生们，行行好，判我入狱吧。"在印刷厂里，工人们一边为每一份取缔令而鼓掌，一边高兴地嚷嚷："好，又来一个版本！"[1]

这样，在发明了资产阶级道德的时刻，启蒙时代的法国出版了成千上万的书籍、抨击文章、诗歌、韵文剧、故事和放纵甚至淫秽的模仿。似乎这种违犯一步步伴随着和**补偿**着清教的强硬。羞涩的十九世纪和二十世纪的一大半以创作与新闻检查的别致的争论为特征。1819年5月17日的一项法令试图开启新闻检查的政策，以达到禁止如卢威·德库弗雷（Louvet de Couvray）的《佛布拉斯的骑士》等某些著作的目的[2]，这些书当时还在自由传播。

总之，英国，新教清教的发源地，在文学违犯上毫不落后。有《漫游者杂志》、《时髦杂志》等期刊。在1795年，《漫游者杂志》刊登了极端下流的插图和文字。一首淫秽诗《全部的可能性》（The Pleni-potentiary，1788年）的作者是威尔士亲王的一个朋友，查尔斯·莫里斯上尉（Charles Morris）。按照亚历山德里昂引述的一位历史学家的说法，"淫秽在这个时期的英国自由通行。他接着说，但在1797年，国王乔治三世发出了反罪恶的宣言，要求他的臣民用各种方式与罪恶斗争。1802年建立的消除罪恶协会，以搜寻淫秽文字和绘画为己任。它可有的干了［……］，一旦它的活动受到阻碍，淫秽作品便在暗中激增。［……］女王维多利亚1901年去世时毫不怀疑，在她的治下，英国人已经秘密成为世界上最早的淫秽书画作者"。[3]

一切决定性地表明，违犯的原则不仅是欲望的延伸和反文化现象，它同

1　亚历山德里昂，《情色文学史》，同前。
2　埃曼纽·皮埃拉（Emmanuel Pierrat）引用，《性与法》，Arléa 出版社，1996年。
3　亚历山德里昂，《情色文学史》，同前。

样是**一种集体智慧的形式**。人们想以此作为地方历史学家的证据。在某些情况下，这种受控制的违犯，就是说这种瞄准"边缘"的管理，不仅局限于表达的形式。它变得积极了。

旺代的马莱善现象（调情）和萨瓦的阿尔贝日现象

十九世纪，在羞涩的路易—菲利普时期和资产阶级强硬的道德取得全面胜利的时候，如果提及法国好几个省份持久的风俗，直到今天我们还会觉得大胆。它们组织——在实践中——向年轻人秘密传授知识，是对狭隘的官方道德的直接补偿。一些这类传统，用让-路易·弗朗德兰的说法，"推荐一种性行为方式 absque coitu（无性交）"，可以令年轻人快乐地满足他们的冲动。

人们注意到沙朗地区的女孩集市或者巴斯克地区著名的试婚，但尤其是旺代的马莱善现象特别引人注目。多亏了十九世纪旺代的一位医生马赛尔·博杜安（Marcel Baudoin），人们才能了解细节，他在当地进行了长期调查后，出版了一本资料翔实的书。

maraîchinage——今天我们称为"勾引"或"调情"——在女孩和男孩间被容许，在某些条件下可以当众进行：在路边，傍晚在"一把红伞的遮掩下"，在旅馆的后厅或屋檐下。马赛尔·博杜安所做的描述迎合了当时的修辞学，隐约透露出一种不快的反应。它们只是更饶有趣味。

人们紧靠在一起，搂抱在一起。人们滚到床上！……很快，这个没什么后果的嬉戏被局部的神经兴奋代替，通过中枢神经迅速对彼此的生殖器官产生影响。这种影响如此之大，对口腔调情没有麻木的热烈的马莱善人，经常会产生感官欲望，男女都是如此。人们甚至说，即使没有接触，只是局部摩擦，男人有时也会真的射精。

一些人声称，在某个特定时刻，神经质的年轻姑娘抵抗不住，会任凭她的情人摆布。后者，在这种情况下，会好几次为她手淫：这会持续好几个小时，几乎不停……人们还说年轻姑娘任凭自己与情人的性器接触；但鉴于普遍习俗的广泛存在，我对这种特殊的生殖手淫表示怀疑。[1]

马莱善人的例子不止一个方面值得关注。首先，必须理解，这种传统在十九世纪旺代人极为保皇和笃信天主教的中心保存下来，那里是教士占据的地盘，但古老的地方自由尚未完全被大革命根除。这样它就证明了古老的农民文化的顽强，我们一般都低估了它丰富的复杂性。要知道，马莱善现象在社会和家庭平衡方面的有效性已经得到证实。让-路易·弗朗德兰强调，在十九世纪三十年代，非婚生的比例在旺代比法国其他地区要低得多。最后一点，也是有价值的：总之，是第三共和国的市长们将禁止这个可爱的传统……

萨瓦的阿尔贝日现象具有同样丢卒保车的考虑。女孩子们被允许找一个追求者来在她的床上守候她过夜。年轻人可以进行除了交媾以外的所有抚摸。阿尔贝日现象从1609年开始被禁止，发现者将被逐出教会，它只是慢慢才消失。

其他地区好像也有类似习俗。这些习俗相当广泛，但带有相对的谨慎。反常的是，人们是通过诽谤者的言论才知道了这些习俗的存在。这样，1877年，一本反对女性手淫的医学手册非常深入地描述了——加莱角年轻人的传统调情："在一个没什么教养的农村阶层的婚礼上，参加婚礼的人，年轻女孩和男孩，成双结对地，在婚礼宴会结束后和舞会开始前，他们躲到房间里，四组、五组或六组在一起，那里，在暧昧地调笑之后，他们机灵地躲到

---

[1] 马赛尔·博杜安（Marcel Baudoin），《马莱善》，让-路易·弗朗德兰在《农民的爱情，十六至十九世纪》中引用。

黑暗中。男孩子们让同伴坐在膝头,女孩子们虽然无论如何不会完全把自己献给情人,却任其摆布,她们的羞耻心极有弹性,快乐地享受爱抚。"[1]

回到乔治·巴塔耶

乌托邦的失败,违犯的幸福:这就是历史的真正教训吗?如果真是这样,还需要思考将违犯和肉体享乐本身连在一起的关联,人们看到这些关联滋养着现代性的忧虑,后者恐惧地看到欲望的强度与自由的程度相比越来越弱。在这个问题上,对乔治·巴塔耶的兴趣的恢复,和人们今天对他的作品明显错位的重读却绝不是偶然的。在六十年代性革命期间,巴塔耶被封为我们伟大的违犯者之一(和萨德、乔伊斯或尼采……)。三十年后,完全不是那回事了。

巴塔耶曾经是神学院学生,被基督教义和他自己称作"青春信仰"的东西充塞着,产生了禁忌的存在及其违犯构成了欲望本身的思想。他彻底相信欲望拥有一个悲剧性的维度。"如果我们遵从禁忌,如果我们服从它,我们不会意识到。但我们在违犯的时候,会感到焦虑,没有焦虑,禁忌就不成其为禁忌:这就是原罪的经验。经验引向完成的违犯、成功的违犯,后者在维系着禁忌的同时,也维系着违犯,**目的是为了获得享受**。"[2]

他多次表达了禁忌如果消失可能带来的真正恐惧,即使他鼓吹违犯并亲自致力于宣传(例如在母亲的尸体面前手淫)。除了向萨德或尼采反复致敬外,人们在他的笔下发现了直接来自他以为已经与之断绝的基督教义的

---

[1] 布耶博士(Dr. Pouillet),《女性的手淫》,Paris,1877 年(让-路易·弗朗德兰在《性与西方》中引用)。
[2] 乔治·巴塔耶,《情色史》,同前。

主题。

例如，性欲望的本质逃开了人类的意愿和理智的看法——令人半恐惧半着迷，一个直接来自圣奥古斯丁的思想，巴塔耶狂怒地颠倒了它的意义。他写道："爱情行为与牺牲揭示的是**肉欲**。牺牲替代了动物有序生活中器官的痉挛。性的失控亦是如此：它令充血的器官得到释放，而器官盲目的游戏超越了情人的审慎意愿。代替这个审慎意愿的，是器官充血的动物运动。理智无法控制的暴力使器官兴奋，它令器官爆炸，突然，是让位于身体爆发越界的心灵快乐。**肉体**的运动在理智缺席的情况下越过了界限。**肉欲**是我们身上与有关廉耻的法律对立的多余部分。"[1]

对于巴塔耶而言，肉体享乐具有这个在我们身上已经苏醒了的与动物性相连的可恨的东西。（"我们最强烈反抗的东西就在我们身上。"）他自觉地引用波德莱尔（在《纺锤》中）"爱情之中唯一和壮丽的快感存在于作恶的确信中"的说法。在《情色史》一个出色的段落中，他特别提到这个无法抑制的反应，这个反应在肉体享乐的时刻推着我们说出"下流话"就像"说出被发现的秘密一样"。

更说明问题的是，他几乎用基督教初年禁欲派的语言逐字描述了人类在狂欢和无餍足的天性漩涡面前感受到的恐惧。在巴塔耶看来，性禁忌表达了男人的拒绝，拒绝让步于巨大的和激增的对自然界的**浪费**，自然界令死亡与生命无限循环，在一口巨大的锅里搅拌生命和物质，将死亡当成再生的条件。他突然说出男人的恐惧和"不"，来自违抗宇宙骇人运动的意愿。

"性欲与死亡只是自然界庆祝生命无穷尽多样性的节日的尖峰时刻，它们都具有无限浪费的意义。自然界来自这个意义，与每个生命都想持久的本质意愿相反。[……]就如同我们人曾偶尔无意识地捕捉到自然界中不可

---

[1] 乔治·巴塔耶，《情色史》，同前。

能的现象一样（这种现象在我们身上发生过），自然界要求一些生物参与到这种摧毁的狂野之中。这种摧毁的狂野，让自然界获得生命，但又没有任何东西令狂野的摧毁欲得到满足。自然界要求人们让步，怎么说呢？它要求他们反抗：人类的可能性依赖于一个生物还努力说不的时刻，这个生物正出现无法克制的眩晕。"[1]

巴塔耶在他尼采式的反抗中坚持着，发出这个原始的动物性的拒绝，这个他判定为"衰减时刻"的道德拒绝。他建议消灭我们世界几千年来积累的"思想秩序"以重新引入无秩序。他推动我们"毁灭自我身上有个目标的习惯"。[2] 但是，虽然与同时代人处在同一水平线（五十年代），他比所有人都对战后巨大的厌倦更为敏感，至少他确实知道这里面**出了什么问题**……

---

[1] 乔治·巴塔耶，《情色史》，同前。
[2] 雅克·穆尼埃（Jacques Munier）的广播节目中播出的巴塔耶访谈节目，"疯子乔治·巴塔耶"，法国文化台，1997年8月3日。

第十一章　从"永存计划"到人口恐惧

总之，在这个严守戒规与宽容的巨大消长面前，谁能不受到震动？这种消长似乎成为我们历史的节奏，造就了、然后再造我们的道德，鞭挞、然后令我们的乌托邦受挫，从遥远的初始就是这样了。深思熟虑之后，谁能对在某种意义上讲属于历史谜团的东西无动于衷？一旦人们超越了这方面的标准话语——判断、揭露、辩护等，一种巨大的好奇心便占了上风，但这次好奇心遇到了障碍。是否有某种人类学的宿命，组织和奠定了这种无休止的运动的基础？严厉与宽容的交替是由无形的逻辑复因决定的吗？或者只是遵从意识形态的偶然性和信仰的反复无常？

从理论上讲，将大部分争执、宣判或引起时代反响的表面争斗归咎于虚荣，这个说法很有说服力，是更为根本的问题。讨论性道德而忽视构成它的基础？检视象征性表现的演进而不诘问与之相伴的周期？试试吧！

通过探究各个时期的更迭,当然可以从中隐约看到某个解释因素,但人们无法掌控它,于是不得不万分小心。这就是**人口的约束**,这种令人类延续的意愿,柏拉图称人们从中看到**子嗣的忧虑**,使人类"通过传代进而不朽"(《法律篇》,Ⅳ,721)。换句话说,一个社会或多或少总会有自己的人口伦理。[1] 很难用条件式以外的语式来表达这个可能性。无论谁对问题感兴趣,都会惊诧地发现,这个问题一直没有得到很好的研究。就年鉴学派的一些历史研究而言,对于某个叫让-路易·弗朗德兰的人或者某个菲利普·阿利耶斯令人振奋的评论来说,还有多少荒芜的土地?有多少未经验证的因果关系和突然发生变化的臆测?确实,人口统计学者首先会强调他们学科的不完美,阿尔弗雷德·索维(Alfred Sauvy),人口科学的创立者,在1946年评论它是"荒芜的"。他们经常坚持自己提出的解释具有不可避免的偶然性,尤其是当增长和衰减循环交替的时刻。因此,他们以无限的谨慎来说明人口方面的法则。还不用说人口问题的政治色彩,这个问题在法国比其他地方更为尖锐。[2]

罗马与衰减的忧虑

但是人们还是知道远古时期的情况的,很明显,这样或那样的人口事件被解释为性道德意义的改变。这是某几个大瘟疫时期的情况,瘟疫能造成大量人口死亡,进而使出生率成为一时的首要考虑。因为我们已经在前面

---

[1] 这是雅克·罗西奥的话。
[2] 人们还记得1991年一位国家人口研究所(INED)的马尔萨斯主义的研究员埃尔维勒布拉(Hervé Le Bras)与鼓励生育的领导杰拉尔·卡洛(Gérard Calot)之间在公开对立之前荒谬和空洞的争论。

提过，[1]古代中国对人口问题相对的不在乎被至少两次这类灾难打破，先是十六世纪初、然后是1630年左右梅毒的流行。主要是，它促成了羞耻心和"家庭主义"的恢复，虽然一部分人出于对生病焦虑的反应，反而更狂热地投入肉体享乐中。

在基督教初年，重大的理论和哲学争论囊括了异教徒、基督徒、犹太教徒和罗马法学家，他们对人口的现状并非人们想象的那样冷漠。出生率的担忧在纪元最初的两个世纪（以快速的人口增长为特征）可以被忽略，从第四世纪开始重要起来。罗马帝国的平均寿命确实不超过25岁。为了保证世代的更替，每个妇女必须平均生育5个孩子。结婚年龄大约为14岁。[2]罗马社会在所有人口节奏改变的时候都会极度脆弱。还不用说罗马军团需要战士……为了更好地理解这种情势，想想"预防性生育"，在今天南半球一些极度贫困的国家，大量生育是为了养儿防老。

公元二世纪前后，众所周知，基督教还在努力与诺斯替教派或者禁欲派脱离开来，例如通过那位亚历山大的克雷芒极力提倡婚姻。那时帝国的人口状况尚未引起焦虑。相反，在四五世纪，经历了衰减期，粗暴的争论令罗马当局与基督教思想家们形成对立，但这种对立与当代相比却是小巫见大巫。罗马人和他们的皇帝出于对人口衰减的忧虑，通过了拥护人口增长的法令。相反，基督徒们更倾向于鼓励贞洁和独身，在马尔萨斯主义这个词汇出现之前就已经以其内容为依托了。约翰·克里索斯托在《论贞洁》中认为，世界已经有足够的人口，不怎么再需要生育了。确实，一位异教作家吕西安·德萨莫萨特（Lucien de Samosate）在《论爱情》中使用了同样的论据来"歌颂同性恋这种在一个为了繁育人口而忧心忡忡的社会里比性爱细腻无数倍

---

[1] 参见第三章。
[2] 我在这里借用彼得·布朗的评论，《拒绝肉体》，同前。

的感情"。[1]亚里士多德则用土地被侵占的可能性来支持"生育应受到限制"。

总之，无论如何，罗马人对出生率的忧虑在当时就遭遇到基督徒对**肉欲**的怀疑。如果人们相信历史学家的说法，罗马世界的人口形势是很危急的。然而基督教的影响越来越大，"教会强烈要求并获得准许废除了奥古斯丁鼓励生育的法令，因为法令阻碍了独身和婚姻状态下的贞洁的发展"。[2]毫无疑问，对于让-路易·弗朗德兰而言，基督教的学说与人口的需要就这样逆流而动。（人们将看到，法国教会只是在当代才转变为鼓励生育。）

一种不合时宜的道德？

这种保持教士独身政策[3]的教会与受人口减少（类似军队减员）危险困扰的俗权之间面对面的辩论几乎在历史上以同样的字眼延续下来。在1348—1349年鼠疫大流行后，城市人口减少了三分之二，开始了持久的人口危机，人们注意到了**当时僵硬的道德主义并不陌生**的鼓励生育的强劲反应：揭发同性恋、手淫等。但这种反应源自世俗而不是宗教的考虑。它针对的直接目标就是独身的教士。雅克·罗西奥评论道："15世纪初，人们看到一些世俗作者批评教士或僧侣的独身，甚至反对贞洁至上……这样就诞生了法学家纪尧姆·塞涅（Guillaume Saignet）1412年写成的《人类的哀叹》。[……]另外，在十五世纪，法国的资产阶级家庭不再愿意把女儿送到修道院去。还是同样的想法：必须生育！"[4]

---

1 我在这里借用彼得·布朗的评论,《拒绝肉体》,同前。
2 让-路易·弗朗德兰,《亲吻的时光》,同前。
3 从原则到实践的过程，一直要到十二世纪。
4 雅克·罗西奥,《历史》,n° 180,同前。

相反，还应该强调，在可爱的十二世纪，性道德变得柔和了，发展出肉体享乐的兴趣和自然的爱情，这一切与整个欧洲人口的激增时期相关。十一世纪初开始了人口飞跃。教会引导的反对禁欲、反对纯洁派和支持神圣的婚姻生育的斗争完全不是为了服从暂时的需要。在世俗逻辑看来，更好地控制出生率和对独身不断加强的歌颂都是值得推荐的。但人们应该记得——就像一些与弗朗德兰看法不同的历史学家——正是从十一世纪初开始，教会减少了礼拜历中禁欲的时段，有利于人口的回升。应该注意到，无论如何，有这样一个令人困惑的**巧合**。

在中世纪的异教共同体中，考虑到婴儿的高死亡率，出生率的忧虑是无所不在的。这直接影响到性的实践、禁忌和道德。仅举一个例子，法兰克社会（franque）完全被鼓励生育的忧虑控制着。孩子被认为是所有财产中最珍贵的。孩子的死亡是无法弥补的灾难。正是出于这个原因，人们严厉地惩罚导致儿童死亡的罪行，甚至提前处罚。"无论谁杀死处在生育期的自由年轻妇女，罚 600 苏，侵犯是同样处罚，但如果被杀的妇女已经绝经，只罚 200 苏！如果她是在怀孕状态下被杀的，罚 700 苏；如果孩子死于连续性流产，罚 100 苏！国王宫唐（Gontran）在六世纪末颁布一项补偿规定：以后，杀死怀孕妇女罚 600 苏，而且，如果孩子是男孩，再罚 600 苏。没有比这更明确的了"。[1]

在十六和十七世纪，有关教规的争论或出生率与性道德关系政策的争论并不总是能有这种巧合。在一个生育机制还未广为人知并由此产生各种解释的社会里——在盖伦和亚里士多德身上可以看到——还能怎么样呢？在那个时代，例如罗朗·约贝尔（Laurent Jobert）（《民众的错误》，1587 年）这样的作家认为，过于频繁的性行为是**不育的根源**。这类论调得到普遍的接受，是因为它将亚里士多德的节制理想与基督教的贞洁思想连接起来。

1　米歇尔·鲁什，《私生活史》，第一卷，同前。

它在很多方面都像是天意。首先因为它把远古异教对出生率下降的恐惧与基督教性纪律的忧虑调和在一起；其次因为它允许世俗政权和教会——经常是冲突的——找到谅解的区域。在节制夫妻热情的同时，基督教伦理将不再被看作人口的敌人[1]……

希望的膨胀

后来，事情变得更加理性。在启蒙时代和我们的世纪之初，历史学家习惯于指出两次相反的人口大转变：自十八世纪中期开始的突然跃进，十九世纪末急剧的崩落。将这两次断裂与风俗和立法的演进平行摆放是非常诱人的——而且非常有理由。

与第一阶段相关，埃马纽埃尔·勒华拉杜里（Emmanuel Le Roy Ladurie）在论及一个"希望的高通胀论"时使用了华丽的表达。他实际上从1740—1750年人口飞跃的统计数字中看出了一种宣告现代到来的乐观主义的迸发。突然，出生率几乎接近死亡率。人口得到改善，但同时还有平均寿命。"在25岁左右结婚的人今后将可能有35年的寿命，而他的祖父母或者曾祖父母只有20到25年。长期以来，流行病在或多或少较有规律的间隔爆发，造成大量人口的死亡，现在似乎拉长了。马赛最后一次鼠疫是在1710年。[……]总之，个人主义的生物条件已经具备了。"[2]

---

1 让-路易·弗朗德兰提到人们对称之为超级性欲的古老怀疑，讽刺地强调了我们今天对这个怀疑的错误的嘲笑。很多近代的医生和人口学家在某种程度上带着极为科学的论据回到这种观点上来。"他们给出的西方如此多不育夫妻的一个解释，就是丈夫精子的匮乏。再有，人口学家额外发现了某种局限——每个月大约15份报告——受孕的机会与性关系的频率相反。人们解释精液中精子的贫乏与性行为的增加有关。"（让-路易·弗朗德兰，《亲吻的时光》）

2 路易·胡塞尔，《不确定的家庭》，同前。

如果说这种无论是广度还是跨度都很重要的现象没有任何疑问的话，对这个现象的解释却将历史学家们分成若干派。（菲利普·阿利耶斯强调人们无法真正作出任何解释。）不管怎样，人们还处在假设阶段。有关这种现象对当时伦理的影响，人们可以说这种人口飞跃，在缓和了出生率的强迫症之后，便利了自十七世纪以来的苦行倾向。冉森教派的苦行主义，一直受自我的忧虑的控制，这回它准备了第二阶段——衰减，这次间隔一直持续到十九世纪末。与邻国相比，法国实际上在避孕方面显得像个先驱——避孕在当时正好是以"自我控制"为基础的。"历史上的人口工程［突出了］法国的独创性：一种超前的限制意愿。三十多年来的研究使我们确信，法国的夫妻在法国大革命前着手限制生育，比邻国要提前一个世纪。"[1]

如果这个长期的人口之春——从十七世纪中期至十九世纪初——最初的原因不为人知，那么它对道德争论的作用略好一些。在法国，教会当然会反对恢复离婚，[2]但是事实上，它的教义立场在夫妻性欲问题上没那么强硬了。如果说当时有什么共同的忧虑，还不如说是人口过剩。法国在当时是欧洲人口最多的国家。在拿破仑时期，他的军队居庞大的大陆同盟之首。法国过强的人口优势甚至是拿破仑伟业的关键之一。皇帝很乐意地征召他拥有的后备军。说他对人类的生命表现得非常慷慨还不够。例如1812—1813年，仅俄罗斯一役，在几个月内就有大约40万阵亡者，他们不都是法国人，确实。如果将大革命时期和拿破仑战争的损失合计，将大大超过一百万。法国有太多的人口……

生育还没有成为国家的紧急事务，还差得远。教士们经常拒绝强迫执行将生育当成肉体享乐的唯一解释的夫妻道德。"死亡率的降低使得教会关于

---

[1] 马丁·赛夫格朗，《上帝的孩子。二十世纪法国的天主教与生育》，同前。
[2] 在这个视角下，利奥十三世在1880年出版了百科全书《Acranum divinae sapientiae》来提醒人们婚姻是建立在统一和永恒之上的圣事——并反对离婚。

多育问题学说的严格执行变得很困难。一大部分法国教士清醒地意识到了问题,拒绝执行这些原则。"[1]事情朝着教会有条件地接受避孕的方向发展。

"人口过少的危害"

在十九世纪的后四分之一时间里,1870年普法战争之后不久,一切发生了突然的逆转。人口趋势突然颠倒过来。这实际上开始于世纪之初,**紧接着色当惨败**,引起一场真正的集体焦虑,在几年内搅乱了关于婚姻、性欲和生育的整体观点。政权和教权从此遭受着人口过少的困扰,互相比着使用有时几近国家主义谵语的鼓励生育的说辞。实际上,生育率的锐减,使得世代无法交替。更严重的是,法国一下子意识到在人口的变化方面,它落在欧洲其他国家后面了——尤其是普鲁士。这次意识的清醒来自一次盘桓法国历史近一个世纪的真正的心灵创伤("法国人口恐惧",一位研究人员写道)。到处,人们要求"国家的飞跃"。1896年,人口增长联盟创立了,很快,1900年又有了一个上议院人口委员会,再加上后来的保卫多人口家庭的议会团体。

世俗方面,人们再次求助科学的支持。论及新"危害"的社会学或政治学的出版物日益增多。医学、史学、共和国伦理被用来敦促法国人多生育。人们解释说,一个女人如果不做母亲是不能实现女性的充分成长的,而且如果可能的话,最好多做几次。教会也没有落下。多少世纪来,教会在这方面一直表现得很有保留,拒绝表态鼓励生育。这样的时候结束了。从此,主教的声音加入了共和国呼吁多生孩子的声音中。他们用过时浮夸的语调这样呼吁了。1872年7月14日,在博韦,瑞士红衣主教加斯帕·梅米洛(Kaspar

---

[1] 马丁·赛夫格朗,《上帝的孩子》,同前。

Mermillod）大人对法国民众发表讲话："在可鄙的算计之后，你不是给摇篮里放入孩子，而是去掘坟墓；这就是为什么你们缺少战士。"1886年，罗马第一次对听忏悔的神甫下令，情况"可疑"时诘问苦修者的避孕措施。

在学术方面，人们到某些理论文献中寻找能支持鼓励生育计划的论据。这样，在1909年，红衣主教梅西埃（Mercier）求助于托马斯·阿奎那，后者在他的《神学大全》中用这样的话语将生育圣洁化："上帝赋予人类的生育行为以性快感，就像它把味觉的满足赋予食物。此与彼都是可感知的乐趣，应该说，只有当它处在上帝希望的限度内，它才是合情理的。因此，当性快感是为了生育时，它才是正当的，当人们追逐它却与合法婚姻的正常行为既没有直接也没有间接关系时，它就是恶劣的、有罪的。"

这种鼓励生育的运动在基督教历史上还是第一次。直到现在，罗马对爱国行动尚表现得不甚关心。教会以后的目标——长期目标——就是控制生育。"二十世纪初，学术界在反对避孕这个问题上表现出的、并且将不断强化的僵硬，从根本上讲，与法国人口的状况紧密相关。"[1] 教会的努力后来由几位有才华的宣传家接替，他们是耶稣会士约瑟夫·奥普诺（Joseph Hoppenot）、查尔斯·吉比埃（Charles Gibier）、奥尔良的圣巴泰纳（Sainte-Paterne）神甫，还出版了书名颇有深意的两本书：《家庭的解体》（1903年）和《空摇篮》（1917年）。

与德国的冲突越是紧张，越是接近大战，鼓励生育的宣传就越是加强。在1912年至1914年之间，六封封斋期的公开信把人口不足作为中心主题。其中的两封信（昂热和凡尔登）将之明确地表达为"灾难"。查尔斯·吉比埃神甫——后来很快被任命为凡尔赛主教——在他为生育辩护的一篇文章中断定，根据他的计算，德国在十五年后可征用的士兵将是我们的两

---

[1] 马丁·赛夫格朗，《上帝的孩子》，同前。

倍。反常的是，德国也存在同样的人口焦虑。1915年，H. A. 克洛斯（H. A. Krose）神甫在耶稣教刊物《时代的呼声》（*Stimmen der Zeit*）上发表了文章，他在上面特别写道："对德国出生率下降的担忧引起的激烈的文字争论中，人们不停地强调这种现象对帝国之世界地位所代表的危险。"

顺便注意，在这种有利于出生率的气候下，在法国出生率下降与外国移民"入侵"的危险之间已经产生了联系，这是人们公认的未来的主题。1903年，查尔斯·吉比埃在《家庭的家庭》中可以这样写："如果我们一直保持着380万人口，我们肯定会招致过多的外国人进入。昨天，他们只有几百人，今天，他们就有几千人，明天，他们会有千百万人。这就产生了一个危险，一个巨大的危险。我们的种族受到外来因素日益增长的渗透的威胁。"

对"夫妻手淫"说不

隔开距离看，人们惊愕地看到，在十九世纪末和大战期间，一切——从字面上讲的一切——全部联合起来强调性问题生殖的和严格的道德；这个道德在法国一直到六十年代都占据上风。追求快乐和享乐主义都不再得到提倡。这是一个天蓝众议院[1]、阿尔萨斯—洛林、殖民和对德国"大报复"[2]的时代。共和国呼吁多生孩子，就是多生工人和士兵。由此出现了道德说教的爆发，以及将右派和世俗左派集合在摇篮旁的共同的神圣联盟。在经济方面，人们看到工业革命是如何巩固了来自资产阶级道德的性道德，这个道德至少在公众面前既谨慎又严格。人们将走得更远。教会并未接纳共和国，却

---

[1] 天蓝众议院（Chambre bleu horizon），1919年11月16日选举产生，因多数众议员参加过第一次世界大战，经常身着步兵天蓝制服而得名，是1871年之后最极端的右倾众议院。——译者
[2] 这也是1915年圣西尔学派用于宣传的名称。共和国要更多的孩子，就是说工人和士兵。

同意在爱国和人口方面不被落下。它在鼓励生育方面有过之无不及，把控制出生率和人们开始称之为"夫妻手淫"的现象视为魔鬼。

实际上，鼓励生育的双重命令激起马尔萨斯潮流的出现，该潮流在1909年号召"肚皮罢工"，在法国的政治风景中牢牢占据了一席之地。（比如，它在1968年再度出现。）甚至在教士内部，罗马对夫妻发出的新讯息是如此专横，以致造成了真正的困惑。教士和忏悔神甫处在这样一个难题面前：或者坚定地反对"夫妻手淫"，在忏悔时谴责忏悔者，但失去与大部分不想拒绝这种现象的基督徒的接触；或者保持沉默以保持接触和表现得极度宽容和松弛。像《教士之友》这样的天主教刊物在负罪感和混乱的背景面前对这些痛苦的意识争论作出呼应。直到二十世纪中期，这个排除了一切避孕形式的生育命令将被认为是"忏悔神甫的十字架"。应该令性行为回应道德神学要求的因素：进入"应进入的花瓶"（Penetratio vasis debiti），喷射精液"以使其被吸入子宫，并在有利的时刻繁育"。

正是在这个时代，人们重新执行圣奥古斯丁极其严格的解释，满足于引用他的《论婚姻和欲念》（*De nuptiis et concupiscentia*）："如果夫妻到了这个地步，他们配不上夫妻之名；如果，从一开始，他们就如此，那么他们结合在一起不是为了结婚，而是为了很快投入私通：如果两个人都不是，我敢说：或者她在某种程度上是她丈夫的妓女，或者他是他妻子的奸夫。"

大战令法国人流血，当然，只是——长期地——加重了这种强迫性质的清教倾向。人口大批死亡和冲突初期军事的困难，后来被归咎于法国人口的不足，就像1940年的大崩溃被归因于人民阵线的"非道德主义"。红衣主教吉贝格（Gibergues）大人在1919年一本名为《天主教思想中的出生率危机》的书中写道："如果父母亲们尽了他们的职责，1914年德国人就不敢宣战。因而非道德主义是眼下战争的首要原因。[……]一开始，我们不得不在占压倒优势的敌人面前退却。"

从这天开始,"人口的不足成为替罪羊,失去判断力的法国放弃、失去了世界优势随后是欧洲大陆的优势,[很快]失去了帝国,其政权和影响不可避免地衰落了。[这种精神状态]采取了原初的和本能的、几乎是生物的防卫反应,就像机体在生存斗争中的反应"。[1]

1919年9月,商会倡议在南希发起了第一届全国出生率大会。更说明问题的是:转年,议会以绝大多数(500票对73票)通过了著名的1920年法案,压制了所有针对流产直接或间接的挑战,甚至包括**所有关于避孕的信息**。[2] 这项法令一直执行到……1967年,这一年通过的诺维尔斯(Neuwirth)法令允许避孕。反教士的派别不是最后赞成1920年法案的,与1939年7月29日大多数人民阵线赞成家庭法规一样,有时,人们过度归罪于维希政府了。人口问题上的绝对意志成为法国特殊的共识。

与前几个世纪的情况相比,性道德史无前例地令人窒息。法国人包括基督徒长期以来采用的避孕措施,与仅受教会指责的"俄南之罪"并不相同。在共和国自己看来,避孕是可惩罚的轻罪的潜在来源。这次,人口的变迁以及相应的幻觉对官方道德产生了直接的后果。

大声反对违法行为!

两次世界大战之间,无疑——在维希政权统治下——是这个道德主义阶段的顶点。回顾以往,这种泛滥在我们看来几乎无法相信。世俗方面,医

---

1 让-玛丽·布尔森,《法国人口研究:转折》,《思想》,1992年1月。
2 法案的第三条规定对"无论谁利用第一条和第二条所指的手段宣传、透露、提供避孕方法或便利使用这些手段的"判处一至六个月的监禁和罚款。

学界采用世界末日般的语调谈论没有孩子的妇女,说她们将可能罹患各种病症。在二十年代,波尔多的一位医生(劳莱)在出生率地区会议上断言"只有怀孕和哺乳期的妇女才会有身体的全面发育"。1929 年,布鲁塞尔医生古特尼尔(R. de Guchteneere)在他题为《生育的限制》的书中宣称避孕有造成妇女终身绝育、罹患纤维瘤和神经疾病的危险。1930 年,雅克·塞迪洛(Jacques Sédillot)博士引入了一个更为荒诞的概念:"弄虚作假综合症"。他解释说,妇科和神经疾病是由于生育期妇女缺乏精液的浸润。至于前面那位古特尼尔博士,他在 1931 年提出了新的假设:避孕容易造成女性生殖系统的癌症……

教会这边,三十至五十年代反对"夫妻手淫"的斗争显得像是一场圣战。对生育控制的争论占据了舞台,罗马坚持僵硬的不妥协立场。人们提到"婚床上的诚实"并拒绝对其可能的"亵渎"。有的基督徒——尤其是知识分子——开始提出异议、并为更专注于幸福和夫妻自由的神学辩护。自三十年代开始,两位妇科医生,荻野真(Ogino)和克诺斯(Knauss)发表了他们致力于避孕新方法研究的最初成果,这个方法建立在生理周期不同阶段体温的变化基础上。一个有意思的细节:他们的手册是通过库布雷维(伊泽尔)修道院院长散发的。这样做当然不无鲁莽,因为这本手册进入 1920 年法案打击的理论范畴,作者有可能因此受到起诉。

庇护十一世在 1930 年 12 月 31 日发表的著名通谕《圣洁婚姻》(Casti Connubii)敲响了基督徒中有可能实现的自由希望的丧钟。通谕重申梵蒂冈针对所有避孕的敌意。圣旨还在回响:"增加再增加!"还要等二十年后,教皇庇护十二世才含蓄地接受了控制生育的原则。[1]

不应该低估罗马保守倾向的灾难性后果。大量基督徒夫妇虽然过着和

---

[1] 1951 年 11 月 28 日,在家庭阵线的讲话中,庇护十二世第一次使用了"控制生育"的字眼。

谐的性生活，却感觉自己在宗教信仰和控制生育的意愿之间被撕裂。这个时期积累了大量例证，教民写给忏悔神甫的信包含了病态的隐私。[1] 有多少内心的痛苦、承受的悲伤、被抑制的快乐和失去的爱情？马丁·赛夫格朗（Martine Sevegrand）认为："在这些问题的背后，显示出对教会沉默的反抗，因为'不可理喻'的教会让人做不可能的、不现实的事，让最虔信的基督徒家庭面临荒诞的选择。一位三个孩子的父亲在1936年写信给维奥莱特院长'求助'。他暴露自己的意识状态：'目前，我知道自己应该保持性关系，但尽管努力了，我还是做不到，或者做到了却令我感到深深的悲哀、对生活深深的厌恶。[……]简言之：一方面我遵从上天的规则但毁掉了激情和生活的乐趣。另一方面我不遵守上帝的命令，保持欺诈的关系，而一切都还不错。'"

历史的讽刺，"违犯"的新报复：当时的统计表面，尽管有梵蒂冈的强硬态度，基督徒夫妇继续实行避孕。三十年代生育率下降，更说明问题的是，在天主教影响势力强的省份，生育率与世俗省份很接近。确实，反常的是，就像菲利普·阿利耶斯指出的那样，控制生育的忧虑与作为基础价值的对家庭的依恋不总是那么不可调和。他解释说，当时的榜样是"谨慎、算计、有远见、为一或两个孩子准备了美好未来的家庭。在这种条件下，出生率的降低并非随便哪种享乐主义的萌芽。相反，它表明了对生活的苦行态度，一切都是为了辛勤地抚育下一代所做的牺牲，包括性快乐"。[2]

鼓励生育率的思想，家庭的崇拜，清教徒般对性的严格：这一切几乎可以表明——至少是合作！——维希主义一词在诞生前就已经存在了。1940年战败之后，菲利普·贝当时期的法国政权，还有他的口号"工作，家庭，

---

[1] 马丁·赛夫格朗，《清清楚楚的爱。请教维奥莱特院长关于性的问题》，Albin Michel 出版社，1996年。
[3] 菲利普·阿利耶斯，"过去的避孕"，《西方的爱与性》，同前。

祖国"根本没有触怒法国。总之，在这个领域，**超前的总体气候**成为特征。贝当主义，从这个角度看，将大大地超前于贝当。

正是在这个时期（1938年），出版了新教徒丹尼·德·鲁日蒙（Denis de Rougemont）所写的奇妙的《爱情与西方》，里面充满了先知般的观点。在书中，他特别反思了西方式的激情，这在爱慕绮瑟[*]的特里斯丹[**]身上得到体现，他的激情与以稳定和恒定为前提的婚姻的道德大相径庭。鲁日蒙的分析预示了六十年代个人主义的大辩论。[1]

1942—1943：未预料到的转变

相当耐人寻味的是，正是在第二次世界大战期间德国占领这一最黑暗的时期，法国的人口出生率再次颠倒过来。十九世纪末开始的缓慢衰退，从统计数字上看，因为1914—1918年人口的大量死亡而加剧，但这种趋势让位于出生率戏剧性的起飞。这次起飞开始于1942年。众所周知，在法国解放后的两年内，又突然得到加强，覆盖范围非常广以至于人们不得不打造一个新词来指称这个现象：生育高峰（baby boom）。

这次新的——并且巨大的——人口转折将决定法国社会好几十年的命运。它的后果今天依然能感觉得到。[2] 这不是人们想象的那样简单的、如囚犯出狱一般的现象。菲利普·阿利耶斯则说过"百年演变的令人惊讶的断裂"这样的话。让-玛丽·布尔森（Jean-Marie Poursin）认为："在这个日子

---

*　绮瑟（Iseult），《亚瑟王和圆桌骑士》中的女主人公。——译者
**　特里斯丹（Tristan），《亚瑟王和圆桌骑士》中的男主人公。——译者
1　现有的版本是"口袋"系列（10/18），作者在1957年进行了大幅的修改。
2　尤其是生育高峰的一代在2005—2010年离开职业生活后的退休财政问题。

里，生育高峰对人口问题整体都是个谜。"[1] 它无疑是一次集体精神完全演变的结果（例如关于未来的表现），这种演变在很久以前就开始了。应该提一下，生育高峰那代人的父母亲属于二十年代出生的一代。应能从这次人口出生率的回升中看出文化的后果，这种回升当然与世纪之初固执的强调出生率不同。

在性道德方面，战后旋即出现的大量生育的情况从逻辑角度讲本应改变争论的字眼，因为"人口危害"从此以后不再存在。但并不是这样。从文化上讲，战后的气氛一直有利于生育率的提高。法国，确实需要重建，经济奇迹般的增长（"三十年光荣"）再度带来对未来的信心。戴高乐将军将受到大多数人的拥戴——直到1962年——他提出法国应该有一千万居民。左派，包括其中最世俗的成员——共产党人——同样关心出生率和家庭伦理。共产党那边，让内特·菲尔梅奇（Jeannette Vermeersch）重操法国大革命时期国民公会或者三十年代苏维埃布尔什维克的腔调，把流产指责为"大资产阶级女性的罪恶"。像阿尔弗雷德·索维这样有影响的社会学家也不甘落后。1956年，他怀疑1920年法案压制避孕宣传的第3和第4条内容的废止不能令法国的人口重新起飞。

国家人口研究院（INED，戴高乐于1945年10月创立）其他人口学家的看法大致相同。保罗·文森特（Paul Vincent）在1950年直截了当地说："在我们社会目前的状况下〔……〕人口平衡〔……〕只可能是不稳定的，因为它主要建立在存在大部分不情愿家庭的基础上。"[2] 人们于是保留了这项特别压制的法案……

整个五十年代和六十年代初就这样被置于家庭的旗帜下，而根本不是性的享乐主义。莎玛丽丹百货公司（Samaritaine）的创始人1920年创立的

---

1 让-玛丽·布尔森，《法国人口研究：转折》，《思想》，同前。
2 让-玛丽·布尔森引述，同前。

康那克·杰伊奖（Cognaq-Jay）旨在奖励大家庭（9个孩子以上）。该奖成为一种荣誉，甚至将法国人口的增长归功于电视。当然，人们在二十或三十年代可以为了各种明显的原因歌颂家庭（并且不那么焦虑），但结果几乎差不多。菲利普·阿利耶斯写道："生育高峰的一代说明，面对生活的态度根本就是一种精神现象。十九世纪对避孕的态度是在一种特殊的心理氛围中发展起来的，在四十年代到了顶点。代之而来的是另一种氛围，以前的谨慎计算不再有位置，消失在对幸福未来的信心中了。那么，再没什么能阻挡家庭成为一个幸福的场所：'幸福的家庭'。"[1]

"家庭主义"的胜利

这种赋予家庭价值以优势的共见不是法国所特有的。它也并非与特殊的政治局势相连。战后被战争蹂躏的整个欧洲似乎都遵从了了不起的追赶的本能。婚姻经历了它的黄金时代。艾芙丽娜·苏尔罗观察到："整个欧洲出现了一个真正的结婚热潮。当然，战争期间众多结合未能实现或者被死亡打破，人们在弥补战争年代的损失。但是，即使在1950年以后，直到1965年，结婚率打破了法国、大不列颠、比利时、荷兰、瑞典、德国、丹麦、意大利……的所有记录。"即使在爱尔兰，独身者像阳光下的雪一样融化。人们举行婚礼。结婚的年龄也提前了。在那个时候，人们称之为家庭的"现代化"[2]。

这种精神状态甚至超出了欧洲的边界，实际上遍及整个发达国家。在美国，战前的女权主义似乎过时了。直到1948年带有这种氛围印记的人权普

---

[1] 菲利普·阿利耶斯，"过去的避孕"，《西方的爱与性》，同前。
[2] 艾芙丽娜·苏尔罗，《有其父必有其子？》，同前。

世宣言还不是这样,因为宣言的第一段还将家庭的结构作为社会的基本因素。六十年代初,美国著名随笔作家,比如戴维·里斯曼(David Riesman),强调明显的"西方国家家庭主义的"优势。[1]

在法国,关于避孕的争论并非没有持续下去,而且将基督徒分成几派。又因为加入了一个直到当时未曾预料到的补充参数而复杂化了:到处蔓延的全球人口过剩的思想,并且因为发现了旧殖民地的不发达而激化。控制生育的拥护者越来越被指责——包括左派——为马尔萨斯主义,而教会关于生育的学说以有利于贫穷国家的面目出现。这样,在保罗六世发表了《慈母与导师》(*Mater et magistra*,1962年)和《人类生命》(*Humanae Vitae*,1968年)的通谕后,两种极端仇视避孕的人以及某些第三世界基督徒将庆祝赋予生命的这一优先权,其中包括最贫穷者的生育权。[2]1968年11月,月刊《年轻国家的增长》欢欣鼓舞地看到通谕《人类生命》在拉丁美洲国家受到欢迎,因为"保罗六世保护穷人。享受生命的喜悦,[……]穷人也有权力有自己的位置,首先是出生和生存。生命不应该受经济利益的控制,而是应该服务于生命"。

法国解放后的二十年间,教会的固执是最为重要的因素并产生了最沉重的后果。实际上,在基督徒中,反抗正在酝酿。真正的道德危机的信号已经显现。人们越来越不接受梵蒂冈的强硬立场。教士们编辑的秘密报告强调了信徒中反对罗马保守立场的广泛程度。1950年年初,在《教士与家庭》杂志上,比利时道德家雅克·勒克莱克(Jacques Leclerc)以令人印象深刻的直率提到了这种危机。同年,当泰克(Dantec)院长的报告以同样方式宣布:"大众为

---

1 戴维·里斯曼(David Riesman),《孤独的人群》法译本,Robert Laffont 出版社,1964年。
2 1962年,在《慈母与导师》的通谕中,约翰二十三世肯定了梵蒂冈的反马尔萨斯主义的立场,理由是科学的进步可以养活整个星球:"上帝,以它的好意和仁慈,赋予自然以取之不竭的资源,赋予人类智慧和天才以发明工具来制造生命必需的物质。[……]科学技术已取得的进步打开了无边的视野。"

了手淫的原因远离基督教的日常修行。"进步的年轻院长马克·奥莱松（Marc Oraison）站在加雷（Carré）神甫这样的保守者的对立立场，出版了替代这种抗议的书。

什么作用都没有。1951年庇护十二世再度介入，谴责所有进行性教育的天主教文学，指责它们与利用"堕落天性中最低劣本能"的色情和淫秽报刊是一丘之貉。马克·奥莱松的著作《基督教生活与性问题》发表于1955年。即使温和如基督徒保罗·尚松（Paul Chanson），也在1951年他的著作《爱的艺术和夫妻禁欲》中提倡建立在佛教徒实行的有保留的交媾（copula reservata）基础上的避孕，这在天主教阶层中引起轩然大波。尚松推荐的方法成为1952年禁令（monitum）的目标。马丁·赛夫格朗认为："庇护十二世发动的所有这些压制措施，不仅表明对享乐主义偏移的强迫症式的恐惧，而且表明一种甚至是面对性描述时的焦虑。"[1]

在这个直到第二次梵蒂冈会议（1962年）为止的很长时期内，面对战后的世界，教会给人的印象是失去了记忆，与庇护九世的紧张沆瀣一气，后者在1864年发表的《现代错误学说汇编》（Syllabus）中谴责所有的现代思想。

1965年的大断裂

六十年代中期，正是在这个背景下产生了新的人口转折。它比前两次更加突然、更加普遍，人口学家们今天依然在思索。这个强大的、在1964—1965年间遍及所有西方国家的"信号"。它带来的统计数字的灾难

---

[1] 马丁·赛夫格朗，《上帝的孩子》，同前。

令社会学家目瞪口呆。人们看到，所有的人口数字突然同时颠倒过来：生育率和结婚率下降，女性独身期延长，离婚率惊人地增长，每个家庭儿童数量减少等。几年内，生育率降至最低：从1975年起，生育率重新降到世代更替的最低限。

再一次，这个现象遍及所有欧洲国家，而且是同时发生。艾芙丽娜·苏尔罗写道："1964年，出现了一个令人瞠目结舌的断裂：二十年来，出生率第一次下降，开始迅速降低，同一年，在联邦德国、比利时、丹麦、西班牙、法国、希腊、意大利、荷兰、葡萄牙、联合王国、瑞典和瑞士……在随后的三年中，从1964年到1967年，法国、英国和德国每1000人少生了1.3个人；荷兰和意大利1.8个人；比利时2个人。"[1]

到底发生了什么？众说纷纭。人们提到女权主义的进步和女性大量进入劳务市场。人们强调避孕的进步——也是科学的和社会学的进步。（但这不足以帮助理解调查中显示的"想要孩子"想法的普遍下降。）人们提出五十年代末的大量城市化现象。某些像理查德·埃斯特林（Richard Esterlin）这样的作者提出一个长期循环理论，根据这个理论，人口的节奏几乎每两代人就机械地发生一次翻转。

实际上，这些分析中的哪个似乎都不足够。这种转变来自——预示了——更深刻的文化地震。它遵从人类学长期以来的逻辑，人们曾花费多年时间研究真正的内涵。"这关键的一年（1965年）见证了战争末年或者战后立即出生的几代长大成人，开始组建自己的家庭。这些人没有经历战争，或很少；他们的童年是在相对安全的氛围和社会促销中度过的。他们既未遭受过灾难也没有过物质短缺。工作市场在他们面前是敞开的。[……]他们开始撰写与父辈不同的家庭记录。"[2]

---

[1] 艾芙丽娜·苏尔罗，《有其父必有其子？》，同前。
[2] 路易·胡塞尔，《不确定的家庭》，同前。

这个括号——五十年代——关上了。人们已经感觉到公共价值进一步贬值，向个人价值倾斜。所有工业化国家生育高峰的一代——数量多而且急不可待的一群人——到了成年。他们本能地抛弃了父辈持有的价值观，父辈被战争、溃退、匮乏和毁灭的噩梦纠缠着。然而，这个六十年代的西方在文化方面却在两个新事物上史无前例地得益。首先是经济比直至目前任何一个人类共同体都获得了更神奇的丰富，即使是十六世纪通过新世界的黄金人为致富的西班牙也相形见绌。战后这些年的繁荣在不到三十年的时间内使财富增长了4倍。这种增长是如此神奇，人们以为最终就这样了。未来的图景显得比任何时候都更乐观，解释了直到当时都统治西方经济的过度膨胀和凯恩斯主义。两者都是挤未来的奶，为了年轻人、运动、希望的特权，与一切谨慎和节俭的思想对立。经济学家说，通货膨胀是"年金持有者的安乐死"。这意味着：明天会好的，旧世界见鬼去吧！时代把以前无法想象的奢华文化——和道德——献给富有的欧洲做礼物：没有危险的缺乏远见……

第二个新事物：欧洲国家无意识地处在一个长期的军事和平中，却因为核现实变成一种必然了。战争不再是破坏南方国家——人们依然称之为第三世界——的附加现象。欧洲不仅处在和平中，它也习惯了从它的集体意识中排除战争的概念以及战争要求的所有谨慎。最终发生的，是整体主义戏剧性的减轻，这是对团结和群体的让步，为了新"帝国主义"：个人至上的帝国。

退后些距离，1964—1965年难以想象的断裂在不止一个主题上引人深思。首先是当时的变化几乎立刻在立法层面固定下来。扰乱了社会和家庭"新形势"的大部分改革（避孕、流产、结婚、离婚等）在这个时刻发生，仅仅几年的时间。大法学家让·卡尔波尼埃（Jean Carbonnier），修改民法的操刀者之一，认为法国经历了奇特的"立法的春天"，他说："风俗演变的转折不是在 1968 年，而是在 1964 年。"[1]

人们随后会惊讶地看到，这种巨大转变本义上的文化和政治表达只是在事后介入。1968 年 5 月之后，重新发现了威廉·赖希和马尔库塞，到处是性享乐主义、被要求的宽容以及对即刻快乐的烦躁渴望：风俗革命所有这些**破坏性的炫耀将会有效实现，尤其是会先于它的实现而实现**。1968 年 5 月，人们投入了不屈不挠的旅途，不过已经拥有了准入的门票。

三十年后，返回的旅程——这次没有门票——会进入日程吗？

---

[1]《新观察家》访谈，1996 年 10 月 24—30 日。

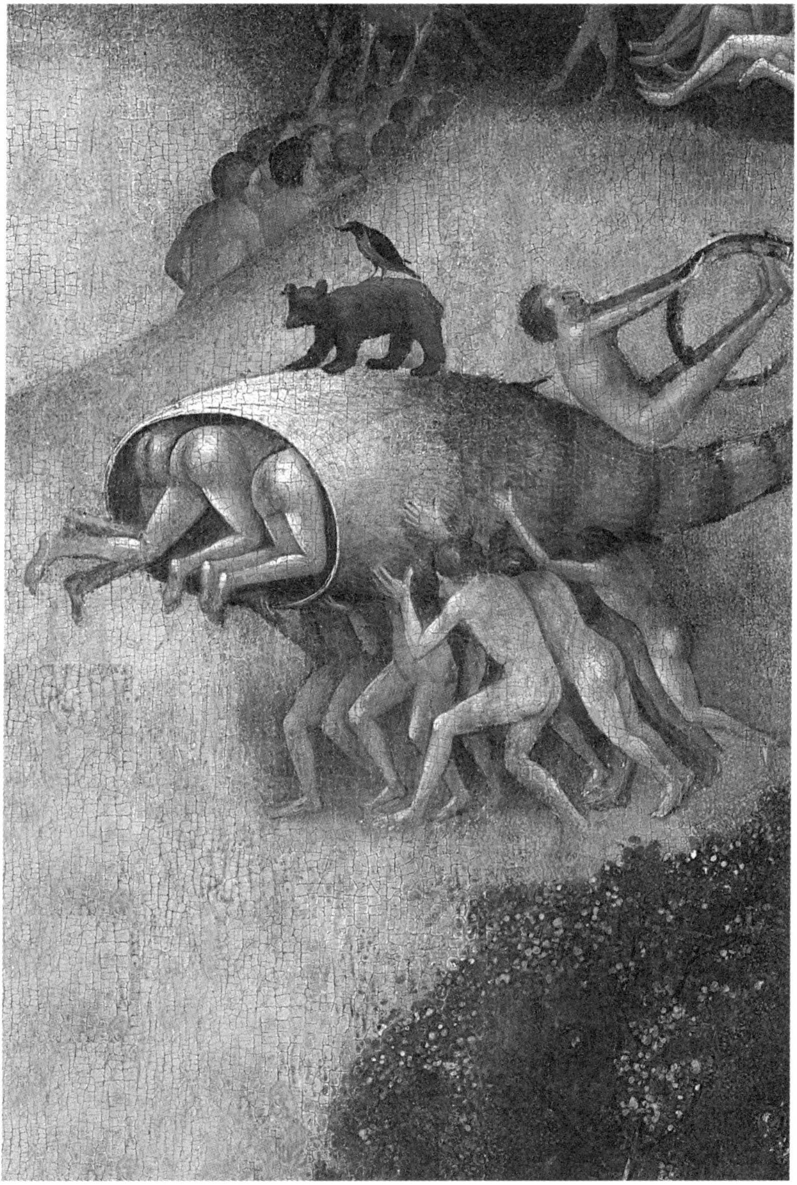

TROISIÈME PARTIE

UNE LOGIQUE DE SOLITUDE

第三部分
孤独的逻辑

爱情的言辞在今天不过是极端孤独。

罗兰·巴特,1977 年

第十二章　在法官与医生之间

三十年后，我们成为极端矛盾的俘虏。因为——过于？——渴望昨天的自由，我们被一种莫名的恐惧吞噬。我们全体被伴随着种种恐惧的压抑强迫症占据。社会突然充满了暴力、威胁和不可想象的犯罪。儿童无法逃过倒错者；妇女暴露在拳脚和强暴的威胁中；宽容——在比利时和其他地方一样——变成一场噩梦；和我们最贴近的人、某个小学老师或教育者**很可能**是我们自以为不可能的性罪犯。就像人们看到的一样，这种暴力在犯罪记录惊人的增长中有迹可寻，[1]在社会想象力的领域中逐渐取代其他幻想，甚至有过之无不及。

带有性内容的各种社会杂闻成为现代大众传媒反复上演的剧目。我们焦急而匆忙地冲向它，这应该引起我们的警觉。所有的集体恐惧都同样带

---

[1] 参见第一章。

来有利于维持这种现象的迷恋。每种新的通讯工具又加强了这种不可医治的恐惧。在视频文字终端成为皮条客和犯罪场所之后，国际互联网已经接替其成为焦虑的最大"传播者"。三十年了，我们读公开出版的萨德侯爵的作品。现在，我们发现日常生活中萨德式的犯罪已经"成为现实"。这是一种把被媒体持续称作"恐惧"或"噩梦"的界限不停向后推的犯罪。1996年8月13日，慕尼黑警方在国际互联网上发布一个裸体妇女用锯切掉一个男人头的照片，之后进行公开调查。根据在八十年代初火奴鲁鲁互联网的一个论坛上发布的内容，这些照片可能被一对刚刚在美国杀死一个男人的性倒错的夫妻记住了。[1]

1996年，联合国儿童基金会法国委员会的主席克莱尔·布利塞（Claire Brisset）解释说："今天，人们可以在无论是互联网还是视频文字终端这些美妙的技术手段上预订未成年儿童。表现幼儿因遭到此类对待致死的色情录像带流通整个欧洲。"[2]

害怕和好奇相伴而生。

三十五年了，我们以一种进犯的大胆满足于好奇地翻看历史上重大的倒错事件，就像吉尔·德雷（Gilles de Rais），我们的蓝胡子。今天，反而是媒体日复一日地沉溺于所有类似的细节中。看过1440年秋天德雷诉讼时的招供再来判断吧。"孩子进入德雷的房间，事情突然发生了。德雷手里抓着'雄性器官'，摩擦它，把它弄起来，或者把它伸到［……］孩子们的肚子上，他非常兴奋和激动，以至于精液罪恶地喷射到不该去的地方——孩子们的肚子上。德雷跟每个孩子只有一次或两次，之后就把孩子杀掉［……］或者让人杀掉。"[3]

---

[1]《解放报》，1996年8月14日。
[2]《世界报》，1996年8月14日。
[3] 乔治·巴塔耶，《吉尔·德雷案件》，同前。

这类描述即使在叛逆的作家那里也不易见到，令重罪法庭的书记员不寒而栗。人们还将听到比利时恋童癖马克·杜图，或者另一个类似的"恶魔"几乎完全真实的供述。是的，今天的西方社会飘荡着不可名状的恐惧。就像督政府末期的巴黎、三十年代的莫斯科、罗马帝国后期的罗马，性乌托邦遭遇到暴力思想和相伴而生的狂热。

刑事的偏移

狂热？有一件事是确定的：性暴力——无论是真实的还是幻想中的——已经将我们拖入了被称为刑事偏移的状态之中。这就是训练有素的警察局、毫不留情的惩罚、戏剧化的"现行犯罪"、明确的远离或者我们常提到的安全刑罚。这是我们的新民主对法官和立法者提出的日益增长的、加强的和即时的保护要求，而这种要求是受变化不定的舆论控制的。我们或多或少得到了，但代价是司法和惩戒的沉重镇压。"在法律文件中，人们越来越经常求助于刑法作为最后的手段来为社会生活的某个活动领域或区域规定范围，进而证明刚刚颁布的标准的重要性，并尽力找到令人遵从的方式。[人们看到]在西方民主向保护自由和个人身体的完整转变的同时，却是日益增长的监禁和两者之间的截然对立。"[1]

从此以后，唯有刑法肩负起解决我们共同信任的任务。我们很愿意共同生活，但条件是被保护不受**他者**的伤害。我们不急于改变社会，而是令社会更**安全**。社会的断层、社会的标准和从属关系的消失达成安托瓦·加拉蓬（Antoine Garapon）和丹尼斯·萨拉斯（Denis Salas）称作"共和国的处罚"

---

[1] 克洛德·福日隆（Claude Faugeron），"刑罚的偏移"，《思想》，1995年10月。

的东西。就是说，我们要求刑法规定合法的和不合法的，保证社会安定和应对诸种禁止。即使民主是建立在自由和个人主义之上，我们后现代的民主比起传统社会都来得更压抑，包括在性欲方面。这是一个我们不愿意正视的事实，因为它与我们的言辞是如此矛盾。我们继续乞灵于"旧日可怕的惩罚"，"索多姆的火刑柱"或者所谓中世纪的酷刑。我们现在的监狱已人满为患！

根据美国监狱行政部门的统计，美国在1996年有1630940名囚犯，就是说每10万名居民中有615名囚犯。[1]这个比例不仅打破了纪录，它也表明了美国监狱人口史无前例的增长。实际上，美国的监狱人口在1960年只有29万人，1984年有49万4千人，1985年74万4千人。这意味着囚犯的数**量在不到40年的时间内增长了5.5倍**。同时，刑罚也愈加严厉，尤其是风化案件。人们常提到tough penalty（严厉的惩罚）。1994年以来，在美国，性犯罪的重犯率超过了人们估计的两倍。1996年5月，内容为通知性犯罪者的邻居该犯即将刑满释放的梅甘法（Megan Law）扩展到州的层面。性犯罪的州档案正在建立的过程中。1996年8月底，加利福尼亚是第一个允许对惯犯实施化学阉割的州。中世纪也没有到过这个地步……

当然，在法国情况有所不同，但也有严重上升的**趋势**。法官们猜测："今后服刑人口肯定会增长，因为刑期越来越长，再加上原有的监禁人口。然而，在这些长期服刑的人口中，乱伦和性暴力占了很大部分。"[2]

当人们回忆过去，怎么能不被这种奇特的情势所困扰？六十年代中期，我们撵走了负责公共利益的教士、道德家和政治家。我们觉得自己有能力——史无前例地——赋予个人以凌驾于集体之上的绝对优势。我们认

---

[1] 《世界报》，1997年8月13日。
[2] 安托瓦·加拉蓬（Antoine Garapon）和丹尼斯·萨拉斯（Denis Salas），《受罚的共和国》，阿歇特出版社，1996年。

为拥有不接受所有这些远古的谨慎、对限制的让步、无限的集体狡诈和各种妥协的权力,人类社会好歹将对肉体享乐的向往与团体的命令结合起来。三十五年了,我们在性问题上,比之前的任何社会都更无畏和更富建设性。个人的神化,个人完美的解放展现了西方现代性众多真正的征服。我们从此以后富有、多智和理性,可以抛弃往昔的迷信。最后,我们有足够的自由,可以进而抛弃内心的专制。

理性不是令宗教失去信誉了吗?民主不是令约束的政治永恒性无效吗?知识不是保证掌握了古老的种属的宿命了吗?科学不是把繁殖的秘密提供给我们了吗?对进步的确信不是免去了我们对传统小心翼翼的遵从吗?最后,对宇宙的信念不是使我们能估计人类文化的"特殊症候",就像它是可爱的民俗学及其禁忌和它整体论的谨慎吗?我们将肉体享乐的权力作为一个特殊的历史**奖赏**,给予了自己。确是这样。若人们回顾时嘲笑这种乐观主义,那就大错特错了。

如果说现在人们感到困扰,那是因为看到这个庞大的计划最终遇到了,尤其是,与之前所有的乌托邦同样的障碍、同样的矛盾、同样的死亡危险。除去一些细节外,当下的"气候"、同样的危害以及飘荡在周围的恐惧将我们带回历史曾有过的情景中。不管对不对,我们感觉到周围存在的这种多形态的暴力和牢牢抓住我们的对安全的忧虑发展到把我们推向司法恐慌的地步——这种忧虑曾令往昔的社会要固执地驱逐魔鬼。我们应该设法接受,我们骄傲地想脱离的这些传统文化,将性与暴力之间错综复杂的关系处理得并不是那么差。

还应该回顾一下整整四分之一个世纪前勒内·吉拉关于与妇女经血相关的禁忌——在绝大多数文化中都有的禁忌——的评论。为什么有这种不洁的看法?他思考着:"应该把经血放在更广泛的流血的框架内思考。大多数原始人类特别小心不与血接触。[……]在人们担心暴力的地方,惯例中的不洁几乎到处都是。[……]人们努力去认为暴力之所以不洁是因为它与性有关联。相反的看法只在具体的阅读层面才是有效的。性的不洁是因为它与暴力相关。"[1]

这种突然回潮到我们社会的暴力是否给了它一个理由？补充一句，在《暴力与神圣》的同一个章节中，吉拉略带讽刺地写道："认为全人类的信仰是个巨大的骗局，差不多只有我们没有深陷其中，这个想法无论如何都为时尚早。"今天，总之，情况在诸多方面都是闻所未闻的。在撵走了教士、道德家和信仰本身之后，我们依然在很长时期内拒绝将禁忌内化。我们将之抛到外部，我们将之"外化"，就像经济学家们所说的关于货币局限的说法。然而我们被迫匆匆将管理权交给两个新权威：法官和医生，虽然他们不一定具有塞涅卡、马门尼德和圣让·德拉克鲁瓦的细腻。我们最终闭上眼睛接受交出我们的恐惧、甚至我们的自由。说这个礼物令他们为难还是轻的……

在这个阶段，只谈关于性犯罪的司法偏移已经不够了。在有时是令人震惊的表面之外，这种被围困的恐惧和由此产生的强烈的**安全**要求甚至**改变了我们的正义与法律的概念**。法学家们正是以敏锐的洞察力迎接这个巨大的司法挑战，并在不久前推动了高等司法研究院的活动。[2]

对冒险的厌恶

第一个事实：近年来两个概念已经统治了司法界：**暴力和安全**的概念。1993年颁布的新刑法本身就足以成为证明。"新刑法关于性暴力的章节改换了名称：不再是1810年行文中的'妨害风化行为'，而是'性侵犯'；不再

---

[1] 勒内·吉拉尔，《暴力与神圣》，同前。
[2] 下面的内容要感谢他们的研究。

是暗示羞耻心，而是只暗示暴力。"[1]

时代的信号：1991年6月审查新刑法的国会辩论，性问题占据了主要位置。当然，法律草案的报告人米歇尔·佩才（Michel Pezet）开宗明义地说："在性行为中，需要区分属于道德法和宗教法的内容与属于刑法的内容。"但是，实际上，压制的一面大大占了上风。这难道不是由于集合在共同的信仰周围越来越困难吗？一种道德，但是哪一种？"国会相关议题的辩论［是］确定一个标准——在男人和女人的相互地位发生矛盾并且他们的关系成为一个没有**先验**答案的问题的时候用作参照。确定这样一个标准正是当代困境的症状。"[2]

尽管有当时的司法部长雅克·图邦（Jacques Toubon）对关于处理性骚扰条款（"我相信人的行为更甚于刑罚"）的原则表示反对，这个新刑法还是反映了一个强烈的事实，阿兰·爱伦堡（Alain Ehrenberg）就此强调："刑罚文化在法国社会占据越来越重的地位。"

哲学家菲利普·雷诺（Philippe Raynaud）甚至更激烈。他认为，在**以刑罚方式**消灭各种形式的暴力和不安全（不仅仅是在性犯罪的问题上）的顽念背后，可以看出他称为"新卫生主义"的东西。他是指"在新的轮廓中，标准独立于所有'传统的'或'权威的'教化命令，就像是权衡了显而易见的公众利益和普世价值之后的单纯结果：禁忌来自客观上可以确定的**危险**，这是受害者的观点"。

这意味着我们期待刑法能像与我们期待医学那样提供"最大程度的安全保障，危险的零度可能，排除任何可以想象的损害的保证。因为我们害怕……"这里，在公众秩序上，我们再加上前面提及的近代"完美健康"的强迫症，吕西安·斯菲兹分析了乌托邦的章程（就像"沟通"）和本意的**意**

---

1 乔治·维拉杰罗（Georges Viragello），"性暴力，今日的暴力"，《思想》，1997年8—9月。
2 阿兰·爱伦堡（Alain Ehrenberg），《性骚扰。一种罪行的诞生》，《思想》，1993年11月。

识形态。[1] 从各个角度（性等）看的安全社会，是我们企盼的新地平线。压制的手段肩负起匆忙去占领这个地平线的责任。刑法，作为法律短缺的臂膀，成为"迷失的社会唯一"和日益令人担忧的参照。有了媒体的帮助，公众生活倾向于采取对权威无止境的诅咒形式，人们急着去惩罚、补偿、保证、关注所有可能出现危害的地方。从这个观点看，安托瓦·加拉蓬和丹尼斯·萨拉斯对新刑法——他们叫作"不安全的新面孔"的载体——的解读更令人担心。

他们写道，可以将新刑法的学说概括如下："孩子们，当心你们的父母，他们可能虐待或者欺骗你们；妻子们，当心你们的丈夫，他们可能很粗暴；职员们，当心你们的老板，他们可能骚扰你们；餐馆食客，当心你们的共餐者，如果他们吸烟；当心你们的性伙伴，他们可能感染你们；当心可能杀死你们的路人等等。我们是在与看不见的敌人战斗。[……] 新刑法不自觉地表现出近代个人主义两个矛盾的逻辑之间的关联：权力无限要求的逻辑以及保护要求的逻辑。"[2]

这种面对暴力日益增长的焦虑、这种无论何种形式日益增长的对社会危险的厌恶，与屡次揭示的社会裂隙和"共同财产"的逐渐分散不无关系。一个分裂的社会，缺乏缓冲，没有家庭、政治或者足够强的社团关系的加入，实际上倾向于成为这种竞争欲望无尽的冲突、无数"损害"的发生器，其中各方都要求赔偿。"共同生活"迟早会发展成没完没了的"地盘之争"，被偶像化了的法律必须日复一日地在媒体的注视之下做出裁决。高等司法研究院的法学家们完全有道理在社会的这个新面孔中分辨出一个勒内·吉拉称之为"比拟的危机"或者所有人对所有人的战争的例子。

让我们在这个对变得越来越"有组织的"不安全的描述中再加上些火

---

1 吕西安·斯菲兹，《完美的健康，新乌托邦批判》，同前。
2 安托瓦·加拉蓬和丹尼斯·萨拉斯，《受罚的共和国》，同前。

上浇油的评论：重返我们民主中的社会不平等。众所周知，过去的二十年里，西方社会的不平等愈演愈烈，但特别是其引人注目的可见度在增长。在恐惧中又阴险地加上了不公正、无依无靠和嫉妒，并伴随着人们都知道的后果。狂热地求助于刑罚被看成是最后的手段和安慰性补偿。无畏的小法官和接受审查（或者被监禁）的老板成为承接性的人物，其戏剧性的冲突代替了往昔的社会斗争。刑法为我们向社会复仇……社会从整体上越来越被视为桎梏，延续着双重危险。"首先，很明显，是看着弱者被抛给私人力量之间的关系从而增加自由的受害者的危险。然后，个人责任［耸人听闻］的增长相反则促成了风俗的自由，而每个人都不知道界限。"[1]

相反，无处不在的和无法预见的社会危险强迫症，这次来自社会的底层，毫不夸张地说，侵蚀着被称作"特殊阶层"的人，实际上，就是所谓沉默的大多数。郊区、失业者、居无定所者已经代替了十九世纪想象中的"危险阶级"的位置。里面的人（in）感觉被外面的人（out）围困了。性倒错、对孤身妇女和儿童的窥伺，从来只代表这种多态的威胁的变体。所有与对安全的渴望相关的东西战胜了任何其他考虑。要知道，法国在12万警察和9万宪兵之外，1996年还有10万私人保安。

可以打赌，这个数字还会上升……

"恶棍"的回潮

这种恐惧的第一个后果相当清晰：我们的社会逐渐习惯了压制的门槛，虽然在昨天还会令任何一个公民愤慨。今天，人们不仅要求惩罚罪犯，而且

---

[1] 阿兰·爱伦堡，《性骚扰。一种罪行的诞生》，同前。

要求把罪犯排斥在一边，就是说无可挽回的流放。在美国，人们开始实施一项难以想象的严格规定——既然它与过去欧洲实行的流放有关——终身监禁第三次同类犯罪的罪犯。其表述颇为著名。借用了电子游戏或者电动弹子的语汇：Three strikes and you're out（三振出局）……

在法国，这种放逐的要求在风化方面特别明确。克洛德·福日隆（Claude Faugeron）认为："很多地区所有关于准备将性罪犯长期监禁的争论，只不过是想找个或多或少决定性隔离的地方。"[1]

当然，对涉及儿童的性犯罪的恐惧是可以理解的和合法的。人们在发现这些罪行的范围和卑劣时永远不会不觉得恶心，什么都不能减轻厌恶的程度。1996年夏天在逮捕了恋童癖谋杀犯马克·杜图之后，遍及整个比利时的大规模"白日游行"就是一个信号。尽管如此！不管我们是否愿意，这种冲动属于正义的复仇概念，司法系统正努力与之保持距离。正义，从字汇的文明意义上来看，不正是对私人复仇自愿和编成法典的拒绝吗？然而，今天大规模回归的正是这个复仇的维度，受到新"媒体正义"炫耀和富有激情的支持，不得不在摄像机的镜头前进行着。这些最终被驱逐的疑犯在电视中被展示，如何能否认其中包含着施暴的仪式？其功用在于减少团体的愤怒，将这种愤怒引向被指定为牺牲品的个人。

性倒错在很多方面体现了理想的犯罪。首先，因为它的罪恶是不能补赎的——尤其当它的目标是儿童，我们最后的禁忌，其次，因为它错误地抓住了社会在口头和想象中对性放纵的宽容。很明确承载着某种懊悔和无法承认的集体困扰。对性倒错的压制要求的强度与这种困扰的程度相称。它强烈到足以超越传统的界限——节制、重新接纳的忧虑、怜悯等，这是社会在正常时刻必须做到的。从此以后就是宽恕和根除的问题了。仅此而已。我们

---

[1] 克洛德·福日隆，"刑罚的偏移"，《思想》，1995年10月。

的社会在要求这些的同时,自己也陷入了一个奇怪的矛盾,因为它们继续同声要求最大限度的自由和最大程度的镇压。

确实,这个媒体—司法的施暴仪式具有与原始社会杀戮祭品同样的镇静功用。代替社会暴力焦虑和无法开解的性质的,是正直的人惩罚罪犯的明确和令人安心的局面。极为明确的是,刑罚以这种方式代替了政治。"舆论的民主喜欢像刑事诉讼一样迅速同化了的叙述,其中善与恶很容易被定位。当政治不再提供成为社会经验象征的参照点,'恶棍'的粗俗形象重新回潮到民主中。不再有外敌时,是罪行和罪犯提供了令人厌恶的面孔,围绕这个面孔构成了联盟,甚至是神圣的联盟,联盟的政策需要为自己的行为辩护;这就是谋杀儿童——绝对恶的化身(另外经常与纳粹相提并论)——或者,轻一点,虐待儿童所具有的重要性,在我们所有的民主中,成为'民族的大案'。"[1]

只需要稍加回忆,就能理解这种精神状态与七十年代决裂到何种地步,那个年代里人们还在反问刑罚的作用、刑法的象征意义或者监狱的社会功能。加拉蓬和萨拉斯强调这些"人道主义"年代——或者更确切地说,强调我们在未察觉的情况下默许的可怕的倒退——走过的道路很说明问题。他们写道:"监狱不再令很多人感兴趣,公共舆论似乎是如此听任这个必要的缺陷。福柯和其他知识分子引起公众对监狱丑闻的注意的年代已经远去了!更糟,安全在政治话语中被推上一个可选择的位置,人们可以不夸张地说,除了某晚一些媒体的怜悯,不仅监狱不会令人震惊,而且今后它构成了并非更趋向于理解而是趋向于报偿的道德责任的新话语。"[2]

---

[1] 罗朗斯·恩杰尔(Laurence Engel)和安托瓦·加拉蓬,"司法力量的增长,政治的取消资格或者重新取得资格",《思想》,1997年8—9月。

[2] 安托瓦·加拉蓬和丹尼斯·萨拉斯,《受罚的共和国》,同前。

私密的专制主义

总之,"共和国的刑罚"的表述在有限的范围内,有引入歧义的危险。透过所有的风化案件(恋童癖、乱伦、性骚扰等),根本现象不仅仅在于用刑法替代社会关系。这种替代意味着直至当时被称为私人空间的法律的逐渐围困。我们还记得前辈卡尔波尼埃形容被今天放弃的总原则的表述:"在个人生活、私生活有影响的地方,主流做法是拒绝法律。"这是说随着它接近私人空间坚硬的核,就是说私密性,法律应该更轻、较不沉重和直接。私密性应该尽可能地留给共识、感情和家庭自治的自由调节。这是我们继承自罗马法的法理共识的最古老公理之一。这样,法律,包含最苛刻的部分,就是说刑法,闯入了私人空间。

就这一点来说是有道理的。目睹了道德、传统隶属关系、作为体制的家庭,当然还有共同的信仰不再能控制私生活,时代感到了眩晕。自己同样缺乏安全感的巨大的虚无,也陷入了私密的内部。波利斯·西鲁尼克这样描述这个虚无:"我们所处的文化不再制造家庭角色:父亲们在女儿面前不觉得像父亲,母亲们在儿子面前开始感觉不像母亲。混合婚姻的增长、施暴的增多、超出常规的怀孕都归结到同一个现象:传统中通过感情传达的文化不再造就行为。"[1]

公共与私人之间的边界模糊不清。在近代的想象中,私人空间倾向于变成一个危险地带,在那里弱者更受到强者的威胁,暴力可以利用法律的距离。"在封闭的空间内各种力量之间关系增长的危险[意味着]公众空间的后退,就是说在无法生活其间的社会阴影里,每个人都可能受他人的支配。

---

[1] 波利斯·西鲁尼克,《性的生态学》,Krisis 出版社,同前。

由此产生了向刑法求助的诱惑，不仅维持禁忌，而且为在合理界限内的人类行为确定各种力量的关系，总之，一句话，保持必要的距离使每个人都有自己的位置。但这个位置并不明显。"[1]

这就是我们社会逐渐失控的另一个侧面：公共空间（以及公众空间的服务）的连续后退，集体相对于私人的缩小，国家面对市场的持续撤出，共同财产面对个人财产的消失等等。共和国大规模的私有化的机械反响，就是法律对私生活的拓殖。法律被要求保护妻子不受丈夫的侵害，孩子不受父亲的侵害，学生不受老师的侵害，姐妹不受兄弟的侵害等等。人们指定刑法担当家庭争吵的常任仲裁。

普通的媒体栏目日复一日地播放这些内容，总体上让人觉得这些很恶心（ad nauseum）。它追击这些"恶棍"直到私人掩体的内部，并为正义能够在这样或那样的情况下制止可以称为家庭专制主义的东西而庆幸。通过绿色电话、刑法的禁令或者国家教育部的通报（当涉及教师的时候），人们被要求超越自己私生活的边界，去撵走这些边界可能掩藏的迫害。在人道主义卫士看来非常珍贵的法律干涉，延伸到了家庭的空间。女社会福利员和预审法官被推上了道德预防的**新法国医生**的位置……

刑法、警察和私密领域法官的这项投入，被看作那些拥有权力和请求权的个人的胜利，以及针对古老而野蛮的逍遥法外的团体的胜利。当然，人们可以将这看作人权和文明的一个进步，在某些情况下，这是不容置疑的，因为突然，那些被相当可耻地"容忍"的东西不再被容忍，属于私生活范畴的公认的不公正受到制止。但是，人们还是要预测家庭体制的后果是什么。[2] 眼下我们满足于提及矛盾无法理清甚至不乏荒诞的错综复杂——我们的法律概念匆忙冲入其中。太多的法律扼杀了法律……

---

1 阿兰·爱伦堡，《性骚扰。一种罪行的诞生》，同前。
2 参见第十四章。

司法的混乱

首先应该看到的是，司法机器——法律本身——为了不一定属于它的使命，聚集在无可作为的领域。"司法眼看着自己的地位突然在我们的民主社会中上升。直到此时，人们要求它调解社会关系，充当国家行为的补充或者保卫风俗的角色，这时，它一下子被恳求去组织整个世界。当宗教离开了民主的地平线，当意识形态为缺乏乌托邦而烦恼，福利国家已走到了尽头，人们转向法律来要求正义。"[1]

在美国，刑法针对性骚扰的严苛对应了私人空间处罚的现象。因为（骚扰的）定罪远超出了行为和实践的简单定义，其违法性质毫无疑问："概念逐渐普及的目的在于彻底消灭社会关系中所有形式的模糊；它阐释了**在法律中记录最私密行为的需要**。"[2]

我们都是见证——直接或通过介入的媒体，见证了这些荒诞离奇的情形。法官或者相关警察无可奈何地介入私人冲突，不再反对司法上可鉴别的关心，而是与不能克服的信仰、世界的概念和对立的道德相对抗。此时对他们的要求，不仅仅是说出法律，而是规定一个价值，确定一个道德或哲学的标准。他们一下子成为不仅是法律的守护者，而且是意义的守护者，身不由己地成为魔术师，承担起"制造奇迹"的责任。社会不再在自身制造象征。这样构思的"全司法"，就是说，改换了角色，被认为完全可以补充集体表现的不足。

它必须在极苛刻的情景下进行，在毫不仁慈的冲突事件、付费战略和个

---

[1] 安托瓦·加拉蓬和丹尼斯·萨拉斯，《受罚的共和国》，同前。
[2] 皮埃尔·布里杨松（Pierre Briançon），"美国社会的分裂"，《圣西门基金会备注集》，1993年1月。

人的绝望中进行。关于"费用",人们有理由担心对风化事件的系统刑法处理是否会催生出与美国的性交易类似的事件。实际上,那里对性骚扰概念外延的解释,让律师们大发其财。自1990年以来,对性骚扰起诉的数量翻了3倍,每年从5千件上升到了1万6千件。一桩生意诞生了。自1992年以来,至少两千律师将性骚扰加入了他们最挣钱的案件名单,与民事责任和医疗事故并列。[1]

但是,一棵树不能遮掩森林。在美国如同在欧洲,生意的喜悦无法掩饰混乱的程度。无先例可循,甚至标准也消失了。事实上,在西方社会,个人觉得被责任的重负压垮了,没有什么能为他指明方向。就像1985年马赛尔·高歇(Marcel Gauchet)曾说过的那样,自由意志论者的个人主义已经变为胆战心惊的个人主义,因为"宗教的没落使自我很难建立"。高歇更明确地补充:"从今往后我们注定要赤条条地在焦虑中体验自人类诞生以来上帝因仁慈而赐给我们的东西。到了每个人出于自己的考虑作出自己回答的时候了。"[2] 皮埃尔·勒让德(Pierre Legendre)从另一个观点出发,得出了同样的结论,但是却以极为嘲弄的口吻说:"所谓的友善、非戏剧化、不重仪式,这一切都在削弱人类,摧毁个人,让个人独自面对虚无。自己去摆平,去吸食毒品,去自杀,这是你自己的事。如果还能修好的话,会有汽修工去修理,如果需要的话,还会有警察。"[3] 至于警察,人们已经看见了。至于"汽修工",以后会看到。

事实上,这是个人的灾难和脆弱!爱伦堡在注意到新的自由习俗时表达了同样的思想,没有人可以真正地确定界限,"作为后果,让个人来承受

---

1 数据来源:《快报》,1996年5月30日。
2 马赛尔·高歇(Marcel Gauchet),《世界的醒悟》,伽利玛出版社,1985年。
3 《世界报》,1997年4月22日。

越来越重的责任,在长久的自我控制中从心理上疲惫不堪"。[1]伊莱娜·杰利在这个"孤立和唯我论的双重面孔[……]中,看到了个人主义的解放"。[2]至于风俗,个人主义在其随意的不连贯状态下尤其难以承担,我们的社会继续炫耀它们镇压的东西和拍卖它们禁止的东西。

法官和警察被分派使命——当然是不可能的——来负责这种不合逻辑。法律惊惶失措的救助——并且是无效的——加剧了法律的贬值,特别是因为风俗的自由化为这一领域做了准备,因为它带来了"法律所有有意义的功能丢失"的萌芽。[3]家庭法专家伊莱娜·杰利所讲的关于离婚的看法,同样适用于大范围的私人问题:"法律并非无处不在,它到处都有,但其意义被贬值,权力却被扩大许多。"[4]

法官如何能躲开这个本体论的陷阱?这很简单:该推卸了,轮到它了,推卸给另一个主角,精神科专家和医生。法官,受约束但又不得不去做,在本义的判决使命面前越来越逃避:"给人的印象是很强大但没有权力,把找出解决办法的任务委托给当事人自己、顾问,有时是委托给专家。[……]这将透过关于儿童的监护、父亲和母亲角色的争论而逐年明确,[……]这令正义的总体原则和法律的虚构不合理,却有利于所谓建立在社会科学知识基础上的风俗的标准化,为调整冲突的社会心理学技术的实施作出解释。"[5]

"心理学家们"是否像西部片中的骑手,将要承担起解放我们被围困的正义的责任?

---

[1] 阿兰·爱伦堡,《性骚扰。一种罪行的诞生》,同前。
[2] 伊莱娜·杰利(Irène Théry),《退出的人》,1996年12月。
[3] 凯瑟琳·拉布鲁斯-利奥(Catherine Labrusse-Riou),"羞耻,保留和混乱",《别样》,1992年10月。
[4] 伊莱娜·杰利,《退出的人》,Odile Jacob出版社,1993年。
[5] 同前。

科学主义的回归

在法庭上，各类"专家"——精神病科医生、性学家、社会学家或神经科医生——在法官那里的作用越来越大，却是最令人担忧和最少被提及的现象之一。首先因为这是法律"心理化"偏移的信号，法官们是最早想到这个问题的。其后，是因为所谓科学理性的狂热援助证明了反常的天真。它可比人们努力想象的要危险得多。

不接受所有道德规范的说辞，本能地反叛所有伦理天性的判决，建立在信仰和责任的基础上，我们无疑可以在医学的伪庄严面前让步。怀疑一切制度、政治、社会的部分，我们重新成为公布结论的"学者"偶像的迷信者。那种知识令我们印象深刻。我们在知识面前丧失了自己的批判精神。我们顺从地接受了它的判断。还有呢，我们提出这个治疗的请求。应该看到，在家庭或个人悲剧问题上，任何一个这类专家的命令——优于所有其他思考——是多么容易被虔诚地接受。我们鄙夷地抛弃了道德家、哲学家或者教士，接受了让蒂亚佛里乌斯* 做我们意识的新领导……

当然，人们会反对说，专家的话只具咨询意义，最终决定权还是掌握在法官手中。我们非常清楚，事情并不是这样的。一个罪犯的医学分类本身就介入了他不能再危害人的判定，就是说介入了他的"根除"。如此介入的科学成为关闭的另一个版本。为了让我们摆脱使我们如此害怕的人，我们打算同时指望监狱和"心理医生"的裁决。"社会已经混淆了照料与惩罚、监狱与替代措施之间的所有差异。罪恶是如此沉重，除了监禁以外不可能有其他的处罚，除了永久以外不可能有其他的刑期。对无法控制的性冲动的无

---

* 蒂亚佛里乌斯（Diaforius），莫里哀《没病找病》中的人物。——译者

能为力，人们同样从中观察到打击倒错的个人——我们最险恶的敌人——的唯一的思想渐进。"[1]

我们宁愿忘记这些在卡尔·波普[2]看来是偶然的、可争议的、可伪造的知识，而于匆忙之中向其求助，这实际上是本义上的迷信。迷信不会甘于被认为是恐怖的。在性欲和刑法的问题上，它与既陈腐又残酷的司法传统联在一起。实际上，多少世纪以来（从古罗马时期已经开始），法官、政客或者暴君声称他们的判决建立在医学的论据之上。历史为我们提供了关于性欲极端愚蠢的异常、倒错、正常等病例。每个时代都是对前朝的无知的批判。

于是，我们回想起于连·维莱（Julien Virey）医生在1880年博学地说明，是"精子的能量"为已婚妇女提供担保。这只是无数例子中的一个。他写道："相当肯定，男子的精子浸润了妇女的机体，它活跃了妇女的各项功能，并使妇女身体暖和。"[3] 我们完全有理由对十八和十九世纪的医生将手淫"科学"地魔鬼化表示愤慨。在得知斯大林求助另一位医生扎特金（Zaldkine）来为1932年严格的性道德回潮辩护时，我们也完全有理由感到恐惧。这个扎特金表示——毫无疑问也深信不疑——"对一个阶级敌人感到性吸引与对一个大猩猩或者鳄鱼感到性吸引一样倒错。"他还认为过多的性行为对健康和"制造公民的能量"而言都是极大的遗憾。

相反，我们的法庭出于无奈只能听取频繁在电视上露面的这些"性专家们"经常是莫里哀式的大段独白之后，我们一言不发。尤其是当他们指出所有人身上不可救药的倒错时。

为什么如此顺从？

---

[1] 安托瓦·加拉蓬和丹尼斯·萨拉斯，《受罚的共和国》，同前。
[2] 德裔哲学家卡尔·波普逝于1994年9月17日，他捍卫"批判理性"的合法性。在他看来，科学理论的贴切等于承认了"被伪造"（被反驳）的可能性。
[3] 在这里，我借用弗朗索瓦兹·埃利杰提到的维莱（他特别厌恶女人）的例子（《男性/女性。差异的思想》）。

"魔鬼"的面孔

首先是恐惧使我们屈服于——超出了理性之外——这种实证主义的压制。司法的医学化，实际上，使得初期犯罪科学最古老的面孔重新浮现。所谓的"犯罪的本质"，犯罪学的古老月相，人类学"雄性"的提法属于刑法的范畴。如"生而为罪犯"这样的理论，继承自意大利犯罪学家凯撒·龙勃罗梭[*]，他写过《犯罪的人》（1874年）。作为达尔文学派和进化论的激进信徒，龙勃罗梭认为异常和犯罪是纯粹生物的现象。在他看来，根据某些解剖和生理的特点，天生的罪犯只是原始野性偶然的再现。这样，医学对性倒错的指称就与戈宾诺（Gobineau）或者纳粹犹太形态理论的人种不平等的陈旧和荒诞的传统联系起来。确实，这些传统能为新"魔鬼"——就是说危险——必然的根除提供依据。我们怎么可以对这些倒退的严重性漠不关心？

高级司法研究院的法官们惊恐地开始了这个近代犯罪学在性犯罪领域的偏移。"我们处在责任的两极，责任把决定的空间留给了主体，或者说，至少从主体那里获得局部的决定空间。如何为一个处在这种状态的个人定罪？唯有这个不明确的、依赖于周期性鉴定的处罚是永久的。从以为逃脱了精神病学专家的实证主义出发，专家被当成了法官。危险将性倒错固定在我们自身恐惧的替罪羊的位置上，并杜绝了性倒错重新融入普通世界的所有可能性。"[1]

我们在这里真诚分析的对正常和倒错的机械区分具有容易将罪犯永远隔离在外的优势。"精神变态者"或者"魔鬼"的面孔属于化学治疗、医学

---

[*] 凯撒·龙勃罗梭（Césare Lombroso），（1836—1909）意大利犯罪学家。—译者
[1] 安托瓦·加拉蓬和丹尼斯·萨拉斯，《受罚的共和国》，同前。

延续生命和被隔离的范畴，今后将在媒体中无处不在。但这还没完。这样的医学化躲开了责任、自由、懊悔或者再接纳的思想。它使我们方便地绕过所有道德的诘问。至于性欲，社会不再是由"正常人"和"不正常人"构成的：它因为医学的复因决定成为政府专营，只需要照原来的样子定位和对待。假设人类的自由与付诸行动的无法预见的复杂冲动的诱惑不停地冲突，人性的细小结构却可以抵御这些冲动。正视和承担自由意志的个人思想，这一切都被荷尔蒙宿命的假设一扫而光。不仅个人无法选择善与恶的思想，而且，不得已的是，**人道概念本身也将被放弃**。

有了历史病态的讽刺，我们就这样重新引入了曾如此困难地与之斗争的东西，比如关于同性恋：承担到底的自由选择代替了生理的异常。有了科学伪庄严的伪保证，我们没有怀疑医学化宣称的这种阴险的正常标准。在美国，过于强烈的性有时被认为是需要治疗的功能紊乱或者依赖（addiction）。在专家的统治背后，显示了代替道德秩序的医学秩序的危险侧面。我们很快就会怀念这个道德秩序。

米歇尔·福柯——一切都归功于他——曾觉察了这类奥威尔式的演变。他认为我们将会看到——非常有效的——对我们欲望进行管理的玩意儿再度大量增加；某种形式的秩序不是因为机制，而是因为对正常状态和根据所谓性科学[1]（scientia sexualis）操纵欲望的要挟而维持下来。一个啰唆的广告、一个伪善的学说代替了调解者的位置。这种源自实证主义的专横调查出现于十九世纪。

最令人称奇的是，医生们自己，尤其是"精神病医生"，对人们交给他们的与性犯罪有关的沉重差事并不觉得快乐。并且，人们要用精神分析的断言对性犯罪进行判断。"如果这最终关系到的是有关社会、安全和卫生

---

[1] 注意 scientia sexualis 的表述在福柯《性史》的第一卷〈认知的意愿〉第三部分中被用作标题。出处同前。

的视角问题——它将冲动的内分泌学现实、主观和特权的维度置于第二等级——为什么还要求助于心理学和它的'专家们'［……］精神科医生身不由己地被置于巫师和司法助手的位置上：关于这个问题，他们只会失败。如果采用折衷办法，该逻辑会继续组织精神分析和司法的结合，尤其是，如果精神分析学家让步于人们赋予他们的无所不能的挑战时，他们不会热衷于说自己既不是巫师也不是魔术师，因而很快就会有驱逐巫师的危险。"[1]

* *
*

我们遵从狄俄尼索斯关于自由的许诺、拒绝所有与我们的欲望相契合的法典，把自己置于意义奇妙的连续碰撞中。因为责任是"束缚"（这个词在七十年代会引来愤慨！）的信号，现在我们不再同意将责任变成内化的道德，而是卑微地将其交到法官和医生的手里。我们是意义的孤儿，期盼科学为我们指明细微的标准、人种聚合或往昔宗教可怜的代用品。偏见、危险、费用、病理学、刑法、激情和被媒体化的复仇：这些就是今后我们将接受其统治的新调整。

多么屈辱！多么缺乏远见！

---

[1] 希尔维·内森－卢梭（Sylvie Nerson-Rousseau），《解放报》，1997年8月8日。

第十三章　探索新途径的同性恋者和女权主义者……

今天，极少有像关于同性恋或者女权主义的争论那样自然便具有爆炸性效果的论战。即兴的激情、硝烟四起的论战、彼此明确的排斥，与社会争论的持久不景气对比，在工作场所和工厂盛行的是——除了个别例外——令人气馁的屈从。一切就像是激烈好战的能力——暂时？——被放逐，从车间到日常生活，从工会部门到行动起来的示威游行。流产、避孕、艾滋、同性恋光荣、男女平等、常见的种族主义：这就是——在当前西方——冲突的领域和皮埃尔·布尔迪厄称作"dissensus（不和）"的主要内容。一方面是言辞的暴力和激动人心的动员；另一方面是工会的灾难、唯一的思想和令人担心的顺从。就是这样。

总的来说，几乎没有哪个星期不发生论争的，这些论争都会激起媒体关于风俗的热烈讨论，无论在美国还是在欧洲。必当改的改之（mutatis mutandis），以激烈的方式延伸和代替了六十至七十年代的社会和政治斗争。结构主义的能量在彼处消失，却在此处重现；意志主义被讥笑为政治经济，却从中找到了自己的位置和魅力。想想吧，仅仅是近年为应付艾滋卫生政策缺乏的激烈的口水战、盎格鲁—撒克逊国家政客们关于性的妥协、与性骚扰相连的无数司法波折或者法国同性恋团体不能缓和的冲突。阅读这些文字，报复性公报，论坛请愿，都无可挽回地走向——但是以叠加的方式——往昔意识形态刻毒的冲突，这些往昔的意识形态曾经一直围绕着极权制、国有化、冷战、帝国主义或越南战争。同样狭隘的小团体思想，同样的对纲领性文件和对早年斗争吹毛求疵的评述，同样的虽然慷慨但在论据上不够确切的浪漫表达。团体的叛徒、僵硬的天主教徒或者异法西斯者简单地代替了阶级敌人、资产阶级和剥削者……

私人领域——身体、个人发展、两性间的关系——也成为**主要的**斗争领域。人们没有理由惊讶或抱怨。个人主义的顶点、七十年代"革命的革命"的珍贵遗产，在逻辑上将这种自由指定为重要因素。这个因素对自己不怎么有把握，被无数的矛盾纠缠着，被马塞尔·高歇提到的这个关于现代性的著名困境削弱，但尤其因为个人解放走过的道路而更觉关键。我们虽然获得解放，却在集体的大撤退之后被交给了自己的孤独，我们接受了将这个胜利的自我变成需要受到保护的成果的结局。

既得成果的隐喻并非不恰当。如果说论争非常激烈，**同样**是因为构成个人主义的胜利的七十年代的征服——接受同性恋、妇女解放等——比人们以为的要脆弱得多。媒体关于这个问题的共识——几乎一致拥护——也不能造成幻觉。如果说道德秩序回归的危险是空话，顽固的厌恶同性恋现象、过时的大男子主义、对压制的怀念也是事实。只需要聆听或者阅读极右领导人的言论（有时右派、甚至左派就足够）就可以证明：风俗的解放，其中包括最合法的方面，并没有被他们很好地接纳，就像——还是那些人——在世纪之初接受共和国那样。1997年春，在被过度报导的恋童癖事件之后，巴黎张贴的布告以可以说是挑衅的语调提及法国的同性恋现象。即使有所保留，厌恶同性恋和大男子主义就像种族主义和反犹太主义一样：什么都不能说明人们降低了警惕。对同性恋"社会谴责的减少"不足以排除歧视下降的偶然性。

但这种绝对的战术能禁止思考吗？可以借口对手在戒备而收回抗议和批评吗？我们应该像过去那样因为极端害怕中央情报局的把戏或者让毕昂古绝望而不采取任何行动吗？除去原则的荒诞性，这样的让步并不受欢迎，论战的辛辣隐去了这一领域丰富的思考；这种思考从性欲问题出发，就像人们将会看到的一样，会达到更为广阔的视野。

反同性恋和社群主义

在"同性恋"的阵营里，大多数积极的组织——在法国和其他地方——实际上强调的是它们称之为"同性恋社群"的极端脆弱性。他们说，同性恋光荣（Gay Pride）重复的成功、同性恋市场的繁荣、其压力集团不可否认的影响不应该令我们盲目。就像对种族主义和专制思潮一样，对反同性恋的谴责依然到处可闻。在某些社会圈子、家庭或地区，和往日一样人们难以彰显其同性恋的倾向。包括立法层面在内的同性恋如火如荼的征服，都无法抹去继续存在的无数痛苦、无数危难。总之，战斗并没有结束。

人们首先是以这种脆弱性的名义，为社会和文化意义上的社群的存在——和庇护功能——辩护。与反犹太主义造就了少数人聚居区一样，与普通的种族主义有利于文化区别主义一样，周围反同性恋的氛围机械地制造了向清晰的部落制的后退，这个部落有街区、风月场所、店铺、规约，归根到底还有同性恋的身份认同要求。所有旨在对区别的和骄傲的快乐的确认攻势都来自这种无法安慰的焦虑：没有一种胜利是可以保证的，任何已得到的东西都不可靠。[1]

在防御斗争的辩护者看来，某些关于同性恋问题的争论（不谨慎？过于仓促？不正确？）授对方以把柄，使辛苦取得的自由越来越脆弱。他们抱怨极右派的报刊兴高采烈地匆忙利用有利的评论彻底反对社群思想或者同性恋协会面对艾滋病根深蒂固的不谨慎。[2]并不新鲜的蛊惑和关于这个主题扭曲了的信息：您很清楚地看到，同性恋的知识分子都承认了，等等。[3]

右翼和其他派别的捍卫者，在否认人们有时指责他们的社群主义的同时，还对把同性恋看作一个区别主义（différentialiste）的团体因而会对民族和共和国的团结产生威胁表示质疑——至少在法国。对于他们来说，这个团体在未被消灭之前，只是被威胁、被容忍，而不是被接受。因此，在受到批评之前，它更应该被保护。"行动起来"的激进分子菲利普·芒若（Philippe Mangeot）回忆道："社群主义也是建立在歧视的共同经验上的。所有的同性恋少年有一天会感觉不是在自己的家里。然而，要想有朝一日不再害怕，这也要通过团体来实现。"[4]

完全自由地战斗或者积极行动而无视其他？八十年代末反种族主义者与某些社会学家或知识分子之间出现了对立，他们惊恐地看到一种与轻率的文化区别主义结合在一起的媒体的反种族主义浮出水面。极为反常的是，

---

[1] 为了说明这种焦虑，名为"打破沉默"的国际遗忘症组织（Amnesty International）在1997年6月欧洲骄傲节（europride）期间发表了一个报告，强调全世界的同性恋持续成为牺牲品的迫害。比如，报告指出，在美国五十个州里，只有"二十八个州取消了鸡奸为犯罪的法令"。

[2] 在《玫红与黑》中，弗雷德里克·马特尔责备同性恋运动在1982至1985年间面对艾滋病时的"拒绝"态度。随后，在一场艰苦而经常是不公正的论战之后，他承认"拒绝"这个词过于严厉。有可能带来误解，他愿意换成"观望主义"。他同样承认关于低估法国社会中亲同性现象的顽固。（"回顾一场论战"，《思想》，1996年11月）

[3] 例如，请注意与国民阵线紧密联系的报刊惯用的方式，1996年4月，充满了弗雷德里克·马特尔的《玫红与黑》中的批评。

[4] 《世界报》，1996年4月15日。

这种区别主义竟然属于新右派的意识形态范畴。段首的难题与上述争论不谋而合。[1]灾难性的鲁莽,肤浅的好意,崇高感情的说辞:这个"可亲的反种族主义",或多或少被八十年代中期的爱丽舍宫用作工具,顺理成章地成为明确是左派的皮埃尔-安德列·塔奎夫(Pierre-Andre Taguieff)这样的研究者批判的目标。当时,人们把来自内部的批评和最迫切的论据相比照,这些论据是:首先与种族主义斗争,不要搞错对手,避免授对方以把柄等。

人们提出异议,你甚至在种族主义还没有缴械的时候批判反种族主义。这是疯了!你反对区别主义,却忘记所谓的种族差异仍然日复一日地挑起仇恨和拒绝。需要很多努力和时间来组织最后关于反种族主义在剃刀刃上的争论,现在人们已经承认了这场争论的合理性。所有关于同性恋差异的批判都遇到各方面类似的困难以及一个简单的问题:时机问题。

需求、远见和时机的问题。但应该知道,逐渐被淡忘的争论迟早会浮现出来,而且是在最不合时宜的时候。

同性恋的"发明"

一切说明,人们静听社群主义的对手的论证。为什么?因为同性恋激进分子的好意就像反种族主义一样,可以导致概念的致命错误。另外,有好几年了,对社群主义的怀疑是由最清醒的人表达的。米歇尔·福柯或者吉尔·德勒兹[2]的文字越来越强烈地被提到。这不是偶然的。然而,德勒兹和福柯是最早担心他们支持的同性恋请愿中包含的陷阱和圈套的。例如,系统

---

1 我在《背叛光明》中发展了这个观点(《背叛启蒙》,色伊出版社,1994年)。
2 尤其是吉尔·德勒兹和瓜塔利(Félix Guattari)的经典作品,《反俄狄浦斯》《千高原:资本主义与精神分裂》,子夜出版社,1973年。

的牺牲诱发痛苦有益的精神分裂言论，但与自我的肯定无关。或者这种在七十和八十年代甚为流行的招认的热忱（公开宣布，走出阴影，毫无廉耻地展示，走出壁橱等）。福柯所不齿的这种对公开忏悔的过度评价，不正有滋养一种叫"重新包装"的教条和制造新异化的危险吗？

最后，为什么人们强加这种性身份声明就仿佛这是集体的责任和个人的完善？那些顽固地拒绝招认——主流思想使其成为必然——的人不总是接受人们加在他们身上的怯懦之名。如果我愿意，我什么都不招认呢？他们大体上是这样想的。

然而在福柯看来，尤其是**性倾向的本质化**显得很危险。同性恋是建立在一种身份上吗？对一个古希腊人而言这是非常荒诞的问题。众所周知，古希腊思想不为难同性恋行为。相反，这种对倾向性的绝对化是古希腊所完全陌生的。在雅典，可以有被自由接受的各种行为，不存在作为身份的同性恋，就是说，不存在决定性的、唯一的、打上烙印的同性恋。

福柯写道："古希腊人没有把两种排他的选择，比如两种根本不同的行为，即自己性别的爱与另一个性别的爱对立起来。划分的界限不是沿这样的边界走的。从道德角度来看，将有节制的人、能主宰自己的人与放任于肉体享乐的人形成对照，比区分人们完全自愿投身的肉体享乐的分类更重要。道德败坏就是既不能拒绝女人也不能拒绝男孩子，而不是后者比前者更严重。[……]在想到他们放任自己在两个性别中作出的自由选择时，人们可以说他们是'双性恋'，但是这种可能性对他们来说，不是参照欲望有双重意义和'双性的'双重结构。在他们看来，令人向往一个男人或者女人的，是大自然在人类心里均匀地种下的对'美'的向往，无论他的性别是什么。"[1]

今天的认同要求，对一个雅典人来说，从文字表面是无法理解的。是不

---

1 米歇尔·福柯，《性史》，第二卷，"快感的享用"，同前。

受约束地要求一个身份吗？这个身份一旦取得，就把你固定在真正身份的狭隘范围内。是要求通过唯一的爱情取向而被指定和确认身份的"权力"吗？一个人将因他的性欲而被定性吗？对于普鲁塔克的同代人而言，这样的分类不仅是荒诞的，而且当这个要求是相关者自己提出的，就更是令人反感。这样的分类不是回到将自己完全的意愿让位于审查官的命令的地步吗？这不是让所有人在自己胸前戴上玫瑰色的三角记号吗？脱离了这种可能性的不只是古希腊人。在中世纪，一个偶尔实践了同性恋行为的人被永远定性为同性恋是不被接受的。后来，路易十三曾一时被快活的圣马尔斯（他的真名为亨利·德斐亚）、一位孔第亲王、一位加斯东·奥尔良还有一位盖梅内（Guéménée）亲王所诱惑，他们都对年轻男人的诱惑非常敏感，他们都没有接受被确定为属于鸡奸者团体的成员。

还应该记得一个年代的细节：肯定是在十九世纪，资产阶级的清教主义和最标准的科学主义的巅峰时期，"发明"了同性恋的分类。这并非偶然。还是福柯，明确地指出了这种相伴关系，并强调了它所代表的危害。"鸡奸——古代的权利，无论是民事的还是法典的——属于被禁止行为；其作为者只是司法主体。同性恋在十九世纪则成为一个人物：一段过去，一段历史和一个童年，一种性格，一种生活方式；和冒失的解剖学或者神秘的生理学一起，成为一种形态学。全部中的任何部分都逃不过他的性别。[……]鸡奸者是故态复萌的人，同性恋现在则成为一个物种。"[1]

应该指控的不仅仅是聚居区的文化，而且是这种令人异化的对欲望的分类、这种发表**定义**的热忱——以后人们将把这个定义与来自外部的叠加的压迫对比。确实，这种对身份的盲目崇拜，在盎格鲁—撒克逊世界比在欧洲更为强烈。科学近期的一个突变就可以说明这一点。在九十年代初，美国

---

[1] 米歇尔·福柯，《性史》，第一卷，"认知的意愿"，同前。

同性恋社群文化主义和区别主义的倾向引导很大一部分成员**毋宁说**同意接受算是荒谬的（后来便是相反的）"同性恋基因"的假设——Xq28，由华盛顿国家癌症研究院的迪恩·哈默博士（Dean Hammer）提出的假设。

在这位研究者看来，同性恋的根源在于从出生就出现的一个基因特性。在他的思想中，这个生物记号的发现是天意，因为它为无法避开合法性问题的同性恋者涂上了圣油，同时这一发现也建立在科学和牺牲的惯例基础上。大西洋以外的人们重复说，如果说同性恋在基因上是不同的，这就是说他们是不应该负责任的，他们和父母都没有责任。人们不应该责备他们欲望的性质，就像人们不能强迫什么人回答他皮肤的颜色一样。所谓的同性恋基因使美国的同性恋们从科学的角度取得了"少数派的特权"，这在美国很能提高自身价值。人们还会说，这使他们展示自己的差异和引以为骄傲的意愿更为合法。

在法国，相反，迪恩·哈默的假设在大部分同性恋看来非常可怕。有些什么吧。他们大多数人中，对被他们比作纳粹的优生狂想的基因理论的反应非常糟糕。这样的一个反应表明，在法国，社群主义继续遇到浸润了世界性的人类学和文化的本质。与盎格鲁—撒克逊人相反，我们本能地并不遵守等级分类的思考，就像我们不会让步于自发的区分倾向。但这并不意味着我们就可以躲过这样的偏移。社群主义的诱惑在我们拉丁国家逐渐加强，无论是关于同性恋，还是宗教、人种、语言等等。

这些讨论，明显不是轶闻趣事……

从身份确认到不确定性

有时重新思考事物的初始不是毫无用处的。总之，风俗的自由遵循的是什么样的起始意图？出于最大程度地扩展个人自由领域的考虑。假设这是被众人所希望的，需要思考的是，在关系到同性恋时，这个自由通过什么方式得到了最好的保证。是通过被要求的差异还是通过重新获得的无所谓？通过部落的聚集或者每个人的幻想。人们会承认社群主义的对手把问题带到正确领域的功劳。

让我们大胆提出一个假设：是因为它拒绝所有个人对欲望的控制，因为它禁止在这个自我的王国中像古希腊人一样看到唯一超越了喜好的真正标准，因为现代性参与进来为这些同样的喜好分类。只剩下**这个**来区分人群：一种所谓的天性——同性、异性、双性等——代替了往昔**与意愿相连**的分类。大约三十年来，对宽容的拉丁圣经而言，无限度的宣泄、狂热的满足构成了唯一积极的价值。不受束缚的人是现代的；藐视"情欲暴君"或者忠实于某些信仰的人是过时的。从此以后，人们不再按照贞洁抑或自由、自我的主人抑或屈服于冲动、唯意志抑或肉体享乐、苦修抑或放荡等的标准划分。人只是具有他的欲望的区域特性的人。

这里无疑有比人们想象的要不够洒脱的把戏。作为对这种新许可的交换，实际心照不宣的共识是没有人能逃脱他的肉体享乐的特异性。同样确定的是，这是不被鼓励的。无论谁让步于爱情的倾向——同性恋或其他，都被要求承认自己的倾向和接受这个身份。一个几乎不能逃脱的要求。让他拒绝这个要求，他将受责备，为自我或缺乏勇气而感到羞耻；让他转而赞成，同类人的团体都会严阵以待……和吞并它。如果深思的话，可怕的取舍。但是！有多少关于这个接受的强迫主题的文学作品没能发表？有多少信仰声明对战胜羞耻的"胜利"或者"真实"的思想以及人们有勇气"面对的"这个真相添枝加叶。我最终能接受自己是同性恋等等。

人们没有很深入地思考自由是否真的占了上风。人们没有看到如此鲜明的——并且是公开的——欲望碎片有演变成极权的危险。理想中，真正的自由不是以屈服和易变的方式生活的吗？不是遵从于不一定封闭、总是需要商议、既不要求辩护也不要求一致的倾向的吗？自由显然包括"只"当同性恋。总之，结构最为恰当的乌托邦，根本不等于希望以双性方式生活（这又是一种分类），而是尊严地做自己倾向的主人，包括抗拒其倾向的意愿。

换一种方式来说，自由极自然地源自不可能和偶然，而不是身份的紧张。真正的解放不在于冲入所有人都避之不及的分类中。德勒兹和瓜塔利在大约四分之一个世纪前假设了一种既不僵硬也没有被特征化、不稳定同时不固定"愿望的机器"，无疑更接近这种设计中的理想自由。"应该想到不确定和不可能等字眼"（德勒兹）。这些评论，事后来看，表现出简单的善意。人们可以身不由己地反对反同性恋现象和在社群主义者挑战性的要求或者节日般的但缺乏深思的同性恋光荣游行面前感到无法确定的不适。

另外，就像我们邀请弗雷德里克·马特尔[1]一起来回忆一样，让我们回忆七十年代初，在《反正常报告》[2]或者《三十亿倒错》[3]这样的纲领性文件中，一部分宣传口号鼓吹性选择的不确定性和流动性（双性恋，德勒兹和瓜塔利的"愿望的机器"）而不是固定的同性恋身份。很快被忘记的警惕……

那又怎么样？1997年6月，两位《解放报》的记者，丝毫没有否认这种在大街上展示自己快乐的合法性，表达了一个很有说服力的保留。他们写道："无论是男同性恋还是女同性恋，这既不是在历史法庭上也不是在媒体的讲坛上作证。并且更不是'承认'差异。同性恋，是所有潮流中的一个，与其他潮流相比没有任何优先权，或者，和其他潮流一样，创造潮流、漩涡、

---

[1] 弗雷德里克·马特尔，《玫红与黑》，同前。
[2] 《自由场》，1971年。
[3] 《研究》，1973年3月。

涌浪和暗中的混乱。[……]男同性恋,女同性恋,作为同性恋,最后这很简单。既持续又消失,既维持又放弃,既产生又消散,既停留又逃逸。"[1]

"酷儿理论"的允诺

但是事情在人们没有预料到的地方重新活跃起来。同性恋理论的拥护者想永远超越的是在身份与不确定、社群主义与普遍主义之间没完没了的争论,他们在美国的校园里越来越活跃。简言之,让我们试着说明到底是什么问题。有几年了,美国的同性恋运动依然在大学里战斗,要求增加同性恋研究(gay and lesbien studies)。这是以确认身份的名义获得特殊知识的空间。这种要求以与美国其他少数族裔一样的身份——非洲裔美国人、印第安人、墨西哥裔美国人、双性人等——同样热忱地受到"政治上正确"思想的保护。这种确认身份的要求来自对瓦斯普(Whasp)文化[*]和异性恋的普世主义意图的拒绝,以便为历史上受压迫甚至被隐藏的"其他"文化(其中就有同性恋文化)让位。

一句话,人们希望获得对排除其他一切作者以外的男女同性恋作者创造的文学、社会学或者音乐作品进行研究的可能性。人们就这样从不公正的遗忘中夺得了一整块文学,即一种感觉的载体和不能缩减的世界观。在八十年代和九十年代初,美国大学研究男女同性恋问题的院系增多。(就像出于同样的考虑建立的少数民族文化的院系。)最近一个是1995年在伯克

---

[1] 伊丽莎白·勒博维希(Elisabeth Lebovici)和杰拉尔·勒夫尔(Gérard Lefort),《解放报》,1997年6月29日。
[*] Whasp, White anglosaxon protestant 的缩合,意为"白种的盎格鲁—撒克逊新教徒"。指美国的主流社会文化。——译者

利（Berkeley）建立的女同性恋、男同性恋、双性恋和变性研究系（Lesbian, Gay, Bisexuls et Transgender Studies）。这些特殊学科的创立现在在法国也开始了，但很谨慎，通过几个特殊的研讨会和图书馆。在我们中间，实际上，人们自发地，像皮埃尔·布尔迪厄一样，"将对男女同性恋研究可能的封隔——不仅对这些研究有害，而且对研究的整体有害——提出来"[1]。

在他们的主要动机中，同性恋理论的拥护者提出的想法可能与人们想象的完全不同。英语词"queer"意思是"奇怪的"，但在它的通俗意义里，相应于类似"男同性恋"或者"疯子"的辱骂。正是通过改变它的通常意义，再用来讽刺反同性恋的使用者，大学里的同性恋把它记到他们的账上。再简单点说，同性恋理论建议重新回顾知识——特别是历史知识——以使主流文化习惯于掩饰的同性恋维度大白于天下。计划并不荒唐。无可置疑，我们的文化划出了"白色"、无知和或多或少自愿的绝境。往昔的羞耻和禁忌都经过我们记忆的严格筛选。禁忌有这种被回顾的特性。至于清教——特别是盎格鲁—撒克逊人的清教，人们知道它是以何等的警惕在若干世纪里监视着某些沉默所尊重的东西。历史，被迫通过特殊的棱镜阅读的历史，求助于一个时代或文化，从庄重的意义讲，永远不会停止被重读。应该说，历史一直是个关键。

努力揭示某个事件或人物这样或那样的同性恋维度可以起到的作用，不是一个不合理的步骤。它的功劳在于抛掉了对异性恋历史过于正统和过于严格的阅读必然要求的简单化和藏匿的怀疑。庞大的计划！这方面最前卫的是杜克大学、约翰霍普金斯大学和加州大学伯克利分校。至于同性恋理论在大学的主要信徒，他们中有艾娃·塞奇威克（Eve Sedgwick）、朱迪思·巴特勒（Juddith Buttler）、乔纳森·戈德堡（Jonathan Goldberg）和迈克尔·华纳

---

1 《世界报》，1997 年 7 月 17 日。

(Michael Warner)。

事实上，这个步骤并非始于朝夕之间。同性恋思想的始作俑者是同性恋历史学家约翰·博斯韦尔（1984年死于艾滋病），前面的章节中多次引用过他的著作。他的奠基之作——《基督教、社会宽容与同性恋》——只是在1985年才被译介到法国，这本书在美国的出版（芝加哥大学出版社）可以上溯到1980年。反常的是，博斯韦尔在长达500多页充满战斗精神的巨著中，不停地为纪元初年和中世纪的基督教平反，表明在同性恋的问题上，基督教比人们说的要更宽容。

有时候人们把同性恋理论比作一个区别主义和确认身份的步骤。这有些冒进了。想闯进所有知识领域，重新评价知识的整体，严格地说（stricto sensu），这不正符合普世主义的计划吗？这就要求拒绝保持某个范畴或团体以及人们不无道理地责备男女同性恋研究的弱点。有的人并没有搞错。弗朗索瓦·库赛（François Cusset）写道："同性恋运动高昂、乐观、自愿地出现在长久以来被放弃的一般概念的领域。[……]这个一般概念不再是'政治上正确'曾经制造的骂人话，它是秘密重新定义和适应的关键——秘密的和没有对手的阅读框架。[……]被美国的身份歌颂者排除了的一般概念通过奇特的扭转回过头来提供了含混的困惑。"[1]

同性恋理论是否以自己的方式宣布了向古希腊思想的回潮以及向聚居区的终结的回潮？这当然是"性革命"没有预见到的一个转折。

女权主义的生机

说美国的女权主义运动表现出对一般概念同样磕磕绊绊的重新发现、

---

[1]《解放报》，1995年6月22日。

对欲望的自我控制同样的重新学习，这并不荒诞。

首先让我们举出几个误会。在法国，人们惯于讽刺盎格鲁—撒克逊女权主义宗派的泛滥。人们自愿地夸大激进的女同性恋、施受虐女同性恋或反淫秽女激进分子之间的争吵。人们经常嘲笑这些夸张的指控和过时的争论。从法国人的观点看，美国女权主义在今天体现了我说不上来的意识形态神经官能症，或者更糟，自阉的清教的再度出现。确实，在法国，这种真正的女权主义——和小团体——在过去从来没有得到舆论的青睐，甚至在最激进的阶层中也没有。

莫尼卡·威蒂希（Monique Wittig），法国女权主义的代表人物，《女武士》（1969年）的作者，是第一个在回顾时承认这一点的人，她现在生活在亚利桑那州。她说："在法国，女权主义不希望人们创立女同性恋团体，我总是受到嘲笑。［……］在这个国家里，甚至像巴特和福柯这样的知识分子也羞于承认自己是同性恋。"[1]

莫尼卡·威蒂希确实不属于法国主流，原因是她毫无保留地赞同盎格鲁—撒克逊的社群主义。今天她的苦涩话语隐约流露出的讽刺，也可以以其人之道还治其人之身。政治上正确和相伴而生的部落强迫症难道更有价值吗？

然而，如果坚持这种我们堪称翘楚的普遍主义的嘲讽就错了。虽然有过分行为、曲折、团体的分裂和不能缓和的社会排斥，美国女权主义运动内部对欲望、享乐、男人和爱情的思考远不是没有好处。包括——请原谅我——对不可置疑的法国式"雄性"……

应该粗线条勾勒这个富含教训的运动的动力和沿革。[2] 最初，就是说

---

[1] 《解放报》，1997年6月23日。
[2] 我在这里以米歇尔·费尔（Michel Feher）——纽约《地带》杂志社社长——著名的长篇分析《美国的色情和女权运动：自由的练习》（《思想》，1993年11月）为依据。

六十年代初，女权主义的要求是——特别是——加利福尼亚校园、后来则是民主社会的学生内部表达的政见之一。就像他们在欧洲的同类很快就会做的一样，美国女大学生拒绝以占有和一夫一妻为内容的束缚人的资产阶级婚姻。她们要为欲望的至高无上、为肉体享乐的无辜而战。她们只是简单地要求自由的爱情。

总之，从这个时代起，两种政见、两种策略在她们中间出现了。对于一些人，介入的斗争应该使多少世纪以来被剥削和被贬低的妇女打破锁链追赶上男人并获得权力和条件的平等。对于另外一些人，与男人平等是个既不协调又不充分的目标。她们更加雄心勃勃，认为应该要求存在一个特殊的女性文化。当然，羞耻、稳定、欲望以及感情无法梳理的关系是男人为了自己的利益反复灌输给女人的。但这些价值无论如何却促成了女性不同于男性的、更文明、更有道德含义和**值得保卫**的爱情方式。她们还说，放弃改革男人，放弃把他们从自己粗鲁和生硬的性概念中解放出来。

六十年代女权运动的重要人物有贝蒂·弗里丹（Betty Friedan），《神秘的女性》（The Feminine Mystique，1963年）的作者，当然，还有凯特·米莱（Kate Millet），出版过《性的政治》（Sexual Politics，1969年）。她们两位，体现了非常"激进的"女权主义（从这个词的美国含义上说），很快就开始捍卫上面提到的第二种倾向。

总的来说，最初，女权主义者分享了当时所谓"赖希式"的宽容、享乐的气氛。在拉开距离前，自由的性欲在当时算是一种征服，还是一个节日。人们——临时——停留在将会实现的、宽容的乌托邦的相当古典的方案中。然而还需要几年的时间，激进女权主义者才开始自己传播符合"性革命"规定的批评。在不知情的状态下，她们自己承担起历史上曾经表达过的忧虑和不满，并且是在相当近似的情况下。

她们说，欲望零乱简单的自我解放派生出一种无政府主义、一种桎梏或者有利于富人但有损于穷人的功能化市场。在这种情况下，妇女成为比以前更生硬、更粗鲁的男性欲望的祭品。女权主义者将拒绝这个所谓的性革命中——有意无意的——男性文化的策略。她们中的一位，沙拉米·费尔东（Shulamith Firedtone）发现，如果男人拒绝保证拥有一个合法的妻子，这是因为他们"更希望从此有办法消费大量的女人，而无需负担她们的经济和感情需要"。男人们认为"增加性供给同时减少费用"更有利。女人应该像小心鼠疫一样当心她们只是欲望的目标。

更说明问题的是，另一位斗士，罗宾·摩根（Robin Morgan）将毫不犹豫地拒绝作为六十至七十年代泛性爱论来源的享乐和单纯肉体的生机论。她写道："赋予生殖的性、身体的客观化、混乱、情感冷漠以重要性，这一切都属于雄性的方式，而我们，作为女人，更加关注爱情、性感、幽默、温柔、承诺。"[1]

人们会注意到，这些极端自由主义和女权主义的战士，通过迂回的道路，重新发现了相当接近于最传统的从道德上反对泛性爱（蔑视泛性爱）的态度，甚至重新发现了基督教对性的解释。这种道德，或者说新清教，受到美国大学——特别是欧洲——的女权主义者的责难。确实，在她们与淫秽的坚决斗争中，一些人，像卡特琳·麦金农（Catherine MacKinnon）、凯瑟琳·贝里（Kathleen Berry）或者安德莉亚·德沃金（Andréa Dworkin），甚至到了与明显极右派的道德协会建立联盟的地步。这类联盟即使在女权运动头面人物内部也受到强烈的批评。

在美国，应该说，这类道德协会几乎没有什么区别。新教清教的召唤仪式——在法国——作为对美国现实的解释框架，以它的系统特征白白热闹了一阵，这个清教的文化底色并没有因此而不成为一种现实。需要提醒吗？

---

[1] 米歇尔·费尔引用，罗宾·摩根（Robin Morgan），《走得太远》，兰登出版社，1977年，同前。

美国的创立者从圣经里提取了最早的刑法，制定了对通奸、强暴和同性恋的死刑。托克维尔（Tocqueville）在《论美国的民主》中已经惊讶于这样的严苛，他写道："未婚者之间简单的交易受到严厉的罚款、鞭打或强制结婚的惩罚。"

应该记得，人们是否愿意理解美国围绕性问题的冲突中异乎寻常的暴力。

在阿波罗与狄俄尼索斯之间

在最激进的女权主义者与传统道德的规定之间反常的趋同还不止于此。越来越接近，运动最艰难的倾向朝着一种新禁欲派、就是说对禁欲合乎法律手续的防卫前进。

首先，在国际妇女组织的激进女同性恋——很快遭到驱除——的影响下，后来是她们自己领导的影响，异性恋女权主义者竟至到了鼓吹男女彻底分离的地步。女权主义者把反对性骚扰的斗争一直推到极限，这个斗争通过著名的口号而家喻户晓："不，是不！"安德莉亚·德沃金甚至将异性恋的行为比作对同意"合作"的妇女身体的"占领"。

米歇尔·费尔写道："再有，[她们]被引导着得出结论，性关系本身构成一个奴役妇女的特权场所和时间；因此，分裂，至少是暂时的分裂成为必然。[……]这样一个性差异的基础（其原因是俄狄浦斯情节）必然强迫妇女推后她们对异性恋关系的追逐。这种断裂实际上对加速传统家庭的解体显得很有必要，因为传统家庭只能通过令彼此从属于各自的性角色来制造对妇女的束缚。"

在这个阶段，在十八和十九世纪之前，与基督教禁欲派要求的接近非常明晰：对不可控制的欲望的暴力同样的蔑视（被看作是无论什么目的的独立因素：费尔），发明最终和平关系的同样想法，颠覆一般而言令妇女受奴役地位延续下去的传统家庭的同样意愿。在基督教初年，**也是**为了摆脱夫妻暴力和家庭的暴政，一些古希腊或古罗马妇女改变信仰，不顾当时还相当沉重的社会压力选择了贞洁。《彼得行传》（Les Actes de Pierre，三世纪）详细地讲述了一切。他写道："但是其他很多妇女被关于贞洁的讲道所打动，和自己的丈夫分开；这些丈夫只能远离自己妻子的床［……］罗马出现了巨大的纷乱。"[1] 在四世纪，同样是出于对父权的反抗和为了逃离"父母安排的"婚姻，年轻的罗马贵族妇女选择了贞洁，把自己的财产捐给僧侣。

奇特的趋同，实际上……女权主义只有动机和语言与基督教初年的不一样。随便选几个例子就能证明。"我们所熟知的与男人的性关系越来越不可能了"（安德莉亚·德沃金）。"只需要把受害人对强暴的描述与妇女对性行为的描述进行比较：太相似了"（凯瑟琳·麦金农在她的《只有言辞》中）。"爱情，就是被有说服力的目光美化了的强暴。在诱惑的游戏中，强暴者只需要费心买一瓶酒。"[2]

在七十到八十年代，相当一部分思考放在了加深这种被认为把男性世界与女性世界区分开的本体论区别——从女权主义的观点来看。正是通过这个步骤，人们将称其为"文化女权主义"。这不是最没意义的。米歇尔·费尔评论道："文化女权主义者定义男性文化是建立在成就、竞争统治的意愿和冷酷的理智基础上的；但同时也是建立在富进攻性的、表达的、倾向于混杂、欲望与感情分离的男人性欲上的。与这些男性标志对立的是女性一夫一妻的根本文化，寻求分享感情的内在，这样，女性的性欲与其说是严格生

---

[1] 彼得·布朗，《拒绝肉体》，同前。
[2] 布莱克·莫里森（Blake Morisson），《星期天时报》，1996年3月。

殖的不如说是更散漫的、更集中在人身上而不是身体上。"[1]

这个关于男性和女性文化的不相容和不能言传的主题在过去二十年里成为无数评论的目标。并且还在继续……最近有一篇（以调停为目的）署名黛伯拉·泰南（Deborah Tannen）的《你还没明白》。[2]

对于这些"文化"战士中最坚定的分子，妇女应该摆脱男性的幻想，并且是决定性的。应该联合女性团体，使它能够坚持和发展自己的价值。文化女权主义远不是抛弃弗朗索瓦兹·埃利杰所说的这种区别思想，而是为了**自己要求这一切**，并在女性精神世界的账上记下"加号"，即一个更高的文明价值。

这个区别实际上加上了著名的人类学分类——其中——由让·卡泽诺夫（Jean Cazeneuve）提出将建立在毋宁说是男性价值上（竞争、流浪、冒险或者征服）的狄俄尼索斯文明与无论有理没理都把女性价值视为优先的阿波罗文明（稳定、安全、非暴力、经济增长）相对立。[3] 从这个观点看，女权主义者面对"性革命"所处的暧昧位置没有什么可吃惊的。尼采和赖希的生机论版本——夸大自然的状态、释放"欲望激烈的浪潮"的意愿、不言明的大男子主义，后者不更要求狄俄尼索斯甚于要求阿波罗吗？总的说来，它不是在男性病症中表达了近代一大部分见解倾向于包含在社会内部的女性化吗？三十年来，主流思想没有费神思考过这个相当重要的矛盾。

然而，不计所有过激行为，无疑是在主流价值问题上，可以认为拥护酷儿理论的快活的知识分子和文化女权主义者共联合的贡献是积极的。

---

[1] 米歇尔·费尔，《美国的色情和女权运动：自由的练习》，同前。
[2] 巴拉提娜发表于 1991 年；法译本为《你肯定不理解！——克服男女之间的误解》，Robert Laffon 出版社，1993 年。
[3] 让·卡兹诺夫（Jean Cazeneuve），《幸福与文明》，伽利玛出版社，1970 年。

一种新的爱艺？

当然，今天比以往任何时候都可以不费力地彼此嘲笑。什么？同性恋声称要重新审视整个文化以重现掩藏起来的东西！两性战争狂热的女战士要求异性恋关系缓期执行直到傲慢的男性缴械为止！西方"性解放"后的三十年里，女权主义者"邀请妇女在保护自己独立的同时保持欲望的灼热"！谈论这些到处被类似的过激之举挑起的评论是无用的，而且还在继续挑起。

深入思考，尽管如此，好几个类似的要求——即使经常是模糊、无法表达的方式——来自一个非常诱人或许非常有理的总计划，它是比威廉·赖希极端自由的乌托邦更为有理的计划。最终，这难道不是对我们关于历史、文化和爱情本身的集体表现的丰富吗？这难道不是在我们的实践和我们僵硬的表现中重新引入一些不确定的游戏和宽容的因素吗？人们不是在燃烧的口号之外努力打发那些最暴力的反应和最主流的行为吗？

这一切都不一定招致嘲笑。历史的脚步，就像思想的脚步，有时会走弯路，而理性，正如人们所知，不讨厌狡黠。同性恋重新发现——例如通过社会同盟的合约要求——被六十年代的享乐主义所抛弃的价值（真诚、稳定、团结）难道不是理性的狡黠吗？在七十年代，看着同性恋为男子气概令人安心的和无所顾忌的画面平反，这是建立在"男女角色冷漠"[1]之上的被异性恋解放所压倒的画面，这难道不是另一个狡黠吗？就像米歇尔·波拉克强调的那样。

总之，历史的其他时期——例如文艺复兴，因类似的提供、重新发现或者未曾预料的重新发明而丰富。

---

1 迈克尔·波拉克，"男性同性恋"，《西方的性》，同前。

男同性恋或者女权主义的集市本身,这种令人瞠目结舌的炫耀,这种媒体的行动主义和有时接近可笑的言辞的堆积,没有什么可以掩藏其他。同性恋知识分子或者艺术家宣布他们再度发明了与孤独和近代的严峻断绝的关系模式。他们很好地延续了节日的意义。他们表现得像是先锋,在某些情况下,他们是。有时教条主义、难以置信的蠢行、驱逐或者不负责任在这块地方游荡,要知道这些是非常广泛的错误。费尔想象"可能文化女权主义者只是勉强赞同一种新的爱艺的到来"。[1]

这种坚决的乐观主义不一定没有依据。有一件事是肯定的:今天西方"爱情的言辞"陷入的巨大混乱,使得一种在一起的新幸福的重新发明比以往任何时候都更受欢迎……

---

[1] 米歇尔·费尔,《美国的色情和女权运动:自由的练习》,同前。

第十四章　重建家庭……

总之，应该谈谈家庭。[1]事情没有想象的简单。某些问题带有很重的政治色彩，甚而成为被诅咒的问题。家庭问题就是如此。几十年来，所有关于家庭的思考都迅速化为怀旧的右派和勇猛的左派之间令人绝望的冲突之一。右派以"家庭价值"为筹码，要求照原样恢复，而左派被保护个人的敏感、被"我恨你家庭"等抓住不放。六十年代的"性革命"只是激化了善恶二元论的对立。但是不要忘记这个对立先前已经存在了。

在法国，从此以后，家庭思想本身就被包含在内了。在近代的政治想象中，它与我也说不上来的到处都是的贝当派结合起来。右派与联合压力集团习惯地乞灵于回归"真正家庭"的必要，这确实推动了不信任。在对面，回

1　我在本章标题使用的"重振家庭"的说法（而绝不是重振"某个"家庭），是皮埃尔·罗桑瓦朗（Pierre Rosanvallon）从司法角度讲的关于国家的说法的模仿。为了社会团结的原因，将国家主义与"重振国家"对立起来，罗桑瓦朗引入了一种分析，照我看来，更适用于家庭。（皮埃尔·罗桑瓦朗，《新的社会问题》，色伊出版社，1995年）

应的是一种对称的尖锐。周围的进步主义——用让-克洛德·米尔内（Jean-Claude Millnet）[1]的话来说——本能地和过于简单地将所有的家庭参照魔鬼化了。就这样，一个夸张的面对面的辩论持续枯竭着思维。伊莱娜·杰利完全有理由提醒我们，这样一种喧闹的僵化对理解事情没有太大帮助。

她写道："如果我们不警惕，很值得担心的是，我们能否根除家庭捍卫者与个人捍卫者之间的对立，前后两个时间错误还在为我们提供无形的和必然的争论框架。[……]如何解释这个矛盾，就是说一种过时的对立不断再生的力量，例如应该确认它是社会'真正'的**基础单位**吗？例如传统主义者所要的家庭是否唯一的家庭，似乎这个词从来就属于他们。例如自由只在没有限制中存在，个人只在对它全能的肯定中存在。"[2]

这个反复的对立尤其因为它的短视而显得很徒劳，而且没有记忆。实际上它的出发点是一个不存在的公设：家庭永远是保守的、天主教的价值，它的对面必定是"左的"。事实上，家庭就像例如国家或者文化的区别主义，[3]一种转地放牧的价值。从历史角度来看，它时而右，时而左。在十九世纪末，受工业革命剥削的无产者把它当成可以避难的地方，受资本主义的资产阶级、工人的灾难、城镇化、雇佣童工等威胁的地方。五十年代的美国，这种将家庭看作连带的个人关系最后的保护和苦难的工业资本主义配重的观点，受到像帕森斯（Talcott Parsons）[4]这样的作者的辩护。

在帕森斯看来，"家庭的主要功能在于构成一个可能的个人关系存在的空间，就是说效率的担心没能战胜感情。无论他的行为和价值如何，每个人

---

1 让-克洛德·米尔内（Jean-Claude Millnet），《失败的考古学》，色伊出版社，1993年。
2 伊莱娜·杰利，"性的差异与代的差异。教育的重要性"，《思想》，1996年12月。
3 在《背叛光明》（同前）中，我用了一章来论述区别主义在左派和右派之间不同的转场（transhumances）。
4 帕森斯（Talcott Parson）《家庭，社会化和相互作用过程》，Glencoe Free出版社，1995年。路易·胡塞尔在《不确定的家庭》中引用。

都从中找到一种温柔的保证，这种保证唯一的来源是他在家庭内部所处的位置、配偶或者孩子。在一个社会进步存在于身份消失的社会里，唯有家庭还能提供法定的和无条件的关系。这样，家庭的幸福对于社会的正常运转是必要的吗？"[1]

至于基督教，就像人们在前面的章节看到的，一直坚定地赞同个人，而不是家庭的专制逻辑。天主教倡导独身而不是婚姻，在这一点上与新教区别开来，按照路德的说法，新教在婚姻中看到了"上帝喜欢的状态"。在基督教初年，新约中明确包含的对家庭的批评——例如在路加福音和马太福音中[2]——令犹太人气愤。犹太教实际上（这又是它的一个财富）坚决给予家庭和睦和后代的教育以优先权。

最后回想一下，纳粹的观念学者，远没有歌颂传统的家庭，而是建议将其融入国家的大团结中。

超出范围的争吵

指定家庭思想作为天主教的、保守的甚至贝当式的基础价值，这肯定混淆了现实和历史。从字面意义来说，是健忘之过或者无知之过，这都是一回事。实际上，出现了一个微小的区别。在崇尚专制和整体主义的稳定的社会里，家庭作为转移和社会"再制造"的场所，事实上是服务于既成秩序的工具。这明显是学会服从、遵循惯例和传统的机构。相反，在熵、混乱和社会

---

[1] 路易·胡塞尔建议的综合，同前。
[2] 回想福音书的三个段落："爱父亲和母亲甚于爱自己的人配不上我"（Mt X, 37）；"不要称尘世上的任何人为父亲，因为你只有一个，就是天父"（Mt XXIII, 9）；"不要相信我为尘世带来了和平；我带来的不是和平，而是战争。因为我是来让人与他的父亲对立，让女儿与母亲对立，让儿媳与婆婆对立；人们将以家庭成员为敌。"（Mt X, 34—35）。

分裂大行其道的大断裂期间——就是说价值转移的所有能力极度削弱的时期，一切都不一样了。

家庭重新成为人道化和抵抗野蛮的唯我论的码头。它代表了未来极简单表现的最后场所，一个"所有个人和所有家庭原则上受到青睐，就像在以种种法则约束他们的同时奠定他们的基础、给予他们合法地位、将他们记入文化使他们带有人道痕迹的"[1]彼世。它代表了"进步主义"拒绝的恳求，就是伊莱娜·杰利称作"没有关联的微不足道的当下"的东西。

我们当代社会显然正处在这个阶段。在它理想的激进主义中，市场、极端自由主义、世纪末的保护消费者主义（consumérisme）希望既无束缚也无从属关系地对待消费者——或者工薪阶层。他们没有进行任何一种调整。然而家庭的基础和关联同样构成一种调整。从理论上讲，家庭是最好的宽恕的地方。它从定义上与商品秩序对立。在三十年的"性革命"、彻底的个人主义和退出社团之后，我们突然在"社会基础单位"最终的解体面前觉得昏眩。在这种紧急情况下，古老的左右派围绕家庭的争执便不合时宜了。同样，人们不应该再对性宽容、流浪的快乐或者无规则的肉体享乐继续高谈阔论，并作出相信这一切与家庭问题毫无关系的样子。

但是应该公正一些。如果左右派啰唆的论战——家庭卫士与个人辩护士之间夸张的冲突——最不够深思的说法依然咄咄逼人，这是在对媒体或者选票主义抨击的层面上，就像德布雷（Régis Debray）所说的流通的思想。在另一个层面，每个人都明白火已经烧上房了。彼此都学会超越自己最初意识形态信条的狭隘。"自由的右派停止再与'真正家庭'的怀旧挂钩，一个它自己曾以改写民法而致力于其解构的模式。[……]从社会的左派这方面讲，它停止提倡一种对风俗的改变凯旋般的欢迎。[……]家庭的非稳

---

[1] 皮埃尔·勒让德（Pierre Legendre），《血统》，法雅出版社，1990年。

定性，在社会危机的背景下，成为新的不平等的来源。"[1]

一个有意思的细节：在知识分子或者社会科学方面，这种意识的获得**似乎首先是女人所长**。这是应该对她们致敬的一个地方。关于"解构家庭"的必要性最透彻和最深入的思考，新结构（重建的家庭等）的最严肃的分析尤其是女性作者和研究者的成果。这就把那些满足于指责想把女人赶回家庭的家庭捍卫者的人逼入虚无！在深思家庭制度毁灭的后果和挽救的办法时，像克里斯蒂安娜·奥利维埃（Christiane Olivier）、热纳维耶夫·德莱希·德帕斯瓦尔（Geneviève Delaisi de Parseval）、艾芙丽娜·苏尔罗、伊莱娜·杰利、卡特琳·拉布鲁斯－利奥（Catherine Labrusse-Riou）、卡洛丽娜·艾利亚什夫（Caroline Eliachef）——仅举出她们——没有打算进行反动事业，也没有把妇女的解放陷于危险境地，她们正是最生动的体现。

每门学科——精神分析、社会学、法律、哲学、民法、历史等——都表现出自己的方式，但却在现状面前表现出同样的恐惧。艾芙丽娜·苏尔罗写道："作为自由避孕的战士，我坚持证明我们远还没有想象这扇最终会打开的性自由之门后面等待我们的是什么。当然，是的，梦想一个没有原罪的天堂，但想象不到。其他人确信和肯定她们的性自由会为她们带来精神的健康：在她们受到有效的避孕措施保护的时候，她们预言了神经官能症、焦虑、女性抑郁的终结。其他人在等待神奇的药方来延长爱情和挽救婚姻。"[2]

一个没有父亲的社会

让我们回想一下吧。最近三十年来，我们不仅经历了风俗的革命和我们

---

[1] 伊莱娜·杰利，"性的差异与代的差异"，同前。
[2] 艾芙丽娜·苏尔罗，《有其父必有其子？》，同前。

在性问题集体表现上的混乱。我们不仅记录了出生率的崩溃、婚姻的减少、离婚的普遍化或者宽容史无前例的扩大。在同一时期以更加具体和持久的方式进行着一场真正的**立法革命**。这是今天尚可感觉到的。并不是无所谓的。民法（血统、婚姻、儿童权益、妇女地位、父权等）在文献中——几乎在实际的时间中——记录了这次文化地震，并使之更持久。

然而，如果说这场司法革命是一次无可争议的个人自由的进步，它却带来了无限模糊的后果，人们曾长期拒绝正视这些后果。最令人难堪的是父亲面孔几乎消失，父亲身份近乎毁灭。这个阴险的失衡，多年来人们宁愿对其保持缄默，因为它逆风俗的"唯一思想"而动。可钦佩的鸵鸟政策！艾芙丽娜·苏尔罗承认："对于父亲身份和父亲所发生的一切、对于使儿子感到痛苦的极大危险的沉默让我目瞪口呆。[……]人们放弃了本来可以有收获的调查和舆论。父亲身份不是一个主题。"[1] 至于精神分析学家克里斯蒂安娜·奥利维埃，她说得更为直白："自从女权运动以来，妇女成为家庭的领导，似乎她们对这个新权力并不怀疑。即使男人在社会层面继续到处获胜，妇女获得和占据了儿童教育的领域。女社会福利员支持着能获得女法官听取的女律师：只要说起儿童，人们就有印象启动了一个巨大的女性托拉斯。"[2]

实际上，对父权和父亲身份的追夺有时不像人们想象的那样，是六十年代的一个发明。它始自两个世纪前的一场革命。大革命第一次损害了父亲的形象。父亲和家长在三个世纪前经历了黄金时代。1789年，他们被看作君主制度的象征。巴尔扎克写道："在砍掉路易十六的头时（1793年1月21日），共和国也砍去了所有父亲的头。"至于冈巴塞莱斯（Cambacérès），民法的起草者之一，他在议员们面前大喊："理性专横的声音已经传来。它说：再没有父亲的力量了。"大革命以男人和女人的自由之名打破了家庭难

---

[1] 艾芙丽娜·苏尔罗，《有其父必有其子？》，同前。
[2] 克里斯蒂安娜·奥利维埃（Christiane Olivier），《俄瑞斯忒斯之子或者父亲的问题》，同前。

以破坏的联系。但是父亲才是目标。

随后，尽管有一些倒退（例如在复辟时期取消了离婚，直到1884年的第三共和国才重新恢复），这依然是**父亲地位**缓慢的、不可逆转**的衰落**。时而在现实中——工业化和无产阶级化对父亲们不利，将他们变形成隐形的半奴隶——时而在文字中：修正法案的废除（1935年）或者父母的权威代替了父亲的权威（1970年），甚至还有私生子法案（1972、1987、1993年）。

在六十年代，人们看到，宽容的乌托邦——这在威廉·赖希那里是个强迫性的主题——粗暴地将家庭斥为压迫的场所、资产阶级顺从和性压迫的学校。法兰克福学派的哲学家们也将站在明确反对父权的同一阵线上。"在阿多诺（Adorno）及其合作者调查研究的基础上，父亲作为连接两种形式的权力的成分——一个是通过共识来实现，一个通过威胁或者力量和强制权的使用来实现——处在权威争论的中心。[……]失去父亲的法理社会（Vaterlose Gesellschaft），没有父亲的社会应该是一个自由的社会——其中包括性，人们不是刚将避孕合法化了吗？——代表明天的少年拥有发言权，让'老家伙们'闭嘴，让那些宣称知道、教导、命令、管理的人闭嘴，让父亲、老师、部长和其中最有代表性的老家伙戴高乐将军闭嘴。"[1]

药丸和"天火"

同时，如人们所知，避孕的普及将所有决定权中最主要的那个交到妇女手中：赋予生命的权力，选择"是"或"不是"以及时间的权力。多亏了这个药丸，艾芙丽娜·苏尔罗说，"妇女从男人那里偷走了天火"。其他科学成

---

[1] 艾芙丽娜·苏尔罗，《有其父必有其子？》，同前。

果——经受了法律的认可——稍微增加了妇女的绝对权力,其中包括……父权方面。这样,杰弗里斯(Jeffreys)著名的遗传测试(1984年)可以肯定地确认生物学意义上的父亲。多亏他,一个已婚妇女可以在不得已的时候让情人承认他自己的孩子,虽然法律上的父亲以为是他的(并且爱他!)。这样,在生物体之外的丰产,将父亲的面孔断然缩小为女人使用的这滴精液。(父亲?热纳维耶夫·德莱希·德帕斯瓦尔写道:"我们关心的是他的精液,才不在乎他的精神状态。"[1])

人们逐渐习惯于这些一无所有的父亲的演出,一个程序一个程序地战斗,跑遍法庭,以一种礼貌的冷漠恳求这个"允许",虽然昨天还是当然的:看望他们的孩子,参与他们的教育,以及在他们看来不过是个短暂时刻的存在。父亲被残酷地与他的后代分隔的图画很快就被另一幅画面代替:不在乎昨天、永远缺席、漫不经心的传种者、相当吝啬于开支而招致家庭遗弃的个人主义者、追求艳遇但不愿负责任的雄性。一个戴高礼帽的典型资产阶级小说的献殷勤者形象。1991年成立了一个"父亲工会",它的名称就足以证明:救救爸爸。

文学、歌曲或者电影一直被受压迫和被抛弃的父亲——令人怜悯的失败者——占据着。父亲们在父亲地位面前不再躲闪,但却徒劳地要求着父亲地位。

父亲的传统地位被法律、科学和统计数字摧毁,承受着舆论和时尚的演变之苦。用伊丽莎白·巴丹岱(Elisabeth Badinter)的区分,坚强的男人正在消失,而柔弱的男人留存下来。阿兰·苏雄(Alain Souchon)代替了吉尔伯特·彼高德(Gilbert Bécaud),丹尼尔·奥特尤尔(Daniel Auteuil)顶替了阿兰·德隆(Alain Delon),在大西洋对岸,口吃和近视的达斯

---

[1] 热纳维耶夫·德莱希·德帕斯瓦尔(Geneviève Delaisi de Parseval),《父亲的角色》,色伊出版社,1981年。

汀·霍夫曼（Dustin Hoffman）战胜了阔肩的罗伯特·米彻姆（Robert Mitchum）。男性变得更温柔和更脆弱，不再是机械千斤顶，而更像需要安慰的老顽童。

在我们欧洲，单亲家庭越来越快的增加同样与社会的解体、民主构造的多重撕裂和传统严密一致——明显可归因于八十年代初的经济危机、不稳定性和失业的现象——密不可分。今天十来个男人和女人因为选择了不稳定的家庭遭受着更多的痛苦；成百上千的儿童以同样方式（虽然不是主动的选择）生活在某些方面令人回想起十九世纪工业革命的痛苦生活中。

这一切可以立即计算的后果，是今天人们略显粗野地叫作"单亲家庭"的当代形式的处境，在几乎大多数情况下，就是指一个没有父亲的家庭。关于这个主题的统计令人深思。在美国，人口理事会（Population council）估计约24%的有孩子需要负担的夫妇是由父母的一方领导的，而且经常是母亲。在黑人社群中，这个比例一如既往地高：57%的儿童生长在单亲家庭。但是，今天，单亲家庭比例的增长成为整个人口问题，尤其是在最贫穷的阶层里。

在我们的大陆上，根据1995年欧盟统计局（Eurostat）发表的统计数字，自八十年代以来，大多数欧洲国家单亲家庭的比例从25%上升到50%。单亲单位今天占据了所有家庭的大约18%。比例最高的国家是挪威、芬兰、英国、比利时和奥地利。艾芙丽娜·苏尔罗在1993年估计，在法国一个国家，就有大约250万儿童和独身的母亲生活在一起。

当然，这个现象经常被福利国家（Welfare State）极端自由的对手提及——尤其是美国，责备各种家庭帮助计划助长道德的败坏、懒惰、不道德等现象。但是如果只停留在这些争论的表面就再次大错特错了。今天，关于父亲的争论把精神分析学家分开了。这也很说明问题。

被怀疑掌控的精神分析

一旦人们论及精神分析，必须注意几点。至于人们对这种知识可能作出的解释既精确、严格又令人忧虑。再有，它以自己的语言派生出它的编码和争论的仪式，并且适应于人们可以叫作内婚制的东西。人们想说，以某些宗教为榜样，精神分析通常喜欢学派之争，只要是秘密进行的，并且在团体内部，对外部没有过多的影响。弗洛伊德派、拉康派、后拉康派自觉地对立，但不接受他们的分歧——有时候过于精细——被外行拦腰截住。由此产生了"乱伦"般绝望的思考和封闭在自己内部的争论，流放于研究班或研讨会受保护的空间内。

人们不应该再顺从于这类威吓了。

父亲/母亲问题实际上一直处于精神分析步骤的中心。弗洛伊德时期，他的贡献在于提高了母亲的身价，虽然这早已从历史和社会的角度广泛展开。孩子相关的性冲动取决于母亲，至于父亲则只起次要的作用。随后，精神分析将继续在教育过程中给予真实的父亲地位以极有限的重视——不消多说。在六十年代，例如，精神分析学家可以冷冰冰地写道："父亲无法从应该承担的责任中获得任何乐趣，不能与母亲一道分担一个婴儿一直代表的责任。"[1]

至于拉康，他不会将父亲作为真实的目标，而是一个"隐喻"，就是说，一个"来代替另一个所指的所指"。父亲，换句话说，不仅是扰乱母亲和孩子之间融合关系的闯入者，他还是说出的一个法律（尤其是禁止乱伦）用语。在这个问题上，实际上这不过是一个隐喻的禁止。为了达到这个地位，

---

[1] 唐纳德·伍兹·韦尼克（Donald Woods Winnicot），《孩子与家庭》法译本，Payot 出版社，1991年，克里斯蒂安娜·奥利维埃在《俄瑞斯忒斯之子或者父亲的问题》中引用，同前。

还需要**被母亲指定为父亲**。简单说,这就是拉康著名表达的意义:父亲的称谓。母亲完全掌握所有权力,包括给予父亲以父亲地位的权力。后者之所以成为父亲只是因为母亲希望这样,只是当他的话语得到她承认的时候。

大部分拉康派——从贝尔纳·迪斯(Bernard This)到阿尔多·纳乌里(Aldo Naouri)[1]——再次重申他们对父亲身份的隐喻。纳乌里写道:"所有母亲是在指定父亲的时候将孩子引入象征的世界。"在拉康的观点中,生物学特性或者父亲的肉身表现(温柔、具体的出现等)如果不是可以忽略的话,也被降至次要位置。作为"被母亲允许的隐喻"或者作为禁忌的象征表现的父亲,只需要是生物学上的父亲,他也没必要闯入母亲的领地,出于假装母亲的"做父亲"的想望,就像八十年代新父亲浪潮那样。

弗朗索瓦兹·多尔托(Françoise Dolto)反复说父亲不是通过抚摸、接触、使用奶瓶,而是以不同方式,通过他的话语和形象存在于孩子的视线中。换句话说,新父权,在她看来,不可以被归结为对母亲的简单模仿。父亲的形象在倾注于保留给母亲的身体关系的同时,无法得到重新创造。

确实,这种对父亲脱离肉身的阐释完全适用于那些重建的家庭,其中父亲的角色至少(a minima)停留在离婚母亲的新朋友的位置上。艾芙丽娜·苏尔罗则补充道:"新家庭形式的捍卫者[错误地]坚信一个原则,在来自家庭的'生物学父亲'和'留守家长的性伴侣'之间可以互换的原则。构成夫妻关系的性关联,表达了超出所有制度的个人自由,似乎优先于构成父母的血统关系。"[2]

今天,若干拉康派精神分析学家坚持父亲隐喻的令人贫乏的面孔,共同分担父亲的危机,因为它在理论层面上使其合法化。而这尤其更有效,因为

---

[1] 贝尔纳·迪斯(Bernard This),《父亲,出生证》,色伊出版社,1980年;阿尔多·纳乌里(Aldo Naouri),《夫妻与孩子》,Odile Jacob出版社,1995年。
[2] 艾芙丽娜·苏尔罗,《有其父必有其子?》,同前。

三十年来，很多父亲**接受对自己的排除**，使他们免除了沉重的责任。"我同意那些认为父亲的消失是孩子的灾难的人，但是父亲们不承担抚育婴儿的责任，在这种消失中自己起了很大作用，大部分错误地在母亲面前消失了，认为她们先天就比他们在抚育婴儿方面有天赋。"[1]

被母亲指定的父亲的隐喻这个贬值的面孔揭示了被离婚削弱了的社会的严重后果。在离婚的情况下，实际上，孩子一般都跟着母亲。法国经常把孩子托付给她们。然而，如果父亲的身份只是一种被母亲的承认派生出来的权力，它显然在离婚时消失。不仅因为孩子将离开父亲，而且他因为年轻的离婚母亲指定的替代父亲而彻底消失。单亲家庭不再是前进路上的小曲折，而变成错误一致的概念。

批评精神分析学家认为是圈套的就是这个假设。最有意思的是，在这个来自内部的批评里，它不是建立在减弱理论意义的道德、政治或者意识形态反应之上。如果这一批评在父亲问题上反对拉康，那它是在自己的地盘上。

如何制造鄙视女人的人

例如，克里斯蒂安娜·奥利维埃坚决反对父亲和孩子的关系不会经历身体亲近的看法。她特别依靠像勒内·扎左（René Zazzo）、波利斯·西鲁尼克或者于贝尔·蒙塔涅（Hubert Montagner）这样的研究者揭示的**眷恋**的概念[2]。与弗洛伊德的思想相反，她指出，很可能眷恋不一定经过食物或者性

---

[1] 克里斯蒂安娜·奥利维埃，《俄瑞斯忒斯之子或者父亲的问题》，同前。
[2] 勒内·扎左（René Zazzo），《依恋》，Delachaux et Niestlé 出版社，1991年；波利斯·西鲁尼克，《在关系的信号下：依恋的历史》，Hachette-Pluriel 出版社，1992年；于贝尔·蒙塔涅（Hubert Montagner），《依恋及其温柔的开始》，Odile Jacob 出版社，1988年。

的天然需要。在她看来，这个眷恋的理论"可以通过婴儿只与唯一的人——母亲或者女性替代者——发生唯一的关系的确认而受到质疑，并引致对弗洛伊德'客体关系'思想的重新审视"。应该重新彻底思考父亲的地位问题，包括婴儿初生时父亲**具体**出现的重要性：他的声音、气味、爱抚等。克里斯蒂安娜·奥利维埃还写道："我们离'父亲之名'还远得很，那么多的分析家坚持牢牢抓住这个名义，不敢改写拉康的文字，对孩子有时从他的生身父亲转向他眷恋的父亲的现象漠不关心。"[1]

完全不需要深入到这种批评的细节中（尽管他们很希望去检视）去了解这种批评允许的是哪种理论革命。总之，通过依恋的问题，需要重新发现的是**温情的基础性功能，特别是父亲的温情**。那么，应该承认，无论独身母亲多么富于献身精神，作出多么大的贡献，所有单亲家庭都是有缺陷的。这样说，我们并不是在道德判断的领域。

但是，当克里斯蒂安娜·奥利维埃将现代性某些严重的错乱部分归因于父亲的消失时，她的批评就更加使人困扰。例如，经常在本书中提到的这个如影随形的性暴力，尤其是对女性施用的暴力：强暴、侵犯、蔑视、顽固地厌恶女人等等。从精神分析的角度来看，完全有理由认为，母亲的强大和母亲面对孩子的孤独与我们为了过去残存的时代——错误地——采取的默默的侵略性并不陌生。强暴者的冲动可以被认为是成年时对全体女性母亲的新霸权的——和溺爱的——报复。

为了占据主体地位，孩子实际上应该站在他觉得自己是其客体的成人的对面。在传统的家庭中，这种被迫经历的对立，发现它面对的是可以辩证地周旋于其间的父母。在单亲家庭中，同样是这种对立，它的对面只有一个主角，母亲。男孩中间，这种对单身母亲的对抗，无论是被接受还是

---

[1] 克里斯蒂安娜·奥利维埃，《俄瑞斯忒斯之子或者父亲的问题》，同前。

被拒绝，都将引向死胡同。这可能在令人无言以对的孩子中引起对所有女性的拒绝。我们社会中的强暴和暴力在某种程度上，就这样对准了所有的女性，女性在男性的头脑中代替了俄狄浦斯式的母亲的位置，而小男孩是从来不敢侵犯的。

克里斯蒂安娜·奥利维埃写道："对母亲俄狄浦斯式的爱在正常情况下阻碍少年正常成长，在这里更具深远意义，并招致母亲远未曾预料到的突然转变！显然，当父亲在家中时，母亲与儿子之间已经很困难，这时尤其艰难，除非借助于刚刚获得父亲**身份**的母亲的**反身份**。男孩子只有一个办法，只归结为一个意义：为了变成男人，**只需要不是女人**。对女人的蔑视及其所有的必然结果都在这里，接替母亲的女性将只能忍受这些后果。"[1]

无论是否值得争议，这个假设在不止一个方面有意义。它突出了一个近乎完美的被我称为矛盾的征服的例子，就是说派生出它自己的否定的进步。没有人想到要质疑的进步，这显然就是妇女解放，包括从传统婚姻链条意义上的妇女解放。除了工作机会的平等，离婚的平常化、母亲的独立和教育方面的绝对权威成为主要因素。正是出于这个原因，单亲家庭极少被批评为左派。它无疑被认为是一个相对的失败，但含混地，作为妇女解放的象征。一些人甚至从中看出生育决定性变革的积极信号，甚至是新男人的摇篮。想想充满激情的大量媒体的调查和卷宗吧，它们天真地鼓吹人们不知道进步在哪里的单亲家庭！

总之，如果说母亲的独居状态从结构上有利于未来成人厌恶女性和大男子主义倾向，这就意味着所谓的进步通向一个无可置疑的倒退。这甚至

---

[1] 克里斯蒂安娜·奥利维埃，《俄瑞斯忒斯之子或者父亲的问题》。注意，克里斯蒂安娜·奥利维埃同样引用了孩子是女孩时的情况。她写道，"只为自己"想要女儿的母亲们"这样把孩子封闭在这种关系中，孩子被迫适应他者的愿望，否则永远没人爱她，或者失望。这就是妇女的普遍忧虑：不适合他者，不时尚。所有的妇女保有这样的忧虑，我们的报纸只谈论令人愉悦的方法"。

就发生在被当作目标的领域：妇女真实的地位和象征的地位。起来反对厌恶女性和暴力的现代性准备好并不断改进压制的武器和一整套道德主义的说辞，实际上处在多少可笑的位置上，即自己酿的苦酒自己尝。她同样提到吉尼奥尔（Guignol）令人怜悯的一面，他用梆子猛击自己并咒骂着看不见的敌人……

克里斯蒂安娜·奥利维埃还说："母亲—儿子的关系越是唯一的和延伸的，男人的反抗是猛烈。单亲家庭根本不是走出新男人的理想场所。正相反，只被母亲养育的事实只能增加男孩子反对女性的反应。将是女人的对等和补充的新男人，只能在所有权力不是只掌握在一个女人手中的家庭里出现。"[1]

幸福的责任？

在精神分析学家对"家庭灾难"的沉重责问一旁，发展起另一个完全不同的责问。这次，它是在社会学或者动物生态学的领域。来自不同学科的研究者表达了既强烈又动机充分的担心，这次，是家庭**作为制度**的毁灭。这就重新赋予"制度"以词源意义。拉丁词 instituere 同时具有创造和建立的意义。在这个意义上，家庭是集体制造新成员——孩子——的工具。伊莱娜·杰利观察到："人类的特质在于创造，就是说实现它繁殖生命的能力，将每个幼小人类当作来到人世的一个新成员，即同样进入生殖链。"[2]

然而从这个角度看发生了什么？在圆满完成了现代性自己引入的意义转移之后，"性革命"使家庭的另一个意义取得胜利。它越来越被认为是两

---

[1] 克里斯蒂安娜·奥利维埃，《俄瑞斯忒斯之子或者父亲的问题》，同前。
[2] 伊莱娜·杰利，"性的差异与代的差异"，同前。

份爱情意愿自由、自愿和暂时的聚合。夫妻的概念战胜了制度的思想。家庭，在这个意义上**首先**显得像是情感和性彰显的空间，爱情排他的领域。必然通过时间、稳定和永恒得到体现的制度的维度，退到了第二位。

家庭、制度的意义向契约性同盟的逐渐转移，与民主本身密不可分，托克维尔曾这样说。在《论美国的民主》一书中，他在这个问题上表现出超然的睿智，他写道："在民主国家里，新的家庭不停地从无到有，其他有的不停地陷入虚无，所有保留下来的家庭都换了面孔；时间的经纬随时会被打破，世代的痕迹会消失。人们很容易忘记前辈人和后代人。只对亲近的人感兴趣。"

从某种观点看，家庭通过爱情、激情和欲望的殖民化带上了毋庸置疑的进步色彩。它和人们称之为幸福道德的胜利相称，这个胜利建立在延续人类并教育儿童的责任和必要的基础上，与整体社会严厉的伦理道德彻底决裂。从七十年代起，在重新修订家庭法（离婚、避孕等）之后，威严地管理着自己的爱情关系的夫妇以更唯一的方式占据了上风。在夫妻内部，责任不再代表牺牲、忍耐或者放弃，而是**忠实于自我**。如果爱—激情已足够组成夫妻，一旦激情不再，个人道德会命令拆散这个组合。

这种个人幸福的道德要求，自然而然（ipso facto），就是离婚的道德。后者光明正大地来自爱情或者欲望的缺失。这不一定是失败，而是勇气、自由、最后是对未来希望的表示。它抛掉了所有屈从的想法。以个人名义表达了决定性的拒绝：拒绝以在制度的祭坛上牺牲对幸福的追求为内容的责任感。对往昔"做得像"、屈辱的同居、消退的感情和勉强维持表象的拒绝——就像人们不久前说的——"为了孩子考虑"。

艾芙丽娜·苏尔罗写道："就家庭而言，对夫妇的过高估计把夫妻平庸的生活改变成个人悲剧性的失败。女人们认为她们应该、她们要、她们自己要走出死胡同。否则，不断为分类定位的现代意识形态会把它们判作最低层，几乎被判作耻辱。"[1]

现代性在其最终成形的过程中并不会消除道德。它用一种道德代替另一种道德，同时深深地改变道德的等级和集体表现。曾经被认为是正确的和值得赞扬的都不复往日的风光；过去被赞为勇气、牺牲和责任感的表现带上了否定的记号。真正的责任，换句话说，不在于留下，而在于出走。家庭制度的命令被认为更优先的另一个命令否定掉：个人幸福的责任。并且马上……"家庭，和夫妻一样，无论是否**融合**。[……]只要它没有把明显的爱情关系当作合法性的标准，婚姻就既不能构成依据也不能形成有意义的时刻。[……]在这个融合的模式里，这只能通过断裂的频率和接续关系的多重性来说明"。[2]

不确定的时代

就这样，家庭停止成为一种制度，或者更确切地说，照伊莱娜·杰利的说法，它成为一种"难以想象的制度"。婚姻的革命却完全令儿童问题悬而未决，就是说血缘问题。立法的变革也是一样。我们不妨回忆一下1972年1月3日关于血缘问题的法案（有利于私生子）明确帮助将婚姻与子嗣问题松绑。

夫妻关系重新令人震惊地定义为**彻底个人、私密、契约性**和因而更不牢固的东西，产生了社会学和司法学的后果。[它]同样可以被认为是夫妻关系对子嗣的安全问题（从这个词的两个意义上讲：父亲身份的安全，关系在时间持续上的安全）的极长期屈从的终结。如果没有打开缺口，它不会

---

[1] 艾芙丽娜·苏尔罗，《有其父必有其子？》，同前。
[2] 路易·胡塞尔，《不确定的家庭》，同前。

如此成问题：今后如何阐述性别的差异和世代的差异？如何把夫妻和子嗣联系起来。[1]

西方现代性在这方面的巨大挑战就在这里。现在需要共同确定两个迫切问题，可以从理论上归结为：从监护人和约束（尤其是时间）中解放出来的爱情要求以及传宗接代的要求，就是说在一个父亲和一个母亲的协助下逐渐人性化了的孩子。这种冲破双重约束的必要、与不可和解的事和解的必要，是人类历史中一个闻所未闻的情势。这尤其是一个我们今天刚开始略窥其后果的不可能的情况。

伊莱娜·杰利还写道："有关家庭的主要诘问正是针对今天人类学的这个层面。当夫妻与子嗣的理想彼此失调时，我们把感情和关联置于哪个意义的领域？家庭不再被认为是一种制度，因为它变成一种难以想象的制度。这才是被公开争论所掩盖的问题。"[2]

一旦人们略微关注各种分析、与这个问题相关的研究和文本就会发现，在字里行间涌动着一种忧虑的惊愕。情况实际被描述得非常艰难，但一种潜在的复兴也是如此。实际上没有人认为有人希望倒退回去，这也是说不过去的。自由和对个人幸福的追求、母亲的解放在今天都不是不可以再商量的，至少在民主系统的框架内如此。传统家庭的捍卫者，受非常简单怀旧的推动，应该可以理解。为什么？因为人们不会让社会心甘情愿地重新承受一个从今往后不可接受的束缚系统，因为整个赋予其存在意义的象征体系已经消失。

对于一个罗马公民而言，宣称在婚姻中体验爱的激情是完全下流的，将两者混淆是不恰当的。对于法国大革命前的人来说，把个人发展的（和性的）意愿混同于夫妻事务和家庭制度是夸张的。爱情成为婚姻的终点只是

---

[1] 伊莱娜·杰利，"性的差异与代的差异"，同前。
[2] 同前。

最近的发明。因此我们今天摒弃的这些著名的婚姻**束缚**的统治，与过去的情形不同。它通过当时的集体表现达到内化、被接受和尤其是合法化。例如更看重诺言和承诺的基督教信仰。路易·鲁塞尔把这种历史的差异表达得非常清楚。

> 为了屈服［于传统家庭的束缚］，我们的祖先需要付出意志的巨大努力吗？可能不会，至少在一般情况下。因为制度是作为一个自然的事实存在的。有效的社会化和日常的实践使其成为一种下意识的'习惯'。最后，当代人一致期待着每个人遵循集体的标准，而在这些当代人的后面，虽然看不见，但感觉得到，无数祖先模糊的面孔。[1]

重建家庭的局限

今天，我们不能想象有一刻能回到我们对自由、性、激情甚至没有悲剧性断裂的认知上去。总之，没有什么告诉我们这是被希望的。婚姻内部的自由和接受**被更新**这两种观念的普及毕竟不是风俗败坏的信号，就像怀念旧秩序者宣称的那样。这首先是对夫妻感情本身的丰富。实际上，这就是对婚姻关系"令人慌乱的再定义"（杰利语）：男人女人日复一日忙于重启专注的对话和重新编织这种日常生活，这种自由和共同的责任，被让－克洛德·考夫曼（Jean-Claude Kaufmann）使用了一个美好的比喻：配偶之网。[2]

尽管如此，家庭作为制度还不仅是"难以想象的"，它**重新变得既必要又不可能**。用以形容这个情势的表述很说明问题。伊莱娜·杰利写道："我

---

[1] 路易·胡塞尔，《不确定的家庭》，同前。
[2] 让－克洛德·卡夫曼（Jean-Claude Kaufmann），《夫妻经纬：通过织物分析夫妻关系》，Pocket-Agora 出版社，1988 年。

们进入了不确定的时期。"英国历史学家彼得·拉斯莱特（Peter Laslett）提到"我们已经失去的世界"。阿兰·爱伦堡将"个人的痛苦和今天到处都有的脆弱形式"归因于家庭的制度化。[1] 法学家卡特琳·拉布鲁斯－利奥则列举了"人们不能没什么危险地动摇甚至抛弃的基本点"。[2] 作为亲缘关系专家，她甚至提到"基础的动摇"。

如果说对新的家庭秩序进行冒险、持久、失望和困难的寻找成为当下的一件大事，这没什么奇怪的。尽管有那些标语和口号，每个人都预感到办法不是隐藏在后面而是就在我们面前。过去任何形式的复活都不能免除我们创新的责任。就像所有的新寻找，这个寻找是由各种尝试、失望的希望、暂时的迷恋甚至时尚构成的。例如，有好多年了，人们尽力使已经有大量数字的事实概念化：所谓的重组家庭。后者集合了一个一对新夫妇和不同血缘的孩子之间不稳定的——但经常是快乐的——情感平衡。

电影、文学、歌曲长久以来使这种对六十和七十年代错位继承的多样的家庭形式得到普及。但是重组家庭，如果不一定非得是保守的道德家渲染的灾难，却或多或少遗留下一个巨大的问题：作为**制度**和传宗接代过程的子嗣问题。然而人类学家知道，人类的子嗣——这股"世代奔泻的洪流"——应该记录在一个既复杂又明确的姻亲关系中，婚姻以创造这种关系为使命。这丝毫不涉及人们也不知所谓的拒绝的传统，却非常简单地涉及人道化的进程。从这个观点看，家庭和亲缘关系不是人们可以无限制地改变重组的建造游戏。

因为通过同居实现的家庭重组"不创造任何联姻的司法关系，在同居者和另一个同居者的亲属之间、在同居者与另一个人的孩子之间都不

---

[1] 阿兰·爱伦堡，《思想》，1993年11月。
[2] 凯瑟琳·拉布鲁斯－利奥和米海伊·德马斯－玛提（Mireille Delmas-Marty），《婚姻与离婚》，PUF出版社，1988年。

能。无论是否愿意，又回到亲缘与联姻之间的关系这个烦人的问题上，连接点是婚姻，两性的结合，只能因为它们是不同的和平等的才能结合和孕育生命"。[1]

同样，未来主义者对辅助生育技术的梦想，在试管内（in vitro）的丰产，代孕母亲甚至克隆的假设，不能解决任何由家庭的削弱带来的相当恼人的问题，家庭是保障一代人代替另一代人从而保持**人类**永续稳定和一致的制度。问题无法挽回地摆在我们面前：如何重建家庭？

一个相当困难的问题，现代性尽力在回避它。这种逃避经常以其他领域那样虚假的争论或者夸张、令人满足和含糊的斗争形式进行，媒体非常乐于突出这种斗争。在这里只举一个例子：儿童的权利。

儿童权利的思想

我们社会无处不在的暴力，南半球的某些国家的剥削形式，在私人空间内性犯罪的显著状况（强暴、恋童癖等），社会的遗弃：这一切表明，今天的儿童成为了牺牲品。事实经常是这样。一个毫无保护的、所有违法行为和不安全状态的牺牲品。儿童**保护**的主题要求自发的同意是符合逻辑的。在寻求一切手段来保护儿童的同时，现代社会没有匆忙掩饰那些依然处于这种状态的事件吗？没有任何原因比这个更为合法和普及的了。过去的每个星期都出现一个新的针对儿童的暴力新闻，包括学校和他自己的家里，两个在理论上应该对他是安全避风港的"机构"里。

正是以保护儿童的名义，联合国 1989 年起草和通过了关于保护儿童权

---

[1] 凯瑟琳·拉布鲁斯-利奥，"构成不好的血统"，《思想》，1996 年 12 月。

利的国际公约。这个公约从原则上是合法的和无可指摘的，但却有利于一种非常有争议的思想的出现。与八十年代的人道主义行动相似，这种思想找到雄辩的宣传者，并引起广大公众的反响，非常大的反响，是因为它一路前行，把自己打扮成用善打击恶的形象。法官让－皮埃尔·罗森茨维格（Jean-Pierre Rosenczweig）在媒体面前充当这种思想充满激情的辩护者，其相当不负责任的激进言行招致很多知识分子和家庭法专家的反感，像伊莱娜·杰利、阿兰·芬基尔克劳德、安德烈·孔特－斯蓬维尔（André Comte-Sponville）、卡洛丽娜·艾利亚什夫等。这非常容易理解。

卡洛丽娜·艾利亚什夫指出："儿童的受害和家长的魔鬼化是并行的，这加速了家长普遍被取消资格。在系统地确认儿童受害的同时，人们会产生幻觉，以为在确定地认定谁是侵犯者和谁是被侵犯者时必须选择立场。认为儿童首先是家长的牺牲品虽然很过分，但流传很广。"[1]

最坚决反对这种只是天天对广大公众聒噪新思想的，无可争议的是伊莱娜·杰利。她不无道理地抨击秘密滋养这种说辞的思想：涉及家庭问题时继续存在于民主主义者和进步主义者环境中的懒惰。就像每个人因为害怕被认为是倒退而起来保卫家庭！就像进步主义者努力提防所有"鼓动想象中专制的稻草人"的疑虑，就这样把家庭的阵地遗弃给专制和怀旧的煽动家。甚至最紧急的问题也不是打倒一种制度，而是避免它的彻底瓦解。

伊莱娜·杰利反驳道："儿童权利的思想是用来救助我们民主最令人担忧的一个倾向，即替代思考相互关系的权利倾向，'权利'将不同等级压力集团所有的人粉碎成同样多的压力集团，如何能看不到这些呢？沿着这个方向，司法变成一些人的个人主义和另一些人的个人主义的力量关系的冲突之所。'一些人的权利'对'另一些人的权利'，这是使思考社会关联（没

---

[1] 卡洛丽娜·艾利亚什夫（Caroline Eliacheff），《私生活。从小皇帝到儿童受害者》，Odile Jacob 出版社，1997年。

有义务就没有权利）的相互性以及将我们的权利概念遗留给对所有人急迫调整成为可能的原则稀释。"[1]

冒险假设：任何伪装都不再成为时代的象征，再没有比这种伪装成人道主义动员令的巨大退缩更荒谬的了。与人道主义行动平行的，实际上可能一直被延长到底。世界最初的相互一致就是绝好的证明，它有时会变化成意识形态。一种既富欺骗性、又很合时宜的意识形态，因为它可以令圆滑的观望主义隐藏在大肆卖弄和紧急的援助后面。

同样的矛盾在儿童权利的思想中存在：人们以儿童的名义行动起来反对从理论上讲肩负培养成人的责任的制度！一位负责儿童和青少年事务的法官极好地揭示了伪装成喧天慷慨的这种放弃："'儿童权利'代表了那些只求摆脱'教育的重负'者的好运气，这个教育的重负越来越沉重，至少在西方社会，给人以拒绝传授给儿童历史是如何建立起来的印象。"[2]

如何能不赞同这种警惕？

---

[1] 伊莱娜·杰利，"孩子的新权利，魔药？"，《思想》，1992年3—4月。
[2] 青少年法官联合会主席伊夫·勒努（Ives Lernout），（伊夫·勒努，《儿童法和家庭法》，n° 29，1990年）。

第十五章 一种时间的观念……

那么现在呢?

在连续的再思考之后,重新审视问题就产生了一个明显的事实。那就是:我们戏剧性的争论确实太经常掩盖了争论的匮乏。我们日常的愤怒、我们交错的怒火、我们的争吵都属于瞬间激情的狭窄空间,或者无意义的指手画脚。尤其是上述现象一再重演。道德／不道德、宽容／压制、享乐主义／清教:我们真诚地相信这关系到决定性的、紧急的和临时的选择,我们被日复一日地要求参与或者首先提出自己的观点。

我们特别自以为是地相信,道德、禁忌、规则进行着普罗米修斯式的冲突,而我们是自在的主角。善与恶之间的概念冲突;秩序与自由之间不可调和的争执;对幸福的追求和对混乱的恐惧之间无情的战争。换句话说,我们首先被卷入了充满时代喧嚣的争斗中。这样做的同时,我们就看不到历史和人类学的教训，从而将我们的狂怒相对化，并平息我们对或这或那的狂热。

那么为什么呢？因为主要的东西还没有——从来没有——介入这些表面的论争，甚至没有介入可以称为标准意义上的道德领域。道德问题，被认为非此即彼，**只在与作为基础论据的集体表现有关系时才有意义**。说得更清楚些，性道德从它的集体概念上讲，还**没有决定什么**，除非单纯地成为压制的或警方的道德。它们总是处在象征过程内部，正在或多或少被建造或被毁灭；它们建立在大多数共享的材料上，其源头来自长久以来的缓慢逻辑。我们经常不知不觉地身处在这些表现中。这些象征系统，如人们所见，来回往复、转变瓦解、精疲力竭和自我重建。这些系统代表了历史真正的起伏，而我们的争吵不过是细小的浪花。这意味着我们争吵的戏剧性后面存在着更根本的问题。我们应该将好奇心保留给这个部分。

之所以谈论这一切，不是为了证明对于日常情节我也不知所谓的蔑视——噢，不！也不是为了居高临下地掌握城市所有喧嚣和愤怒的高傲宿命。要知道，不深思这些愤怒，人们就会更热衷于破解它们。当这样的一个混乱占了上风，这种行动无疑比再度匆忙宣布自己的"立场"更有意义些。这一切究竟是什么在起作用？真正的因素是什么？什么样的抉择？用什么替代？我们面前的路是什么？如果我们从来没有彻底理解生活于其间的历史，至少我们可以试着**尽可能**去理解历史。

诸神发笑

我们还记得，我们被时代掌控，其程度比我们想象的更甚。另外，勉强推动我们自己的，正是著名的涂尔干式表现的特性。因此，我们自以为是的睿智和超然——尤其是对于过去——总是显得有些可笑。克尔凯廓尔（Kiekegaard）写道，所有的论断都令诸神发笑……我们渴望证明自己自主的判断和明智，但是无论是否愿意，都没有因此而免于被黏在有完整时间记录的文化基础上。这就是今天的情形，就像昨天一样。例如，在阅读弗洛伊德或者马克思这两位怀疑大师的著作时，人们同样在他们的文章里辨认出与时代相连的小资文化的存在，虽然他们都以为自己已经摆脱了这个文化。

另外一个更有说服力的情况：是尼采的例子。今天的放纵者自愿地引用他来揭露已枯竭的不知道哪种道德学说、哪种威胁我们生活欲望的牢骚满腹的清教。然而，在性领域求助于尼采，无论谁稍微读过他的文章，都能发现令人发笑的轻率。实际上，即使在尼采那里，人们可以找到十九世纪资产阶级关于性问题的大部分表现和偏见。一种对肉体享乐谨慎的怀疑："猪猡在快乐中打滚，无论谁鼓吹肉体享乐，看看他是不是长着猪猡的嘴脸"（《查拉图斯特拉如是说》）；或者："才智卓越者中的性冷淡是人类经济中的重要部分"（《人性，太人性的》）。一种对冲动的力量深深的忧虑："性本能将人类彼此分开。这是愤怒的个人主义"（《哲学全集》IV，472）；最后："当一个民族开始堕落［……］，就会出现放荡"（《偶像的黄昏》）。他对女性极端的蔑视，最终在十九世纪文学中留下痕迹："女人是上帝的第二个过错"（《敌基督者》）；或者："打开一本女人写的书，很快就会叹气：又一个误入歧途的厨娘！"（《哲学全集》，XI，419）。[1] 遑论尼采表达过的过度手淫导致眼瞎的非常"十九世纪的"担心[2]……

是的，尼采本人……但是让论战见鬼去吧！如果人们允许这类召唤，那是为了强调象征表现异乎寻常的能量，就像人们看到的，这种表现能够统治最自由的精神。我们必须以最低限度的谨慎来留神，确实，**我们也一样**，

---

1 我借用了亨利·吉尔曼（Henri Guillemin）《审视尼采》的内容。
2 参见第七章。

在这个世纪末，我们部分遵从自己不总是能确认的周围的价值。当然，在这里副词"部分地"是主要的。它意味着我们的自由空间本身。我们游弋在时代中，还未完全成为时代的俘虏。然而，我们拥有的这个自由空间总是比人们说的更宽广，却比人们以为的有限得多。

更宽广？确实，人类从来不会完全成为他们时代多数偏见的俘虏。我们中的每个人都具备傲慢、保持距离、决裂的能力，会根据环境和性情使用或不使用这个能力。历史的各个阶段都容忍异端分子。没有一个社会完全被标准化，即使每个社会都制定了自己的标准。在基督教的中世纪有不可知论者，十九世纪有放纵主义者，加尔文主义的英国也有色情产品大亨，二战前夕有和平主义的享乐者，六八年五月有无所畏惧的清教徒等。换句话说，本书中进行分类的性道德的大变革从来没有并入集团的整体。可以说它们只不过具有多数的、全面的人类学意义，如果可以这样说的话。

接受当代多数人的价值观或者反对这些价值观，接受整体主义的重负或者参加游击队：这种边缘一直是存在的。它将每个人推向不可征服的自由。集团或者模拟的压力，照勒内·吉拉的说法，一直是强大的，但永远不是**绝对的**。甚至可以说人类的历史正是在这个缝隙中展开的。无论性还是其他。

相反——也正是本书的主题，当代不可理喻的狂妄竟然认为现代性可以不受损害地摆脱**集体表现的思想**。它存在于个体国王（individu-roi）今后不再仅仅占据边缘而是整个空间的幻觉中；它超越了整个集体象征迈向至高无上的想象力；它在完全幻灭的——就是说非神圣化的——世界里，具有无边的明晰。不祥而骄傲的推断！这种傲慢令我们看不清自己的命运，我们的书籍一致向自己的迷信缴械。实际上，即使我们想完全自主地行动，我们继续遵从团体的新价值观；我们的祖先尊重他们的价值观，我们和他们一样驯顺。

和这些共同价值相比，人类真正的自由总是来源于分歧，但从来不会在这个问题上盲目。今天，现代性的集体价值观似乎更蛮横，并且比以往都更少被批评。这是一个非常奇怪的情势，与批评精神陷入妥协状态有关。本书希望消除的，正是为了极端自由主义聒噪但却驯顺的墨守成规而对**真正自由**的反常拒绝。

"狂热的忠诚"？

后来占据了大量空间和力量的所谓道德论争成为对这个误解的讽刺。无论立足于斥骂还是拒绝，在拒绝对新的集体表现进行真正思考时，人们也就拒绝了所有避免善恶二元论的可能性。人们把争论弱化为没有什么意义的社交游戏。大部分时间，这个游戏从现代性放弃所有道德的——错误的——假设出发，那么，现代性就只是简单地改变了道德。多亏了诊断的简单化，思想正统的人遗憾所谓时代的非道德性，而自由思想者却乐在其中。人们将会坚持下去，直到下一次……

实际上，任何真正的自由都没有被往昔所谓的专制替代。约束改变了本质，这不是一回事。传统的道德被抛弃和被另一种同样是规范的道德代替，即使是以不同的方式。新的道德也是建立在值得被清晰地诘问的表现的基础上，就像过去的表现被诘问一样。极少是这样。为什么？实际上，一切表明我们彻底拒绝了这种自由。我们不再盲目崇拜，但却更加盲目崇拜。换句话说，时代的首要虚荣在于我们无力——或者我们拒绝——诘问**自己的偏见**。

但是，时代充满了各种新价值、禁忌和指令，它们和道德约束不同，因为它们通过时代的风尚而内化，并且担负着强大象征的责任。它们被无意识地接受——天真地——就和不久前传统道德的基本禁忌的遭遇差不多。相反，传统道德的基本禁忌后来被认为是压制的和约束的，因为它们是"去象征的"。为了反对这些已经死亡的价值，我们继续没有困苦没有光荣地战斗！

如果我们还要行使怀疑的能力，如果我们招致批评，这与长久以来被摆脱的一切相反。我们只朝救护车开枪。我们只冲进敞开的门。至于新的束缚，我们甚至不知道如何为其定位。面对现代性的这些价值、时髦、折磨和迷信，我们就这样成为小孩子一样顺从的人。史无前例的精神懒惰？够天真？批评精神在统治我们的新神祇面前的退缩不是个好信号。它与自我——这种三个世纪来被当作光明本身、被极好地接受的"危机状态"——无休止的诘问一刀两断。它帮助我们把自己陷入已经忘记如何颠覆的象征系统的陷阱。它令我们的世界主义幻想转变，这种世界主义需要与所有偏见保持起码的距离。

在这个意义上，我们确实重归部落……

马上就能举出几个例子。最粗俗的有时也最能说明问题。下面就是一例。一谈到过去，我们似乎被在我们看来需要约束自己欲望的身体苦修面前吓呆了。我们觉得，十九世纪的基督徒、虔诚的犹太教徒和三十年代的妻子是痛苦的人，他们完全被自愿施用于欲望的暴力毁掉了。这种肉体苦行的努力、他们所接受的苦行在肉体上的考验，在我们现在看来非常残酷。至少，身体节制和身体惩戒的概念，于我们而言是过时的野蛮之举，我们认为自己已经从中解脱出来。在我们眼中，我们认为肉体享乐权利的重要贡献就是最终能让身体获得平静，为它提供没有约束的喜悦，这本身就是进步的表现。拒绝禁忌就是在我们的身体和我们之间——终于被宣布——的这种**停息**。

非常好。但是，同时，我们眉都不皱一下地接受了我们的远祖经受的其他类型的苦行。饮食强迫症、"线条"的控制、关于外表的无休止的命令、一点小病就求助于医药治疗、体育锻炼或者职业要求的强制、青春面对成熟或者智慧的残忍的胜利：一切都可归结为对自我**身体的**残忍，而杂志依然在无知地兜售这种影响。这些被歌颂的苦行，从努力和痛苦的强度上来讲，赶不上过去对性欲望的限制吗？在某些问题上，过去的集体表现不是更自由、更平常吗？有人会反驳说，今天人们大部分的行为都是自愿的，而且目的不同。见鬼去吧！前天，对性的自我控制遵从自由选择和文化压力的同样剂量。自愿实施于自我的控制在一种情况下被可怕地抛弃，在另一种情况下又被高度评价。

这就是符号的新优势。会以什么名义来禁止质疑这些优势的合理性？

另一个例子与忠诚的概念有关。今天，我们本能地从忠诚行为中看出对明天自由意志的提前损害，一种不利于无法预料的强烈欲望的监狱般的重压。我们围绕稳定、承诺、持久来判断所有价值，就像这些价值属于丑闻般的自愿受奴役的范畴。快乐、欲望、幸福本身从此与流浪生活、与漂泊和磨难联合起来。忠实于他人，在我们看来似乎是被时代愤怒地抛弃了的一种贫乏。作为去象征的价值，对爱情忠诚首先被认为是自阉。象征被掀翻在地。

正如人们看到的夫妻和家庭，"彼此相属、忘记自我、抛弃自我，[现在]属于尼采所揭示的奴性范畴、弗洛伊德阐明的神经官能症和缺乏性格。当'不再爱他的时候'，从道德上可以建议她离开另一个人。忠诚的定义不过是不欺骗，拒绝同时有多个伴侣，就是说保证在找到更好的人时通知并离开前一个。但从前的忠诚，我昨天发下的誓言，我当时处在和今天不同的感情中，这样的忠诚被认为是不朽的"。[1]

就是这样。这是一种观点。然而，特别是，我们同时接受服从其他各种忠诚，而在过去，这些忠诚被认为过于束缚。例如忠实于一项职业计划；不畏任何风险地忠实于自我；小团体或者部落的忠诚，当然，还有忠实于自己

---

[1] 阿尔诺·沃居阿斯，"在诱惑的社会里遵守诺言"，Christus，同前。

的爱好。一位基督教作家完全可以把对精神和自由的这般奴役认为是"狂热的忠诚"甚至"当代个人主义制造的新偶像"。[1]

对于古希腊罗马人而言，实际上（无论他们是基督徒或者柏拉图主义者），人类**主动的自由**不在于对欲望的忠诚，而相反在于我们反抗欲望的能力。被看作积极的、自由的，是对自我的控制而不是放纵于冲动。在谈到希腊人在这方面的表现时，福柯这样说："如果控制欲望和肉体享乐是如此重要，如果人们对欲望和肉体享乐的使用构成了某种代价的伦理得失，那不是为了保存或者找回起初的无辜；总的来说不是——当然除非在毕达哥拉斯传统中——为了保持纯洁；这最终是为了获得自由和保持自由。"[2]

今天我们倒转过来看这些事物。一切都还只是象征的转变，而不是严格意义上的（stricto sensus）解放。所有这些转变都具有某种意义和自己的逻辑。它们含混地遵循一个计划，或者至少遵循一种世界观。它们证明了我们生活方式的深刻回归。真正的问题在于知道是哪一种生活方式。完全不需要走得更远来确认某些回应这个新象征秩序的逻辑。

"一个手淫的工具"

当代的性是流浪的、不安定的、饥渴的和焦虑的，但首先是孤独的。这几乎到了使人头晕的地步……一切就像性攆走了人性中的他者以达到最终享有完全的但是令人焦虑的自制。词汇"伴侣"在爱情关系中的命运引人深思。它把对方当成一个简单的面对面的人，一件自慰的器具，一件性能尚可的工具，可以有连续的评价、比较、试验台等。关于肉体享乐的占主流的

---

[1] 艾简纳·佩罗（Étienne Perrot），s.j.，"三个狂热忠诚"，Christus，1996年。
[2] 米歇尔·福柯，《性史》，第二卷，"快感的享用"，同前。

长篇大论,可以和无休止的比较性账目相提并论,写在交易所的屏幕或者奥林匹克的获胜名单上。我们封闭在这种肉体享乐的孤独中(拉康说:"这里面没有性**关系**"),把对方工具化,急不可耐甚至夸张地认为,阻碍我们肉体享乐的最后一个禁忌:伴侣的无欲望⋯⋯

在八十年代初的第一批同性恋俱乐部中,吸毒场所著名的口淫洞(glory hole)*以激烈的方式象征了这个孤独的群体及其宿命。在性器的高度开一个口子,并隐藏起对方,这就使得只与器官有关的爱情关系成为可能,不需要任何相见,哪怕是短暂的:两个给出的器官,但却是两个隐藏的身体;两个喘息的声音,但却是两个面对面沉默的人。欲望的这种骇人听闻的唯我论就这样到了节省掉**对方**的地步,却在享受着对方。如果人们抹去对方,那是因为人们既惧怕与他相见也害怕他的相异性。同样的看法也适用于从七十年代开始非常流行的密室(backrooms),不仅仅适用于同性恋。在没有标记和晦暗、封闭的空间里,躯体相遇,相互体验,相互付出,密室不仅使得最后的缄默或者羞耻的阻滞隐入匿名,同时象征性地表现了对方的在场—缺席。对方是不可辨认的,也是看不见的。可以想象出比这更好的关于孤独的比喻吗?

罗兰·巴特1977年以极端孤寂的爱情话语为题写下了"絮语"。他强调了从此以后使得激情相遇、爱、温柔、负担——总之——另一个人反而成为新猥亵的奇怪移位:"被现代舆论所累,爱情的感伤应该被恋爱中的人作为强烈的违犯来接受,这种违犯使人孤独和暴露;今天的这种多愁善感通过颠倒价值造成了爱情的猥亵。"[1]

两年后,在一篇见解不同和快乐的文字中,帕斯卡·布吕克纳和阿兰·芬基尔克劳德讽刺"现代"肉体享乐向功能、医学、标准和锻炼偏移了。"在让

---

* Glory hole,原意为"公共厕所墙板上的孔"。——译者
[1] 罗兰·巴特,《恋人絮语》,同前。

男性退化到他的射精功能的同时,人们把性关系变成某种原始的、真实的、文字的东西,与之相比,其余不过是神秘的或放荡的胡言乱语。"[1]

今天,性的生物化终于完成了!肉体享乐成为纯解剖的、生意的和体力的事情(在等待成为控制论!)。它是表演、满足或者记录。当代的个人主义在如此多的"可能性"面前陶醉,把欲望降为瞬时的和没有未来的捕食,就是说在原则上必然比吃和喝更加孤独的身体功能。招摇的"表演"和被传染的担忧在性问题上联手赋予最肯定和史无前例的假设以优先权:自我满足的权利。安全的性,向俄南致意,服务完毕!这样做的同时,人们不仅证明了对对方作为人的相当恐惧的拒绝,还拒绝了"共同建立生物的、社会的和无意识的主观",确切地说就如皮埃尔·勒让德所言,"使人成为人,而不仅仅是行尸走肉"[2]的东西。

我们还在为这些新自由飘飘然的时候,却算不清它们带来的威胁。今天,性欲有被非社会化、撤出和非人化的危险,虽然从它的物质特性来讲,它首先是**文化**的而不是**功能**的。莫里斯·梅洛-庞蒂写道:"性是悲剧的,因为我们把全部个人生活都押在上面了。但是为什么我们会这么做?为什么我们的身体是一个自然的我,一个特定存在的潮流,以致我们从来不知道带走我们的力量是它的还是我们的,或者这力量既不完全是它的也不是我们的。没有超越性欲的东西。就像没有完全封闭的性欲。没有人获得拯救也没有人完全沉沦。"[3]

哲学只剩下这美妙的乐观主义了。没有比孤独的享受更"悲剧的"了,实际上,用梅洛-庞蒂的话来说,因为它不再"介入我们的个人生活"。如果

---

[1] 帕斯卡·布吕克纳(Pascal Bruckner)和阿兰·芬基尔克劳德(Alain Finkielkraut),《爱情的新混乱》,色伊出版社,1979年。
[2] 《世界报》,1997年4月22日。
[3] 莫里斯·梅洛-庞蒂(Maurice Merleau-Ponty),《知觉现象学》,伽利玛出版社,1976年。

我们避免真的倾向于这个虚无，一旦涉及性，虚无沉寂的存在——它的血盆大口？——无疑对现代性贫瘠的话语并不感到陌生。它为这些吵闹、卖弄但得不到满足的欲望辩护，一种无法安慰的空缺似乎在折磨。我们以为最终抓住了对我们来说是禁忌的东西，即没有束缚的肉体享乐，可是后者从我们指缝间像水一样流走了，留下了受挫和震惊的我们。实际上我们获得了彻底解放，但却是充塞着自己渺小快乐的孤独的人。由此产生了对这个"性传奇"的假想无休止的研究，日复一日，画面连着画面，成绩接着成绩，四十年后保罗·利科如是说。在同一篇文字中，他还预言式地补充："人陷入与心理贫瘠的肉体享乐的耗人战斗中，而且对其生物的突然性而言不太可能改善。"[1]

周围的舆论也给人以受到这种想象中虽然很模糊但却更加诱人的性"童话"的纠缠。对新圣杯（Graal）爱情的想象中的追寻，快乐强度的终点不断延续的——但从未实现的——诺言，宣布了不知从何而来的肉欲之闻所未闻的接近实现。从未尝试的违犯？一项技术？多种企图或经验？更好的成绩？一种方法？我们喜欢认为快乐最后的秘密从创世纪开始就是晦暗和无法触及的，这次竟触手可及了……这就是今天秘密地滋养了所有的晕眩和天真的东西。

实际我们远没有达到关于具威胁性的道德秩序和受威胁的自由之间所谓决定性的争论……

社会的雾化

但是肉体享乐这种焦虑的孤独、自愿地被他者驱逐、性欲的非社会化，

---

[1]《思想》，1960 年 11 月。

这一切只在人们将它们与广泛的社会分裂现象联系起来时才真正有意义。在性的领域和其他领域存在着巧合和呼应。逐渐的非社会化、所属关系和制度的弱化、被逼入孤独的个人的非稳定化：这就是最具危险性的恐怖的错位，不亚于我们后工业时代的内聚力。

如果只举一个例子，考虑到工作正逐渐失去联合和合并的功能，它同样处在非社会化的过程中。家庭作为联合的场所，不是唯一正在消失的制度。企业在经济领域中也是如此。八十年代末自由主义的发展加速了这个制度的没落。相对于企业所有其他合作者（工薪层、干部、管理人员、供货商等），给予股东的绝对优先把企业制度引向一个彻底崭新和贫瘠的概念。高于一切的"价值"改变了性质。

前天的利益相关者价值（stakeholder value）把企业建成一个共同机构，其中领导者是付出努力和分享利益的社会合作者的共同体的推动者。相反，按照在西方国家获得极大成功的股东价值（shareholder value），企业不再是契约性机构，领导人成为简单的股东代理人，唯一的目的就是在短期内将财产收益最大化。必要的话可以令其他合作者处于苦难，例如大批解雇工薪层以提高利润。不稳定的工作和工作者不再是一个机构的真正组成成分。面对面地，只剩下寻找市场的股东和寻找产品的消费者。至于企业，不再是一个共同体，而不过是一只需要将利益最大化的股票。[1]

似乎将微观经济学的思考引入对于性道德、家庭或者亲缘的反思有些荒唐。但是这里或那里正在进行的过程具有相同的性质。另外看到作家们描述家庭作为制度的崩溃，不得不重新使用其他领域中虚构的概念来描述相同的现象很是不安。例如，重新使用直接借自劳动法专家罗贝尔·卡斯特

---

[1] 企业根本概念（极少被描述和评论不足的）这种转变与法人治理（corporate governance）或者股东政府相匹配。1989 年，它在美国产生，但真正成形是在 1992 年伦敦吉百利史威士公司（Cadbury-Schweeps）的前主席，凯德博雷勋爵（sir Adrian Cadbury）起草的著名报告发表之后。

尔（Robert Castel）[1]非稳定化和驱逐的概念。"我们发现，家庭问题与罗贝尔·卡斯特尔最近分析的社会问题相类似。人们固执地认为驱逐是一种因不理解造成的例外，工薪阶层社会的核心本身被触及；同样，人们固执地认为家庭关系的非稳定化是增长的一个例外，因为人们无法看到家庭制度的中心已经被触及。"[2]

确实，当代关于工薪阶层、工作、归结为经济全球化和极端自由主义的价值变化的所有思考一直围绕着与家庭、总之与新爱情话语有关的问题：制度的倒退、附属关系的断裂、作为个人的孤独脆弱地叠加在一起，构成社会的退出和碎片化。

在当代工业化社会里，菲利普·恩格尔哈德（Philippe Engelhard）写道："每个人只能通过他生产、消费和节约的能力定义自己。他不过是一架只以自己为目的的经济和财政机器的被动的神经元。消费压力明显有助于社会的雾化。这个压力没有帮助能做出选择和责任的自由行为者的成长，而是促进了具腐蚀性的个人主义的诞生。消费压力另外增加了进入社会系统的费用，也派生出社会驱逐和挫折。"[3]

家谱的力量

人类社会这样的逐渐雾化，个人退出的彻底假定，放逐到孤独中的个人主义的完全胜利，这一切引我们思考这种转变的意义。个体国王的毁灭和孤独的焦虑无疑是后者解放的恶果。"发疯了的我"相应于历史大断裂的最

---

[1] 罗贝尔·卡斯特尔，《社会问题的隐喻：工薪层的编年史》，Fayard 出版社，1995 年。
[2] 伊莱娜·杰利，"性的差异与代的差异。教育的重要性"，同前。
[3] 菲利普·恩格尔哈德，《世界的人》，同前。

终实现，出现在大约三个多世纪前，与启蒙一起到来。如果说今天个人主义的胜利——在所有领域——遇到分化的危险，还需要问为什么吗？

提出这样的看法，最终是提出了我们和时代的关系问题。退出所有制度的个人是无拘束的，即没有过去的。躲在眼下，专心于一种狂热的直接性，个人同样是没有未来的，在这个意义上他并没有被真正地**写入**历史。他看到和生活其间的历史不过是一系列偶然的"现在"，一种拥有同样价值的瞬间的叠加。我们的社会开始服丧，这就是皮埃尔·勒让德在法律上叫作**家谱的力量**的东西，它把人类的时代组织成个人身处其中的持续性。这种家谱的力量实质上是制度的力量。人们甚至可以说它确定了制度。

在家庭的情况里，更明显。这里重新引用前面提到过的柏拉图完整的话语。"人类与总体的时间相类似，它陪伴并将继续一直陪伴下去；它因此而不朽，留下孩子们的孩子，并且由于总是保持稳定的一致，进而参与了世代的不朽。"[1] 对时间专心的管理也是总体上制度的使命和个别讲家庭的使命。

首先它解决了人们可以称为个人短暂的时间和集体"不朽的"长时间之间的对立。在家庭制度的内部，这两个彼此对立的时间勉强共处。这个仲裁的界限——对两者中的一个有利——决定了一个社会的整体主义的度。传统社会自然把共同体的持久放在第一位，哪怕损害了个人。今天，我们正相反。"传统以维持群体的延续为目的，哪怕与命运抗争。它对制度寄予信任，而这信任表明了制度的价值，可以被确认为令现在更接近过去的最好办法。连续的不稳定性走向谨慎，而谨慎必须复制成功的东西。人们只有通过否认自己的孤立才能永存。"[2]

但是，必要的"谨慎"和避免不稳定的意愿不是家庭制度的唯一目标。家庭制度为抵抗时间流逝而全部动员起来，通过赋予时间以意义来建设时

---

[1] 参见第六章。
[2] 路易·胡塞尔，《不确定的家庭》，同前。

间。人类通过时间和它的家谱力量,才在时间里、尤其是在文化中记录下世代的更替。总之,人道化必然要经过家谱的**延续**(continuum)。

今天,正如人们所知,制度的削弱相应于一个有利于短暂时间的仲裁,就是个人把全部时间用于瞬间的消费、享乐和竞争的仲裁。今天非常成问题的孤独,不仅相应于群体的排斥,还相应于它所传达的价值。习惯于"个人的真实性作为所有事情的终结的顽固幻觉",这种孤独同样在为时间服丧。没有家谱的约束和未来的表现,它第一次与人们可以叫作"时间的不确定性"的东西起了冲突。

家庭制度的使命——战胜时间,给未来以内容——也是其他所有制度的目的,包括学校、企业和国家本身。从定义而言,制度小心翼翼地照看着长久的时间。带着参与、保护、把机会留给未来的考虑,它们在本体论的角度上,是长久负责对抗瞬间不耐烦的"远见"时刻。正是这种**对未来的期许**,在今天遭到质问。我们周围到处都是。没有现在分享的胜利完全是未来消逝的因与果。

消逝的未来

在经济领域,未来这种逐渐的消逝是惊人的。前面提到的企业自由的新思路——法人治理(corporate governance)——不仅仅是赋予股东利益以绝对优先权。它实际上(de facto)等于根据交易所的行情和企业主的长期观点向瞬时盈利的倾斜。

但是法人治理与资本主义的这种变异极为协调。米歇尔·阿尔贝(Michel Albert)将"美国模式"与"莱茵模式"进行对照。[1] 前者依靠的是

---

[1] 米歇尔·阿尔贝(Michel Albert),《反资本主义的资本主义》,色伊出版社,1991年。

交易所筹措资金、利润即时的最大化、广泛的动员和调整。后者建立在银行和家庭股东的基础上，把宝押在时间、社会一致、共同商讨上，因此是长期的。它使未来增值。然而近十五年来的所有变革都可归结为美国模式不可逆转的推广。在这个胜利的背后，成问题的是**我们对时间的观念**。

更惊人的是：几年来，面对经济的全球化，西方国家（尤其是欧洲）对金融政策做出的选择是同一个方向。某些经济学家提供的概念，例如让-保罗·费图西（Jean-Paul Fitoussi），在于证明这些宏观经济的走向是如何系统地使现在增值而不顾未来利益的。高昂的利率，通货膨胀的阴影，面对失业现象（特别是年轻人的失业）的无能为力，鼓励储蓄：这一切，从集体表现的层面上讲，是对未来的贬值。[1]

再加上与年金的新收益相伴的欧洲失业人群的增长和工作的非稳定性，尤其是越来越不利于工薪阶层的增值的分享。这些新的必然联系对于非就业人口、退休者、年金享有者是有利的，但对那些求助集体性的更年轻的人却是灾难性的。一切就像是我们逐渐衰老的社会为了现在含混地牺牲了未来。而过去……在六十和七十年代，相反，人们把凯恩斯主义和通货膨胀比作定期收益看不见的安乐死，就是说对过去相对的蔑视，通过对未来的巨大的集体预测获得补偿。象征性的表现彻底改变了意义……

未来受到贬值尤其变得不可破解。这就部分解释了这一切。实际上，人们不能满足于以悲观主义、忧心忡忡或者谨小慎微的词汇来解释未来的这种贬值。它有更深层的原因。如果未来被贬值，那是因为它不再被一个计划、一种集体雄心甚至一个思想选定。用表现的词汇来说，它成为暂时的、谜语般无法破解。它不再与现在相通。

无数迹象都能证明这种暂时的畏缩的不确定性。制度的毁灭不是其中

---

[1] 让-保罗·费图西（Jean-Paul Fitoussi），《被禁的争论》，Arléa 出版社，1995 年。

最微不足道的。例如人们可以想想学校的危机、媒体的陈词滥调、反复的争论和耐用的主题。归根结底，这种毁灭主要被作为转移的危机进行分析，未来的不可预见性对这个危机而言并不陌生。什么转移？在什么前提下？为了什么样的集体计划？这些都是很难回答的问题。和家庭一样，学校有时间不确定的困难，并且无法承受它自己的谱系力量。它不再有能力将退出的个人记入连续的历史。它遇到同样的转移遗产和选定未来的困难。它实际上被瞬间的专制颠覆了……

最后，还要提到同样说明问题的未来消逝的迹象：颠三倒四和无处不在的怀旧，纪念性的反应，对于过去谨慎的着迷。如此多的思考推动历史进入一个没完没了的对逝去时光的追寻。事实是我们从此埋头在文献堆里和被后悔淹没的精神状态中。过去在未来贬值的情况下成为上升的价值。我们变成自己历史的图书管理员。面对专制的现在，只有唯一的出路：朝向未来。我们仅有的唯一和暂时的可能，就是后退……

时光之箭

这种恐慌的退却、倒退、过去无数次再现的气氛彻底质疑了进步的思想。难道这种思想不是行将就木了吗？进步是否和创始表现一样正在逐步消失？如果未来作为积极的价值而消失，如果我们不再在表现它的同时歌颂它，如果我们拒绝对未来做最微小的"牺牲"，这难道不是因为我们的时间观念本身改变了吗？

人们太健忘了，自启蒙运动以来，统领我们历史进步的主题不过是犹太—基督教拯救思想的世俗化。它最根本的基础首先是宗教的，然后才是科学的和意识形态的。过去米尔恰·埃利亚德（Mircea Eliade）阐明了进步的这个遥远的——西方的——传承，它首先是寻找希望的灵魂的表述。[1] 这一切来自犹太—基督教对时间的解释：时间是一支箭，它通过与异教文化周期性或者说循环性的时间的对立而存在，尤其是广义上的希腊和狭义的普罗丁（Plotin）。

瑞士作家埃蒂安·巴里利埃（Étienne Barilier）认为："人类的进步，在成为科学或者历史的概念之前，就是关于拯救的历史的、受更高的意识指引的和心灵历险的基督教观点。多少世纪以来，随着时间的推移，这个思想才缓慢地脱离了朝向天国的内心世界，去征服外部的物质世界。"[2]

在失去未来的同时，在我们怠惰地与进步思想脱离的时候，我们没有意识到与构成世界的"笔直的时间"的脱离。然而这个直线的时间、承载着所有许诺的有方向的连续性——对一些人而言是拯救，对另一些人则意味着进步——指引着我们的历史并赋予历史以意义。在这方面，它为我们的生活和社会专断的组织提供了理由。它建立了我们的选择，使我们对控制命运以及将肉体享乐混乱的专制与行走在时间中的男人女人的自由意愿对立起来的想法合法化……

人们想到列维纳斯（Emmanuel Levinas）在一次采访时说，我们西方人"习惯于时间走向什么地方的思想"。或者马克斯·韦伯的定义：政治，就是未来的口味。我们很清楚，最起决定作用的部分是我们与未来保持的关系。

这只时间之箭真的会折断吗？那么我们就将重新回到过去循环的时间之中，人类永恒的回归和"自然"宿命的时间之中。问题的关键在于知道这一切是否不会偷偷回到野蛮当中……

---

[1] 米尔恰·埃利亚德（Mircea Eliade），《轮回的神话》，伽利玛出版社，1969年。
[2] 埃蒂安·巴里利埃（Étienne Barilier），《反对新蒙昧主义。进步的颂歌》，Zoé出版社，日内瓦，1995年。

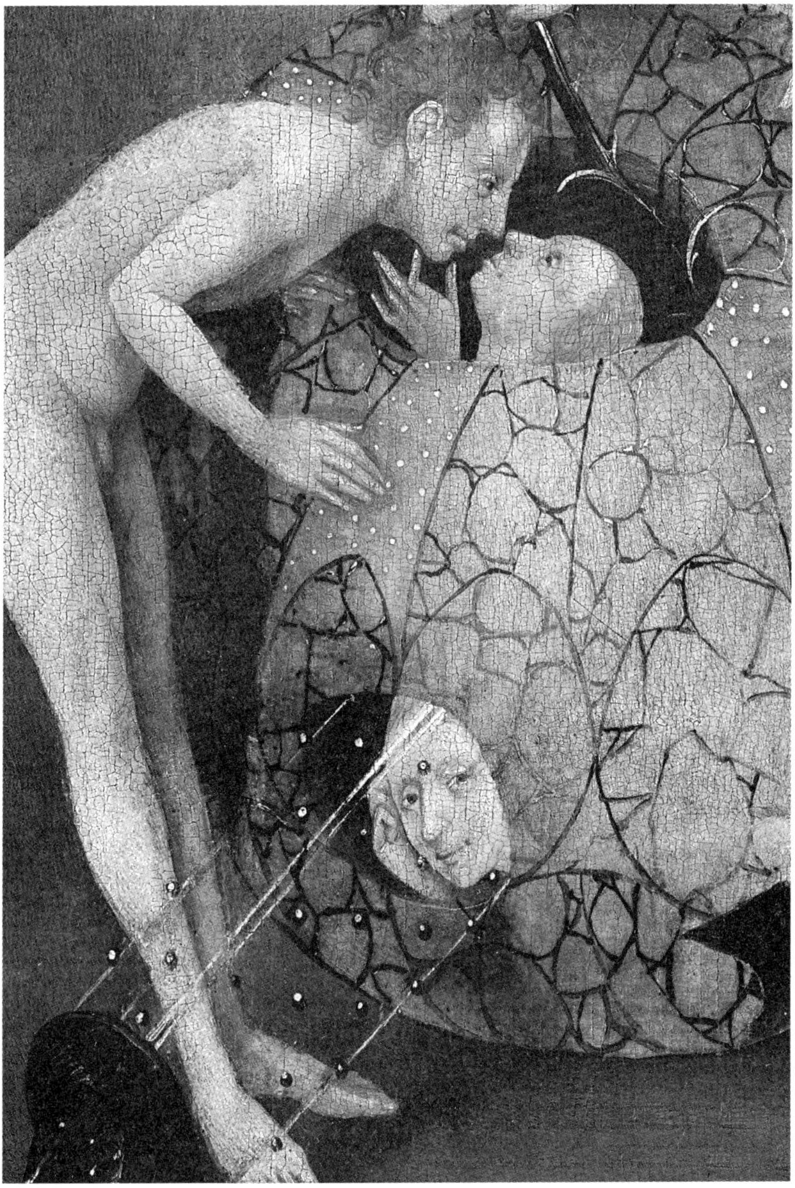

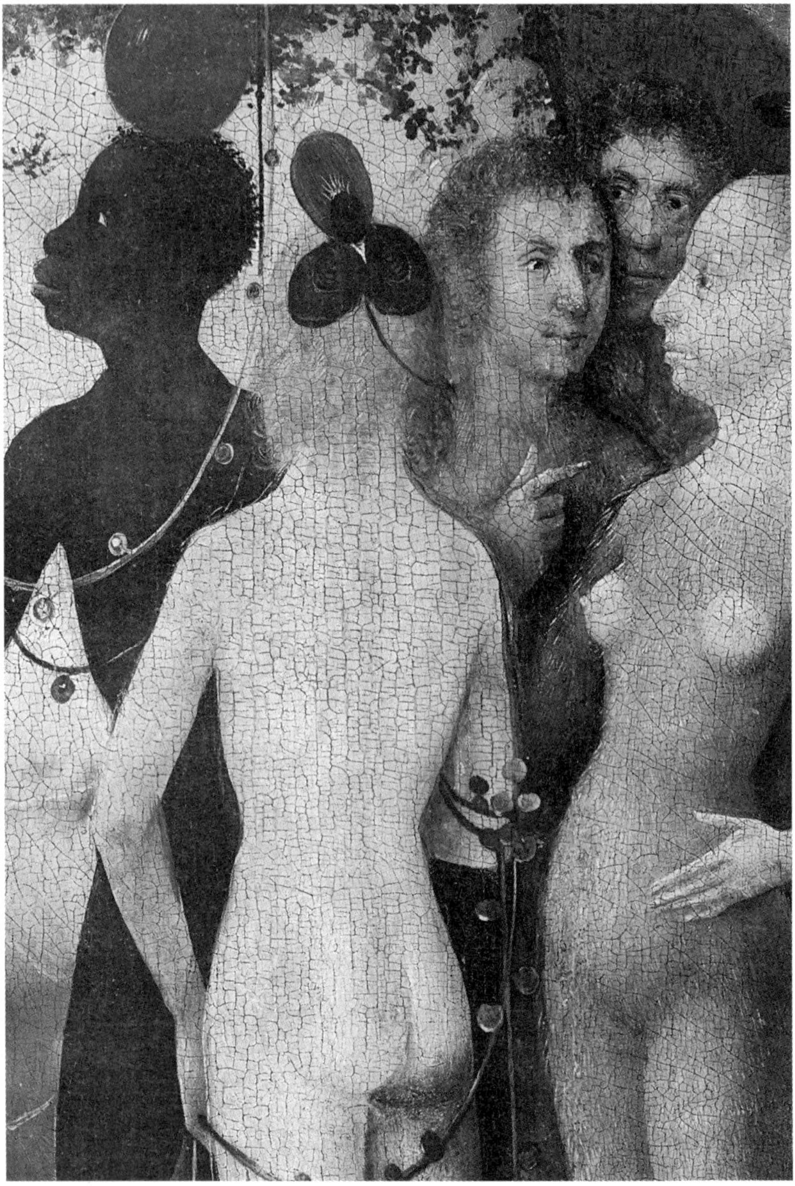

图书在版编目(CIP)数据

爱欲的统治 / (法)基尔伯著；苜蓿译. —北京：商务印书馆，2014
ISBN 978-7-100-10540-8

Ⅰ.①爱… Ⅱ.①基… ②苜… Ⅲ.①性道德—研究 Ⅳ.①B823.4

中国版本图书馆 CIP 数据核字(2014)第 007279 号

所有权利保留。
未经许可，不得以任何方式使用。

爱欲的统治

〔法〕让-克洛德·基尔伯 著
苜蓿 译

商务印书馆出版
（北京王府井大街36号 邮政编码100710）
商务印书馆发行
北京市艺辉印刷有限公司印刷
ISBN 978-7-100-10540-8

2014年9月第1版 开本 787×1092 1/16
2014年9月北京第1次印刷 印张 23 3/4
定价：65.00元